U0231167

谭成全 著

现代高产母猪

繁殖-泌乳障碍及其关键营养调控技术

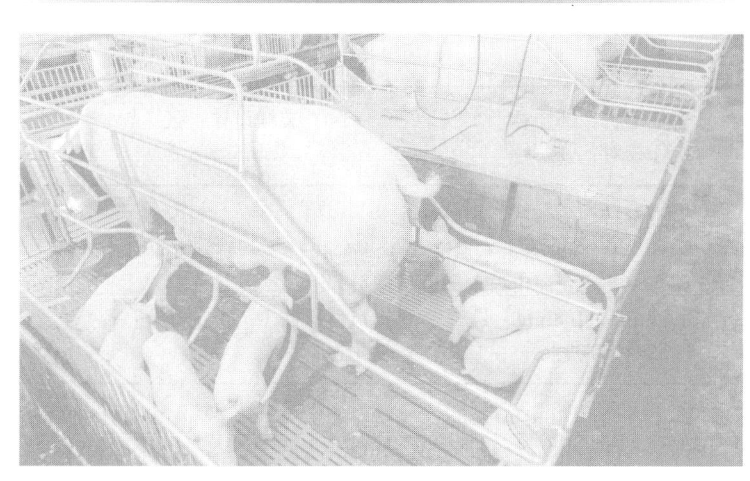

化学工业出版社
·北京·

内 容 简 介

本书在作者长期从事母猪营养调控研究的基础上，结合国内外近年相关研究进展，紧紧围绕现代高产母猪生产中的突出问题，系统阐明了其关键营养调控技术。书中介绍了现代高产母猪的生产力现状及决定因素，总结了关键营养技术调控母猪卵泡发育与发情启动、胚胎存活率、宫内发育迟缓、乳腺发育和泌乳力等繁殖-泌乳性能，针对集约化和规模化生产的母猪群，分析了繁殖周期内母猪生理代谢特征引发的健康问题，包括糖脂代谢紊乱和进程性氧化应激、福利和肢蹄病的影响因素及其形成原因，并阐述了对应的关键营养调控技术及其改善效果，以及各阶段母猪营养需要及饲养管理。

本书可为从事猪营养研究的科研工作者和从事养猪生产管理的从业人员提供参考。

图书在版编目(CIP)数据

现代高产母猪繁殖-泌乳障碍及其关键营养调控技术/谭成全著．—北京：化学工业出版社，2022.8
ISBN 978-7-122-41449-6

Ⅰ.①现…　Ⅱ.①谭…　Ⅲ.①母猪-家畜营养学　Ⅳ.①S828

中国版本图书馆 CIP 数据核字（2022）第 088923 号

责任编辑：邵桂林　　装帧设计：张　辉
责任校对：张茜越

出版发行：化学工业出版社
（北京市东城区青年湖南街 13 号　邮政编码 100011）
印　　装：三河市航远印刷有限公司
850mm×1168mm　1/32　印张 11　彩插 1　字数 299 千字
2022 年 10 月北京第 1 版第 1 次印刷

购书咨询：010-64518888　　售后服务：010-64518899
网　　址：http://www.cip.com.cn
凡购买本书，如有缺损质量问题，本社销售中心负责调换。

定　　价：78.00 元

序言

中国是世界上养猪历史最长、数量最多、消费量最大的国家。近年来，我国养猪生产水平显著提升，生产效益显著增强，这得益于畜牧科技事业的巨大进步。我国养猪业生产方式由粗放型向集约化型的根本转变是一个相当长的历史过程。在此期间，要求动物营养理论不仅能适应高度集约化的养猪业，而且也要能适应中等或初级集约化水平长期存在的需求。近年来，我国学者在动物营养和饲料科学方面做了大量研究，这些研究成果对“十四五”期间养猪业的持续发展、保障动物性“菜篮子”肉品质的有效供给和质量安全、促进养殖业的绿色发展和竞争力提升具有重要的实践价值。

母猪高效饲养是保障生猪稳定生产的源头，其繁殖效率是生猪健康养殖和优质猪肉供给的关键因素。我国新时代养猪产业虽然已转型升级，但与欧美先进国家的养猪业生产水平比较仍存在不小差距，尤其是母猪繁殖潜力还有待挖掘和提高。现代高产母猪生产中的突出问题长期存在，包括繁殖效率低、长期处于亚健康状态、营养需要不匹配等。因此，通过改善关键营养调控技术和饲养管理水平是进一步提高我国养猪生产效率的重要理论基础与生产实践需求。由华南农业大学谭成全博士编写的《现代高产母猪繁殖-泌乳障碍及其关键营养调控技术》一书，详细介绍了现代高产母猪生产中的突出问题并系统阐明了其关键营养调控技术，对我国现代养猪科研工作者和养猪生产一线的管理及从业人员具有很好的参考价值。希望本书的出版能对我国养猪企业生产水平和生产效益的提高、我国新时代养猪产业的转型升级提供有力借鉴。

中国工程院院士，中国科学院
亚热带农业生态研究所畜牧
健康养殖中心主任

2022.4.21

前 言

改革开放 40 多年以来，我国养猪业取得了长足进步和快速发展。母猪高效饲养是保障生猪稳定生产的源头，其繁殖效率是生猪健康养殖和优质猪肉供给的关键因素。由于猪的育种进程快速推进及先进饲养管理技术的革新，母猪产仔数得到了显著提高。同时，由于现代高产母猪生理代谢发生巨大变化而引发了一系列生产突出问题，主要表现为随着窝产仔数的提高，仔猪初生重下降、窝间变异系数大、有效仔猪数降低；遗传性状的改变致使胴体组成成分变化、母猪食欲低、泌乳期采食量降低等。营养是动物繁殖活动的物质基础，改善营养调控技术是提高母猪繁殖和泌乳性能的有效途径之一。

本书基于笔者长期从事母猪营养调控研究，同时结合国内外近年相关研究进展，紧紧围绕现代高产母猪生产中的突出问题，系统阐明了其关键营养调控技术。首先，介绍了现代高产母猪的生产力现状及决定因素；随后，重点归纳总结了关键营养技术调控母猪卵泡发育与发情启动、胚胎存活率、宫内发育迟缓、乳腺发育和泌乳力等繁殖-泌乳性能；其次，针对集约化和规模化生产的母猪群，本书分析了繁殖周期内母猪生理代谢特征引发的健康问题，包括糖脂代谢紊乱和进程性氧化应激、福利和肢蹄病的影响因素及其形成原因，并阐述了对应的关键营养调控技术及其改善效果；最后，回顾了各阶段母猪营养需要及饲养管理。总体上，本书系统阐述了现代高产母猪繁殖和泌乳障碍及其关键营养调控技术，可为从事猪营养研究的科研工作者和从事养猪生产管理的从业人员提供参考。

本书编写完成后，得到了中国工程院院士、中科院亚热带农业生态研究所印遇龙研究员的审阅，在此表示衷心的感谢！华南农业大学杨芸瑜、黄自浩、陈建钊和伍子放等参与了书稿的修改或辅助工作，在此亦表示衷心的感谢！

由于水平有限，加上本学科专业发展迅速，书中不妥之处在所难免，敬请广大读者批评指正。

著 者

2021 年 9 月

目录

第一章 | 母猪生产力及其决定因素

第二章 | 母猪发情启动和卵泡发育及其关键营养调控技术

第三章 | 母猪胚胎存活率及其关键营养调控技术

第四章 | 猪宫内发育迟缓及其关键营养调控技术

第五章　母猪的乳腺发育和泌乳力及其关键营养调控技术

第六章　高产母猪的福利问题及其关键营养调控技术

第七章　母猪肢蹄病及其关键营养调控技术

第八章 母猪进程性氧化应激及其关键营养调控技术

第九章 繁殖周期内母猪糖脂代谢紊乱及其关键营养调控技术

第十章 | 母猪的营养需要及饲养管理

第一章

母猪生产力及其决定因素

随着遗传选育与饲养管理的改变，现代母猪遗传特征发生了较大的变化，表现为随着窝产仔数的提高，仔猪初生重下降、窝间变异系数大、泌乳期采食量降低等，这些显著变化严重制约着母猪的生产力。另外，国内母猪生产力与养猪业发达国家相比，在分娩率、活产仔数、断奶窝重、断奶至发情间隔、年提供断奶仔猪数等方面仍存在差距，我国的母猪繁殖潜力仍需进一步挖掘。认清母猪生产力的现状并分析衡量生产力的关键指标及其影响因素进而进行干预或调控迫在眉睫。本章首先指出了现代高产母猪存在的两大遗传特征（高窝产仔数和低泌乳期采食量）及我国母猪生产性能不足的现状；最后分析了年提供断奶仔猪数（per sow per year，PSY）衡量母猪生产力存在的缺陷，阐述了母猪终生生产力的组成、预测指标及相关猪群影响因素，为准确评价母猪生产力提供了新的参考依据。

第一节　母猪年生产力

一、现代母猪的遗传特征

随着育种技术的不断革新及饲养管理水平的提高，现代母猪遗传特征发生了较大的变化。其中，窝产仔数表现最为突出。窝产仔数是定义猪场生产力的主要参数之一，与决定盈利能力的生产参数的敏感性分析密切相关。在过去的 20 年里，基因公司在多产性状的选择方面开展了重要的研究工作，窝产仔数每年增加 0.2 头（图 1-1）。

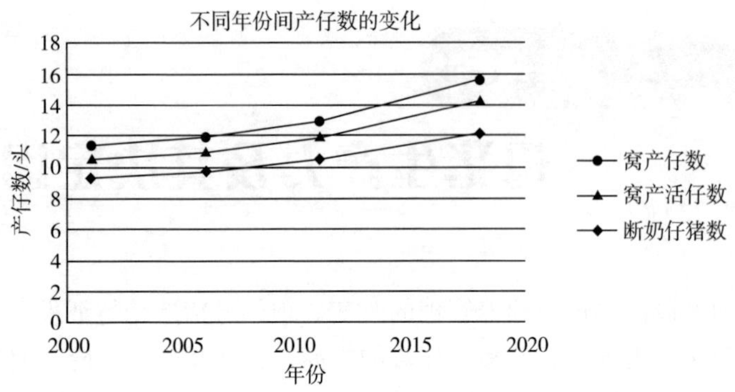

图 1-1　近 20 年母猪产仔数变化趋势

（修自于 BDporc，Spain，2018）

然而，窝产仔数提高的同时仔猪出生时的个体重却在显著下降，这导致了仔猪大小差异的增加（图 1-2）。需要指出的是，仔猪出生时的成熟度也降低了（肝脏重量降低）。据估计，仔猪出生时的脂肪含量低于 2%（Manner，1963），这意味着仔猪出生时体脂较少，因此肝糖原含量较低，降低了它们出生后的生存能力（Canario，2014）。当总产仔数和死胎数呈正相关时，特别是当与平均体重离散度较大、低体重、低活力和低存活率的仔猪占很大比例时，就会出现问题，这将显著影响断奶仔猪的数量和母猪年生产力。

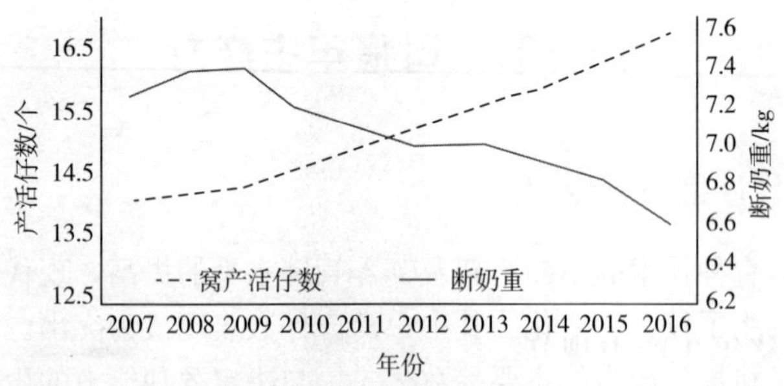

图 1-2　母猪产活仔数与断奶重的关系

（Seges，2018）

现代高产母猪泌乳潜力增加的同时，母猪的食欲（自由采食量）并没有增加，进而导致泌乳期间母猪身体营养储备和消耗量不成正比。现代高产母猪突出的遗传特征总结见表 1-1，主要表现为随着窝产仔数的提高、仔猪初生重下降、窝间变异系数大；遗传性状的改变致使胴体组成成分变化、母猪食欲低、泌乳期采食量降低等。

表 1-1 现代高产母猪的 10 大遗传特征

1. 窝产仔数增加（0.2 头仔猪/年）
2. 初生仔猪体重降低（窝间变异系数大）
3. 低体重仔猪比率增加
4. 更高的泌乳量
5. 更低的体脂含量
6. 更高的瘦肉率
7. 自由采食量降低
8. 较早的初情期
9. 繁殖周期内净体重增加
10. 种用年限缩短

图 1-3 概况了母猪泌乳期采食量不足对泌乳性能的负面影响（详细介绍见第九章第二节）。本书后续章节也将重点围绕高产母猪这两大遗传特征（高窝产仔数和低泌乳期采食量）的改变阐述其相应的营养关键调控策略。

二、母猪年生产力现状

母猪繁殖性能主要性状包括分娩率、总产仔数、产活仔数、断

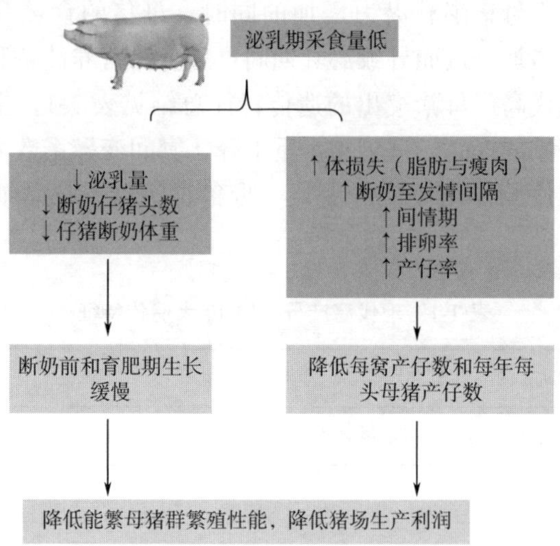

图 1-3　母猪泌乳期采食量不足的负面影响

奶仔猪数、断奶个体均重、断奶窝重、断奶至发情间隔和年提供断奶仔猪数等。随着规模化和集约化程度越来越高，界定好母猪繁殖性能量化标准，是提高猪场经济效益的关键环节。其中母猪年提供断奶仔猪数（per sow per year，PSY）是衡量母猪繁殖性能较好的指标（Koketsu，2007）。总结国内与发达养猪业国家的母猪繁殖力现状（表 1-2）可知：丹麦猪群母猪繁殖力远高于我国水平（PSY：33.3 vs 24.1）。这表明目前我国母猪的生产潜力受到很大的限制，生产性能的状况堪忧，是规模化猪场性能水平和经济效益进一步提高的限制因素。

表 1-2　国内与发达养猪业国家母猪繁殖力现状

项目	中国 2018①	加拿大 2018②	美国 2019③	英国 2020④	欧盟 2019⑤	丹麦 2017⑥
统计母猪头数/万头	30.1	—	164.2	—	—	42.3
分娩率/%	87.5	83.2	83.0	83.1	—	89.2
流产率/%	—	4.5	—	—	—	—

续表

项目	中国 2018[①]	加拿大 2018[②]	美国 2019[③]	英国 2020[④]	欧盟 2019[⑤]	丹麦 2017[⑥]
窝产总仔/头	12.4	14.1	15.0	15.2		
窝产活仔/头	11.6	12.8	13.5	14.1	14.2	16.9
窝产死胎/头	—	0.9	1.12	0.91	—	1.8
窝产木乃伊/头	—	0.4	0.4	—	—	—
仔猪断奶前死亡率/%	6.0	14.4	15.4	12.2	13.2	13.6
断奶日龄/d	23.7	20.9	20.7	26.7	27.4	31
窝均断奶头数/头	10.7	10.9	11.8	12.4	12.3	14.6
断奶窝重/kg	74.5	—	59.8	90.8	—	94.9
断奶均重/kg	6.9	—	5.07	7.4	—	6.5
母猪死亡率/%	—	13.1	13.9	7.5	7.1	—
母猪淘汰率/%	37.9	41.8	48.8	—	—	—
非生产天数/d	—	48.1	—	21.4	—	28.3
年产胎次	—	2.3	—	2.2	2.3	2.3
PSY	24.1	25.6	26.1	27.7	28.1	33.3

注：PSY—年提供断奶仔猪数（per sow per year）。

① 高开国，2019；

② Production Index Analysis of sow farm performance for 2019；

③ Pigchamp benchmarking，2020；

④ Indoor breeding herd Key Performance Indicators，2021；

⑤ Pig cost of production in selected countries，2019；

⑥ National average productivity of danish pig farms，2017。

第二节 母猪终生生产力及其影响因素

一、母猪终生生产力

（一）以 PSY 为标准评价母猪生产力的不足

PSY 作为综合的母猪生产力测量指标已在北美使用 30 多年。

在测量中，PSY 被简单地定义为每窝的断奶仔猪数乘以母猪每年的窝数。然而，更高的 PSY 与更长的寿命并没有直接联系，PSY 的测量不包括任何母猪寿命指标，寿命是用母猪淘汰时的平均胎次或平均天数衡量。另外，一些养殖户倾向于淘汰年活产仔猪数较低的低胎次母猪，以增加其猪群的 PSY（Koketsu and Tani，2017），这意味着在低胎次就被淘汰的母猪，在猪群中无法发挥其潜在的繁殖性能（Koketsu，2007）。同样地，母猪的寿命增长会增加每头母猪的利润，因为母猪 3 胎前的所有断奶仔猪足以收回更换后备母猪的初始成本（Tani and Koketsu，2018）。

（二）母猪终生生产力的组成

母猪终生生产力可以分为母猪寿命（longevity）、产仔性能（prolificacy）、生育性能（fertility）和终生生产效率（lifetime efficiency）四个组成部分（Koketsu and Iida，2020）。母猪寿命可通过淘汰时的胎次数（Stalder et al.，2012），猪群寿命天数（Sasaki and Koketsu，2008）和母猪寿命天数来衡量。母猪寿命天数是指从出生到淘汰的天数，而猪群寿命天数是指母猪初配到淘汰的天数。为了更加精准衡量能繁母猪的种用年限并计算其终生生产力，采用猪群寿命更合理。因为母猪寿命天数是包含了母猪出生第一天到后备母猪第一次配种这个无效时间段（Koketsu and Tani，2017）。在这个阶段，后备母猪可能因扑杀、死亡、安乐死或者其他原因剔除而未真正进入繁殖周期。

母猪的产仔性能应以从首次分娩到淘汰时的活产仔猪数来衡量，生育性能可以用猪群寿命中的非生产天数衡量，其包括猪群寿命中的从仔猪断奶到初配的间隔时间，加上从初配到被淘汰的返情间隔（Koketsu and Tani，2017）。

母猪寿命或猪群的产活仔数是母猪寿命效率的衡量标准，包括产仔性能、生育性能和寿命。母猪寿命效率的另一个衡量指标是母猪个体或猪群年断奶仔猪数，其结合了年产活仔数和泌乳性能。年产活仔数仅包括了产仔能力、生育性能和胎次，而年提供断奶仔猪数包含了其他泌乳性能指标，例如断奶前死亡率、母猪产奶量、护

理和管理（例如代乳和养育技术），这将反映管理和设施的影响。

图 1-4 使用理论值示例展示了四个指标（母猪寿命、产仔性能、生育性能和终生生产效率）与年提供断奶仔猪数的关键指标之间的相互关系。母猪寿命年提供断奶仔猪数由两部分组成：母猪寿命天数和终生断奶仔猪数。母猪寿命天数是指从出生到淘汰的天数，也可以使用初配年龄加上猪群寿命天数得出。

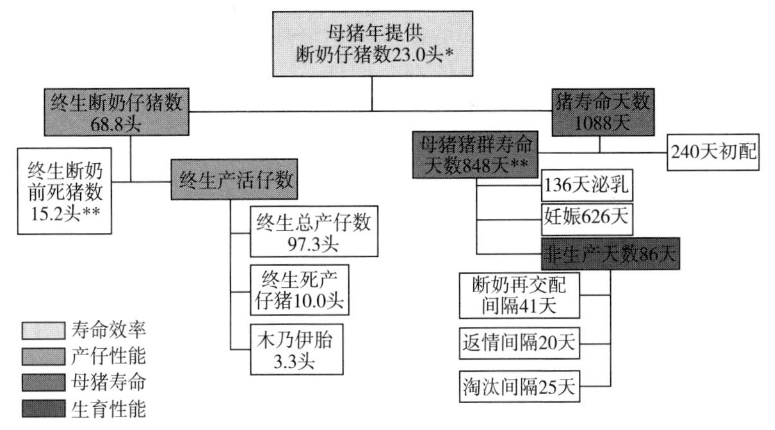

图 1-4 年提供断奶仔猪数为 23.0 头的母猪终生生产力谱

*—猪群寿命年断奶仔猪 29.6 头；**—断奶前平均死亡率 18.1%

猪群寿命天数包括泌乳期、妊娠期及非生产期。猪群寿命内年提供断奶仔猪数可以从猪群寿命天数和终生提供断奶仔猪数中得出。此外，通过把猪群寿命中的妊娠天数除以 115（例如，626 天妊娠天数除以 115 等于 5.4）可以粗略得出妊娠次数或淘汰时产胎次数。母猪寿命或猪群寿命年产活仔数是由终生活仔数和母猪寿命或猪群寿命组成（Koketsu and Iida，2020）。

1. 母猪寿命

母猪寿命通常由淘汰时胎次数衡量。在北美、日本、瑞典和西班牙，淘汰时的平均胎次为 3.3～5.6（Engblom et al.，2007；Koketsu et al.，2020）。但是，淘汰时的胎次数并不是检测母猪寿命的准确方法，因为胎次不考虑天数，对于相同胎次的母猪而言，不同猪群或母猪之间的天数可能有所不同。因此应该用母猪寿命或猪群寿命天数来衡量种用年限。美国、欧盟和日本的平均猪群寿命天数在 467～969 天之间（Rodriguez-Zas et al.，2003；Saito et al.，2010）。寿命也可以用母猪寿命来衡量。研究表明，在欧盟和日本，母猪平均寿命天数在 992～1088 天之间（Koketsu et al.，2020）。

2. 产仔性能

从第一次分娩到淘汰的产仔性能由终生产活仔数表示。至第 5 胎前，每一胎次的产活仔数值都会增加，因此产仔性能取决于淘汰时的胎次数（Bergman et al.，2018）。产仔性能受遗传和妊娠期管理的影响，包括授精时机、精液质量和饲养员的能力（Kaneko et al.，2013）。此外，窝产仔猪数受到排卵率和胚胎存活率的影响。流产和死亡也会降低母猪产仔性能，因其会导致母猪的寿命缩短。

3. 生育性能

生育性能是指一定时期（如一年）内每头母猪的窝产仔数（Dial et al.，1992）。然而，超过 50%的母猪几年均在一个猪群内，所以使用一年内每头母猪的窝产仔数可能不是最准确衡量终生生育性能的方式，因其并没有考虑到影响母猪的猪群寿命的所有因素。母猪的生育性能也可通过终生非生产天数来衡量，这与母猪猪群寿命中所产窝数直接相关。母猪终生非生产天数由再返情间隔、断奶再交配间隔和淘汰间隔相加得出。返情间隔和断奶后再交配间隔时间约占总非生产天数的 60%（Koketsu，2005），尤其是断奶后再交配间隔，其与主要控制母猪生育性能的关键生殖激素黄体生成素密切相关。此外，返情间隔与怀孕或妊娠失败相关。后备母猪和母猪流产也会增加非生产天数，比如出现返情间隔或淘汰间隔。另一个影响母猪生育性能的关键因素是母猪死亡率，因为死亡率的增加导致死亡间隔增加，即从最后一次事件到猪死亡间的天数，例如最后一次断奶到死亡的间隔，或者后备母猪最后一次交配到死亡的间隔，这会增加非生产天数。

4. 基于断奶仔猪数和产活仔数的终生生产效率

年提供断奶仔猪数是用母猪终生提供的断奶仔猪数除以母猪寿

命天数或猪群寿命天数×365.25 计算出的母猪终生生产效率。同样地，年产活仔数是用母猪终生产活仔数除以母猪寿命天数或猪群寿命天数×365.25 得出的。值得注意的是，若在母猪第一胎断奶后便立即淘汰，则母猪的年提供断奶仔猪数可能会很高。例如，在第 22 日龄断奶 14 头仔猪后立即淘汰一头第一胎母猪，其年提供断奶仔猪数为 37，即 14 头断奶仔猪数/（115＋22）天×365.25 天。这是使用猪群寿命年提供断奶仔猪数的一个主要缺点，淘汰第一胎母猪不会降低被淘汰母猪的猪群生产效率，但是会降低以母猪寿命年提供断奶仔猪数衡量的母猪效率。例如，在本段之前提到的第 1 胎次母猪的初配年龄为 240 天，则在第 1 胎次淘汰母猪，在母猪寿命内年提供断奶仔猪数为 13.6，即 14 头断奶仔猪数/（240＋115＋22）天×365.25 天。

二、母猪终生生产力预测指标

（一）后备母猪初配年龄

在北美、西班牙、葡萄牙、意大利和日本，通常后备母猪初配日龄大约为 240 天，160～370 天不等（Dial et al.，1992；Iida et al.，2015）。目前建议从 203 日龄开始配种，以便让后备母猪具有足够的体重和体脂来进行第一次交配。母猪初次发情的年龄可以通过软件记录下来（PIC manuals，2017）。

后备母猪初情期即其首次排卵的时期，初情期早的早熟母猪具有较高的生产性能。因此，母猪初发情日龄和乏情记录日龄对预测母猪终生生产力具有重要意义。然而，这两种测量指标在大部分商业猪群中并没有得到记录。相较而言，更多的是记录初配日龄，因此后备母猪初配日龄是养殖场数据分析中预测母猪终生繁殖性能的重要指标。

初配日龄较晚与寿命下降（即胎次较低或猪群寿命较短）、产仔性能下降（即终生产活仔数减少）、生育性能下降（即在猪群生活中更长的非生产天数）以及终生生产效率降低有关。例如，一项研究表明，同 229 天或更早交配的母猪相比，278 天或更晚交配的母猪胎次较少，终生产活仔数也较少（PIC manuals，2017）。较晚初配日龄还与再次启动妊娠延迟有关，这可能是由于晚熟母猪的卵巢和黄体功能发育不良、孕酮浓度较低造成的。此外，有研究表明，较晚的初配日龄母猪，其断奶-再交配间隔时间也相应更长，导致其非生产天数增加和生育性能降低。有研究报道，当初配日龄延长 100 天时（Schukken et al.，1994；Roongsitthichai et al.，2011），初配日龄较晚母猪的产活仔数少增加了 0.3～0.4 头。初配日龄较晚母猪由于返情间隔或淘汰间隔而成为低效母猪。此外，初配日龄较晚的后备母猪终生性能低下与妊娠时体重超标有关，这对母猪寿命和终生效率产生不利影响（Roongsitthichai et al.，2011）。

（二）后备母猪的体重

后备母猪的生殖系统尚未完全发育成熟，因此后备母猪发育过程中要进行适当的营养调控，提供其生长和发育所需的营养和能量。当母猪分娩后体重大于 180kg 时可防止第一次泌乳期间脂肪和瘦肉组织流失对后续繁殖性能产生不利影响。因此，若母猪在体重为 135～150kg 时交配，于妊娠期间其体重增加 35～45kg 即可在分娩时达到目标体重（Clowes et al.，2003；Malopolska et al.，2018）。

（三）第一胎中的返情

返情在妊娠猪群中很常见，首次交配的母猪中，约 10%未怀孕或未能保持妊娠，进而导致返情。每次返情后将导致其生育率降低 10%。同一项研究表明，返情母猪相比未返情母猪具有更长的非生产天数（175∶124），淘汰时胎次更低（3.8∶4.2），猪群寿命内产活仔数更少（44.2∶46.2）（Koketsu，2003）。此外，还有研究表明，返情对后备母猪可产生其他负面影响。例如，41%的在第一胎出现返情的母猪会出现二次返情，而在第 6 胎出现返情的母猪仅有 9%出现了二次返情。此外，36%的第一胎返情母猪之后会出现一次或多次返情，第 1 胎返情母猪后续胎次中产仔率低于未返情母猪（Tani et al.，2016）。返情的母猪发情时间较短或发情特征较弱，都使得发情特征很难被检测到，导致难以选择合适的授精时

机。此外，任何返情均会增加母猪的非生产天数，降低其产仔性能和效率。返情母猪是有机会通过再妊娠提高繁殖效率的，因此，需要对返情母猪进行密切监管，适时淘汰母猪。一般淘汰的母猪是出现两次返情的后备母猪或经产母猪（Koketsu，2003；Tummaruk et al.，2010）。

（四）第一胎的产活仔数

第一胎的产活仔数是母猪产仔性能的早期预测指标。前人将母猪按照产活仔数比例分为10%、50%及90%三组发现：母猪第一胎中产活仔数最高的组相比最低的组具有更高的年产活仔数。而母猪的产仔性能可通过第一胎母猪产活仔数来预测，这表明可通过增强母猪的妊娠管理以及遗传潜力来提高后备母猪的产仔性能（Iida et al.，2015）。因此，后备母猪良好的发育对于提高母猪的产仔能力具有重要作用。然而在欧盟和日本的研究中，根据第一胎产活仔数划分的不同高产仔性能组之间的断奶再交配间隔或21天调栏窝重未发现有任何差异（Iida et al.，2015）。

（五）初生重、断奶重及断奶前生长速度

对于未来的后备母猪来说，较高产仔性能母猪的遗传亲本更值得关注。这是因为每窝产活仔数更高会导致出生体重更低，而出生体重较轻的后备母猪的生长、繁殖性能和母猪寿命都受到影响。后备母猪的初生重和断奶前生长速度是其终生生产性能的早期特征。较低的断奶前生长速度同较低的断奶后生长性能、较晚的初情期以及较晚的初配日龄有关（Vallet et al.，2016）。

宫内发育迟缓易导致后备母猪出生体重低（Wu et al.，2006）。在初情期相邻的日期检测发现，与出生体重较高的后备母猪相比，出生体重较轻的后备母猪卵巢上中等大小的卵泡较少且闭锁卵泡较多。因此不应该选择初生体重较轻的母猪作为后备母猪，也不应该选择产仔性能多、初生重差异较大的母猪作为亲本。除繁殖性能外，高断奶重和断奶前生长速度与后备母猪的高存活率和良好生产性能有关（Almeida et al.，2017）。

（六）代乳母猪的使用

虽然使用寄养母猪和代乳母猪技术可以增加母猪的断奶仔猪数和断奶重，但这可能会导致寄养母猪或代乳母猪的身体储备损失增加，代谢状态受损，进而降低寄养母猪或代乳母猪在断奶后的繁殖性能。然而，研究发现，任何胎次中的代乳母猪的产仔率和产活仔数与非代乳母猪的产仔率和产活仔数相似，唯一的区别是它们的断奶再交配间隔时间变长（Iida et al.，2019）。因此代乳母猪相对于非代乳母猪，其猪群年提供断奶仔猪数提高了3～7头，然而值得注意的是，这主要是因为代乳母猪具有良好的身体储备，泌乳行为和泌乳期间的高采食量，故而其被选为代乳母猪。

（七）第一胎死产仔数

死胎理论上被定义为分娩开始时仍存活，但产程中死亡的仔猪。在实践中，分娩后第一次检查时发现的没有木乃伊迹象的死亡仔猪即为死产仔猪（Vanderhaeghe et al.，2013）。

第一胎中死产仔猪数可能与母猪终生性能的其他指标有关。死产仔猪数的增加与21天调栏窝重降低（Hoshino and Koketsu，2009）、子宫脱垂增加或妊娠流产（Iida et al.，2019）、产仔率降低、后续胎次产活仔数降低（Iida et al.，2016）、低产仔性能、低产奶量及低生育率导致的低寿命有关。分娩困难、产仔体型过大和妊娠时间较短（母猪因素）及猪群健康状况较差（环境因素）等均可能导致死产仔猪。因此可以通过监督和辅助分娩的方式帮助分娩困难的母猪克服宫缩乏力。此外，通过擦干仔猪并保温、清理仔猪气道，可以减少死产仔猪的数量。建议制定猪群健康计划，特别是针对第一胎母猪制定，可减少因传染病而导致的死产仔猪。对于产下多头死产仔猪或难产的母猪，推荐使用抗生素治疗。此外，应注意的是，母猪分娩死产仔猪的重复性很低，因此没有必要根据第一胎死产仔猪的数量淘汰母猪。

（八）第一胎断奶再交配间隔

第一胎断奶再交配间隔为7～20天的母猪比断奶再交配间隔为

3～6 天的母猪产仔率更低，产活仔数更少（Hoshino and Koketsu，2009）。研究表明，第一胎断奶再交配间隔 4 天的母猪比断奶再交配间隔 5 天的母猪猪群寿命内年提供产活仔数多 0.3 头（图 1-5）。所以，第一胎母猪断奶再交配间隔 4 天效率最高。同一研究还表明，第一胎断奶再交配间隔 0～3d 的母猪同断奶再交配间隔 4～5d 的母猪的年产活仔数差异不大。因此，母猪第一胎断奶再交配间隔 0～3d 和断奶再交配间隔 4～5d 具有相同种用效率。断奶再交配间隔时间的延长与发情时间短及发情排卵间隔短有关，而与胎次无关，这可能导致授精时机不佳，并导致母猪产仔率及产活仔数降低（Yatabe et al.，2019）。此外，尤其是第一胎母猪，其哺乳期的低采食量和较短泌乳时间往往会导致断奶再交配的间隔延长。另外，通过遗传程序选择较短断奶再交配间隔母猪已取得了进展，这将有助于降低返情率。

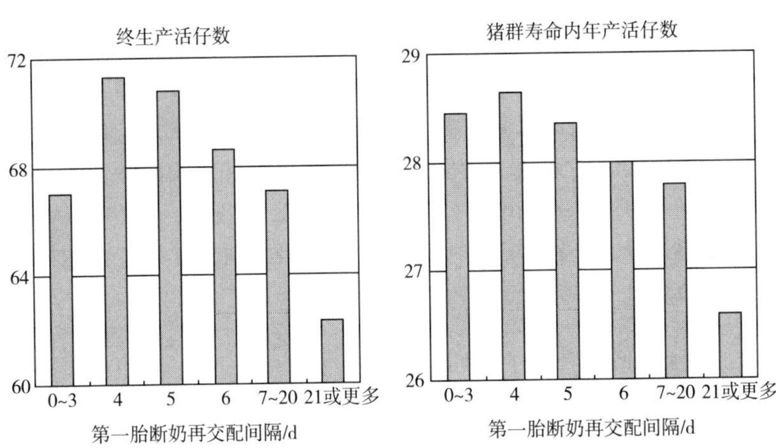

图 1-5 第一胎中 6 组断奶再交配间隔母猪终生生产性能的比较

（九）第一胎的流产情况

在一些母猪中，流产是因为母猪内分泌紊乱或子宫疾病，或者是感染猪细小病毒和猪呼吸综合征病毒等感染性病原体引起的妊娠失败（Almond et al.，2006）。据报道，第一胎中 43%～44%的流

产母猪在没有出现返情的情况下被淘汰（Iida et al.，2015），可能是因为养殖人员认为流产母猪比未流产母猪更易在后期的妊娠中流产，因此它们的寿命比未流产母猪更低。然而，流产母猪和未流产母猪在随后的产仔率、断奶再交配间隔或终生生产性能方面没有较大差异。此外，只有4.1%的一次流产母猪会在之后的胎次中遭受二次流产。因此，建议养殖户二次交配时像使用未流产母猪一样使用流产母猪（Iida et al.，2016）。

（十）跛行发生

由于跛行而被淘汰的母猪寿命、生产性能、产仔性能及终生生产效率都低于因其他原因而被淘汰的母猪（Lucia et al.，1999；Anil et al.，2009）。跛行增加了母猪从猪群中淘汰的概率。研究还发现，有腿部病变的母猪比没有腿部病变的母猪产下更多的木乃伊胎和死胎。在因跛行而淘汰的母猪中，约70%为妊娠母猪，只有30%是空怀母猪。跛行多发生在分娩后4～8周和空怀4～5周。较大胎次以及出现返情是导致跛行原因之一。因此建议养殖户尽早识别有早期跛行迹象的母猪，并移至患病猪舍内进行恢复。使用无石地板、干燥洁净的地板及对群养后备母猪使用妊娠床已被证明可以防止跛行的发生（Gjein et al.，1995；Pluym et al.，2013；Maes et al.，2016）。此外，母猪发育期间的管理应满足其生长所需的适当营养和能量，满足骨骼和生殖道的发育需要。

三、影响母猪终生生产力的猪群因素

影响猪群水平的因素包括猪群规模、猪群性能和管理水平，这都与母猪的终生生产力有关。可以通过调查问卷的方式来收集与管理有关数据，因为养殖户通常不会在其记录软件中记录这样的猪群信息。

（一）猪群规模

一项在西班牙猪群上的研究表明，随着猪群规模的增大（180头增加至1300头），母猪第一胎的产活仔数增加了0.3头（Koketsu et al.，2020）。其原因可能是较大规模猪群比小规模猪群具有更优

异的遗传效应、更好的健康状况或具有更先进的生产系统（King et al.，1998；Koketsu et al.，2000）。因此，尽管对西班牙猪群的研究表明大型猪群母猪寿命低于中小型猪群，但是从投资额、设施水平、人力资源及遗传改良水平而言，猪群规模可能是衡量一个生产系统先进程度的重要指标（Koketsu et al.，2020）。较晚初配日龄与猪群规模存在相互作用，较晚初配日龄在较大猪群中比中小猪群更显著地降低了母猪寿命、产仔能力、生育性能及终生生产效率（Koketsu et al.，2020）。图 1-6 显示，在大型猪群中更晚初配日龄会降低母猪寿命，是中小型猪群中的母猪寿命的 1/4～1/3。这表明，猪群的大小改变了初配日龄对母猪寿命和终生生产性能的影响。

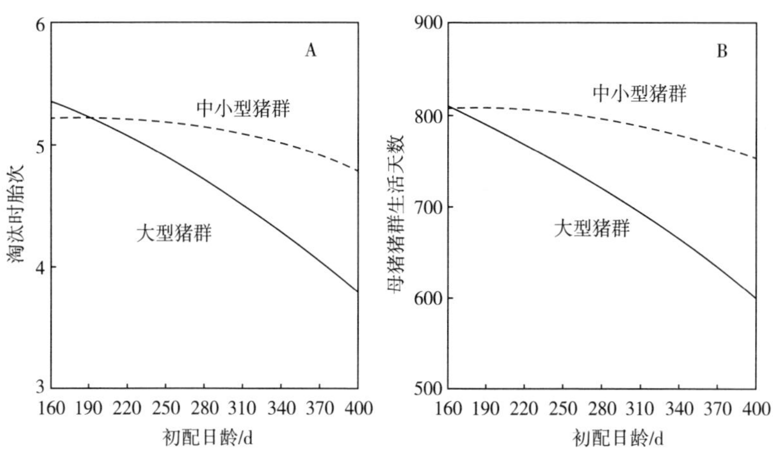

图 1-6　不同初配日龄同淘汰胎次（A）和母猪猪群寿命天数（B）的预测模型

［根据养殖场猪群平均规模的 75%分为大型猪群（≥1017 头母猪）和中小型猪群（<1017 头母猪）］

（二）高性能猪群

高性能猪群即具有较高繁殖性能和生产性能的妊娠猪群（King et al.，1998；Koketsu et al.，2000）。高性能猪群的高生产性能主要是因为其具有更好的后备母猪发育、更好的饲养管理、更先进的饲养技术（如冷却系统、宫颈后人工授精、辅助初乳摄入及哺乳期间更好的仔猪护理）（Knox et al.，2014；Kraeling et al.，2015）。例如，当环境温度从25℃升高至35℃时，高性能猪群母猪的断奶再交配间隔仅增加了0.3d，而普通猪群母猪的断奶再交配间隔增加了0.8d（Iida et al.，2014）。因此在高性能猪群中，高温对断奶再交配间隔的负面影响约有60%（0.5d/0.8d）可通过管理得到缓解。高性能猪群与第一胎次产活仔的互作会影响母猪的繁殖潜力（胎次和终生性能），图1-7比较了高性能和低性能猪群中高产仔性能和低产仔性能母猪产活仔数。在第2～6胎中，高性能猪群中高产仔性能母猪及低产仔性能母猪的产活仔数分别比低性能猪群高0.8～1.1头和1.4～1.7头。

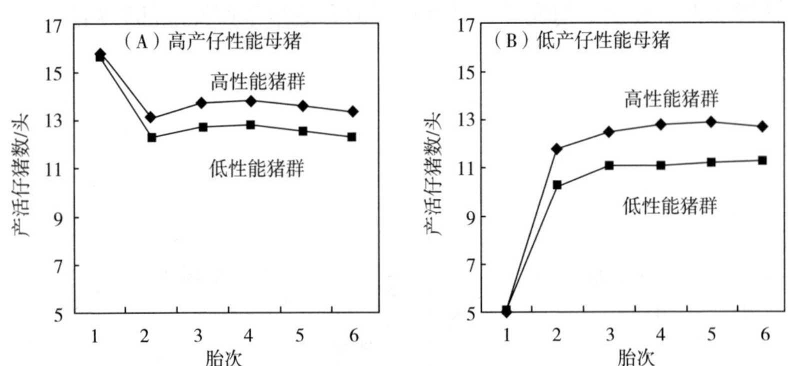

图1-7 高产仔性能母猪（A）和低产仔性能母猪（B）间产活仔猪的比较

［猪群按照母猪猪群生活平均年化PW的25%和75%分为两组，而母猪按照平均第一胎产活仔数的25%和75%分为两组］

（三）后备母猪的授精时机

对调查数据进行分析，发现在初次发情后立即授精的母猪产仔率高于延迟授精的母猪（Kaneko et al.，2012）。造成产仔率出现差异的一个可能原因是，授精时间延迟的母猪发情时间较短，易错过最佳授精时机。因此，延迟受精的母猪终生产仔性能较低，进而导致终生生产力不理想，比如寿命较低，这是因为低生育性能而在早期被淘汰了（Steverink et al.，1999）。因此，若是因授精时机不适而导致母猪产仔性能低，养殖人员应争取更早的授精。

主要参考文献

[1] 高开国，王丽，胡胜兰，等．蒋宗勇我国规模化猪场母猪繁殖性能的调查分析．2018.

[2] Almeida F R C L，Alvarenga Dias A L N，Moreira LP，et al. Ovarian follicle development and genital tract characteristics in different birthweight gilts at 150 days of age. Reproduction in Domestic Animals，2017，52：756-762.

[3] BDporc，2018. Sistema electronico de acceso al banco de datos de referencia del porcino espanol.

[4] Canario L，Bidanel J-P，Rydhmer L. Genetic trends in maternal and neonatal behaviors and their association with perinatal survival in french large white swine. Frontiers in Genetics，2014，5.

[5] Iida R，Pineiro C，Koketsu Y. High lifetime and reproductive performance of sows on southern european union commercial farms can be predicted by high numbers of pigs born alive in parity one. Journal of Animal Science，2015，93：2501-2508.

[6] Iida R，Pineiro C，Koketsu Y. Removal of sows in spanish breeding herds due to lameness：Incidence，related factors and reproductive performance of removed sows. Preventive Veterinary Medicine，2020，179.

[7] Iida R，Yu Y，Pieiro C，et al. Nurse sows′ reproductive performance in different parities and lifetime productivity in spain. Journal of Agricultural Science，2019，11：29.

[8] Koketsu Y. Longevity and efficiency associated with age structures of female pigs and herd management in commercial breeding herds. Journal of Animal Science，2007，85：1086-1091.

[9] Koketsu Y，Iida R. Farm data analysis for lifetime performance components of sows and their predictors in breeding herds. Porcine Health Management，2020，6.

[10] Koketsu Y，Iida R，Pineiro C. Increased age at first-mating interacting with herd size or herd productivity decreases longevity and lifetime reproductive efficiency of sows in breeding herds. Porcine Health Management，2020，6.

[11] Koketsu Y，Tani S，Iida R. Factors for improving reproductive per-

formance of sows and herd productivity in commercial breeding herds. Porcine Health Management，2017，3.

［12］ Lucia T，Dial G D，Marsh W E. Estimation of lifetime productivity of female swine. Journal of the American Veterinary Medical Association，1997，214：1056-1059.

［13］ Malopolska M M，Tuz R，Lambert B D，et al. The replacement gilt：Current strategies for improvement of the breeding herd. Journal of Swine Health and Production，2018，26：208-214.

［14］ MetaFarms Production Index. USA. 2019. https：//www. metafarms. com/.

［15］ PigCHAMP. USA. 2020. http：//www. pigchamp. com/.

［16］ Rodriguez-Zas S L，Southey B R，Knox R V，et al. Bioeconomic evaluation of sow longevity and profitability. Journal of Animal Science，2003，81：2915-2922.

［17］ Roongsitthichai A，Cheuchuchart P，Chatwijitkul S，et al. Influence of age at first estrus，body weight，and average daily gain of replacement gilts on their subsequent reproductive performance as sows. Livestock Science，2013，151：238-245.

［18］ SEGES DANISH PIG RESEARCH CENTRE. Danish Agriculture & Food Council，2018. https：//pigresearchcentre. dk/.

［19］ Steverink D W B，Soede N M，Groenland G J R，et al. Duration of estrus in relation to reproduction results in pigs on commercial farms. Journal of Animal Science，1999，77：801-809.

［20］ Tani S，Pineiro C，Koketsu Y. Recurrence patterns and factors associated with regular，irregular，and late return to service of female pigs and their lifetime performance on southern european farms. Journal of Animal Science，2016，94：1924-1932.

［21］ Tani S，Pineiro C，Koketsu Y. Culling in served females and farrowed sows at consecutive parities in spanish pig herds. Porcine Health Management，2018，4.

［22］ Vallet J L，Calderon-Diaz J A，Stalder K J，et al. Litter-of-origin trait effects on gilt development. Journal of Animal Science，2016，94：96-105.

第二章 母猪发情启动和卵泡发育及其关键营养调控技术

适时启动能繁母猪的发情周期是保障其高效生产力的先决条件。规模化猪场后备母猪不发情或发情推迟的比例高达20%～30%。同时，因情期启动失败导致经产母猪淘汰的比例高达30%～40%。在很多国家母猪的更新率高达40%～50%，其中有50%的母猪是由于不能发情和受胎在1～2胎中被淘汰的。原始卵泡激活后转化形成生长卵泡，其健康生长和发育影响着繁殖母畜的发情、排卵、受孕及产仔。营养是动物繁殖活动的物质基础。本章首先讨论营养调控母猪情期启动的理论假设与初情期的影响因素；随后重点描述原始卵泡的命运及卵泡期的生理特征及其调控；最后阐明能量或脂肪对发情启动和卵泡发育的影响及分子机制。

第一节 发情启动

一、营养调控后备母猪情期启动的理论假说

雌性动物的情期启动受复杂的神经-内分泌系统调控，主要体现在三个方面（Pinilla et al.，2012）：①下丘脑促性腺激素释放激素（gonadotropin-releasing hormone，GnRH）神经元脉冲分泌；②垂体腺在GnRH刺激下脉冲分泌促卵泡激素（follicle-stimulating hormone，FSH）和促黄体素（luteinizing hormone，LH）；

③性腺轴接收来自 FSH 和 LH 的脉冲信号，刺激排卵，由卵巢分泌的性腺激素（雌二醇）对下丘脑 GnRH 神经元进行正、负反馈调控。作为动物情期启动的关键因素，GnRH 的分泌调控是深入揭示动物情期启动奥秘的关键组成部分。营养是动物繁殖活动的物质基础，但营养代谢信号并不直接作用于 GnRH 神经元，这表明下丘脑存在介导营养调控 GnRH 分泌的中间信号途径。Kisspeptin 是由 *Kiss-1* 基因编码的神经内分泌肽类激素，由 Kisspeptin 神经元分泌，为 G 蛋白偶联受体 54（G-protein-coupled receptor 54，GPR54）的内源性配体（Ohtaki et al.，2001）。大量研究揭示：下丘脑 *Kiss-1* 基因编码的蛋白质 Kisspeptin 与其受体 GPR54 结合启动的信号途径是下丘脑 GnRH 脉冲分泌的关键信号（Gottsch et al.，2006）。下丘脑 Kisspeptin 神经元可表达营养代谢信号如胰岛素、瘦素和胰岛素样生长因子-1（insulin-like growth factor -1，IGF-1）的受体（Navarrov and Tena，2012），这表明 Kisspeptin 神经元是营养调控动物情期启动及卵泡发育的关键组成部分（吴德等，2014）。

营养调控后备母猪情期启动主要存在两种理论假设（吴德等，2014）。①组织器官发育理论假说。母猪各组织和器官发育到一定阈值后才能启动情期，该理论认为母猪体重和体组成是营养累积的综合效应，后备母猪在达到最低阈值的体重或者体组成之后才能启动情期。“最低脂肪假说”提出雌性动物只有沉积一定比例的脂肪才会进入青春期（Frish，1987）。研究另发现，瘦肉组织沉积对后备母猪情期启动也十分重要（Lents et al.，2013）。Oury 等（2011）证实骨骼处于合成代谢时性腺才能正常发育。依据此理论假设，下丘脑存在响应外周组织发育信号的组织和细胞，当机体组织的生长和发育达到一定标准后，触发下丘脑中 Kisspeptin 表达和 GnRH 和 LH 脉冲分泌，动物由生长转向繁殖。②雌激素回馈理论（gonadostat hypothesis）。生长期体组织尚未发育完善时，雌激素主要通过下丘脑弓状核（arcuate nucleus，ARC）区域 Kisspeptin 神经元产生负反馈效应，抑制性腺发育，防止早熟；当体组织发育完善时，雌激素通过下丘脑前腹侧室旁核（anteroventral periventricular nucleus，AVPV）Kisspeptin 神经元产生正反馈效应，动物情期启动，加速卵泡发育（Mayer et al.，2010）。雌激素回馈理论是确保动物体成熟和性成熟同步性的关键。下丘脑 ARC 是营养代谢信号作用靶点，生长期动物血液中营养代谢因子刺激 ARC 区域 Kisspeptin 的分泌，以保证对雌激素的负反馈抑制；当动物体组织逐渐发育完善，营养储备足够时，雌激素负反馈抑制减弱，正反馈作用加强，动物性腺加速发育并启动情期。

二、初情期的影响因素

初情期是指母猪第一次发情排卵开始具有繁殖能力的时期。初情期的体重、月龄以及初配日龄对母猪终生生产性能至关重要。大量研究表明：达到初情期的首要因素为日龄而非体重，尽管也有报道 130 日龄的后备母猪就进入初情期，但通常而言，外来品种杜长大母猪初情期发生在 200 日龄左右。从解剖角度来看，后备母猪 4～5 月龄即可有发情表现，但直到 6～7 月龄才会规律性地进入初情阶段（Kirkwood et al.，1987）。Anderson 和 Melampy（1972）研究了营养对后备母猪初情期的影响发现：限饲可推迟初情期达 16 天，情期启动的延迟取决于限饲的程度。当严格限饲或能量限饲（只供给自由采食量的 50%）将延迟初情期，限饲程度对初情期的影响结果也不太一致（表 2-1）。严格限饲会推迟初情期的原因在于：限饲时所有的体组织发育都受阻，但由于生殖系统在营养分配的优先权方面弱于其他器官，故生殖系统所受影响更大（Kirkwood and Amerne，1985）。

营养对初情期早晚的影响因动物发育的不同阶段而异。Etienne 等（1983）报道，61kg 体重的猪中等程度限饲对初情日龄并无影响，但若限饲时体重低于 61kg，即使最后阶段自由采食，初情期也会明显推迟。但 King（1989）却认为，后期生长阶段限饲比前期限饲对性发育的影响更大。

表 2-1 后备母猪培育期限饲对初情日龄和体重的影响

摄入代谢能/MJ		初情日龄/d		初情体重/kg	
低	高	低	高	低	高
23.1	37.3	217	201	74	91①
25.1	37.3	212	201	74	94①
22.3	34.4	211	202	80	90②
17.9	36.3	215	188	61	83③
32.2⑤	36.8	193	202	—	—④

①数据引用 Anderson and Melampy，1972；②数据引用 den Hartog and van Kempen，1980；③数据引用 Kirkwood et al.，1985；④数据引用 Zhou et al.，2010；⑤为摄入消化能。

对后备母猪而言，究竟是日龄还是体重对初情期产生主要影响还不十分确定。尽管有一项研究指出生长较慢的后备猪比生长较快的猪早进入初情期（Price et al.，1981），但总体而言，快速生长的猪体重较重的同时，会比生长慢的猪更早地进入初情期（van Lunen and Aherne，1987；Zhou et al.，2010；Miler et al.，2011）。有研究指出：对于外来品种的杜长大，控制后备母猪从出生到初情期的生长率为 550g 左右可缩短其初情期（Beltranena et al.，1991）。当生长率超过 550g，反而增加了饲喂成本，对情期启动产生负面影响。Kirkwood 和 Aherne（1985）认为，这种差异可能与组织沉积率以及体组织构成和性成熟体尺不同有关。体脂可能是比体重和日龄更好的评价动物性成熟的标志。Den Hartog 和 Noordewier（1984）发现，后备母猪背膘厚度和日龄存在正线性相关。因此，观测最低水平的体脂含量对于判断低龄但快速生长的后备母猪是否进入初情期是重要的，而对于高龄的后备母猪则无足轻重；相反，标准日龄后备母猪的背膘厚，与初情日龄并不直接相关（Friend et al.，1981）。Prunier 等（1987）研究发现：发情母猪比未成熟的母猪脂肪沉积要高，但其显著程度小于体重和日龄方面的相关性程度。体脂含量和体重过低已被证明会推迟早熟后备母猪的

初情期。King（1989）认为：除自由采食蛋白质充足的全价日粮外，应鼓励让后备母猪多沉积一些脂肪，这对繁殖更有意义。Yong 等（1990）已经建议用体脂指标作为母猪生理成熟的标志。

第二节 卵泡发育

一、原始卵泡的命运

在胚胎时期，由卵黄囊内胚层迁移至生殖嵴的原始生殖细胞经性别分化过程分化为卵原细胞，卵原细胞经有丝分裂不断增殖并分化为初级卵母细胞。哺乳动物出生前或出生后不久，卵母细胞周围出现环绕的单层原颗粒细胞，形成原始卵泡，没有被颗粒细胞环绕的卵母细胞则凋亡丢失（Cox N M et al.，1987）。原始卵泡库建立后，一些原始卵泡被起始性征集，逐渐生长、分化而离开静息池，进入生长池并发育至有腔卵泡。值得注意的是，这种静息状态的持续时间在各种动物上差异较大，小鼠可维持 1 年（Zheng W et al.，2014），猪上可维持 10 年（Monniaux D et al.，2014），在人上可维持 50 年（Faddy M J et al.，1992）。

卵巢上的卵泡分为两类，一类是原始卵泡，另一类是由原始卵泡激活后转化而来的生长卵泡（包括初级卵泡、次级卵泡和有腔卵泡）。因此，原始卵泡是卵巢上储存卵母细胞的基本单位，其数量的大小是决定动物繁殖潜能的关键因素。原始卵泡是卵泡发育的起点，同时也是动物繁殖后代所需卵母细胞的唯一来源。当原始卵泡数量耗尽时，动物的繁殖寿命便走到了终点。有研究指出母猪的原始卵泡库主要形成于妊娠 70～90 天，其数量可高达百万，充分展示了母猪的繁殖潜能（Ding W，Wang W et al.，2010）。猪的原始卵泡从出生后 3 周开始缓慢激活，在 20～50kg 阶段大量激活（Monniaux D et al.，2014）。对哺乳动物而言，原始卵泡在出生后主要存在三种命运（图 2-1）（Zhang H and Liu K，2015；卓勇，

2018)：第一，保持静息状态，在母体整个生命中等待被唤醒；第二，原始卵泡在外部因素刺激下唤醒成为生长卵泡，并经历初级卵泡、次级卵泡、有腔卵泡和成熟卵泡发育阶段最终排出成熟的卵丘细胞-卵母细胞复合物（cumulus-oocyte complexes，COCs），若生长卵泡发育受阻则发生闭锁和退化；第三，部分静息状态的原始卵泡通过程序性凋亡、自噬或其他未知途径死亡。由于哺乳动物出生后缺乏生殖干细胞（Zhang H et al.，2015），在宫内发育时期建立的原始卵泡库是动物成年后生殖细胞的唯一来源。因此，原始卵泡的激活必须受到严格的控制，一旦原始卵泡过度激活就会导致卵泡库过早耗竭而发生卵巢早衰症（premature ovarian failure，POF）。小鼠初生时原始卵泡数量为 4000～6000 个，终生有 70～100 个卵母细胞排卵并受孕。母猪初生时原始卵泡数量为 60 万～100 万个，终生排出并受孕的卵母细胞仅为 80～160 枚。因营养及饲养管理不当导致原始卵泡激活不足或过度激活引起的繁殖障碍可能是导致母猪终生繁殖力低下的重要原因。

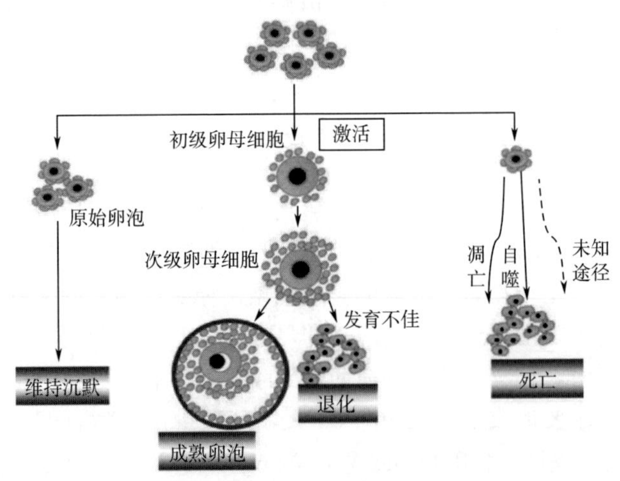

图 2-1　原始卵泡的命运

母猪卵巢上大量的原始卵泡维持静息状态等待被唤醒，而部分原始卵泡在维持静息状态的过程中，受多种外源刺激会直接导致原始卵泡死亡。邻苯二甲酸酯和双酚 A 是具有生殖毒性的化学试剂。研究指出邻苯二甲酸酯和双酚 A 不仅影响原始卵泡库的形成，还直接诱导卵巢原始卵泡的凋亡（Zheng W et al.，2014）。母猪出生后卵巢上的原始卵泡大约有 60 万～100 万个，而到达初情期时，原始卵泡的数量约降低 75%（Monniaux D et al.，2014）。由于原始卵母细胞不可再生，因此，如何防止非繁殖阶段原始卵母细胞的过度激活，是延长母猪繁殖寿命并充分发挥其繁殖潜能的主要调控策略。

二、卵泡期的生理特征

原始卵泡激活后转化形成生长卵泡，其健康生长和发育影响着繁殖母畜的发情、排卵、受孕及产仔。卵泡期的开始意味着母猪繁殖生育的启动，并出现后备青年母猪情期启动和断奶后发情的明显症状。断奶母猪或后备青年母猪的卵泡期通常持续 4～6 天。卵泡的大小和激素的分泌在排卵过程中呈现出相似的变化模式。母猪排卵前后生殖激素的变化规律（图 2-2）：LH、GnRH 及雌二醇（estradiol，E2）在发情时出现最高峰值。FSH 在发情和排卵时均会出现峰值，但是在排卵时 FSH 才达到最高值。

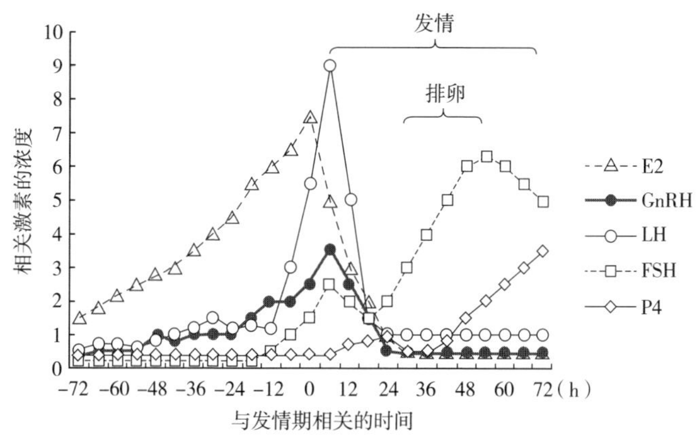

图 2-2 母猪排卵前后生殖激素的变化规律

E2—雌二醇；FSH—促卵泡激素；GnRH—促性腺激素释放激素；LH—促黄体激素；P4—孕酮

在经产母猪泌乳阶段的黄体期和后备青年母猪的初情期的前数周或数个月，卵巢就开始存在数量不等的中小体积的卵泡，但大体积的卵泡只会出现在发情前几天。在描述卵泡数量时，卵泡的计数会因测量方法的变化而出现不同程度的差异。例如，卵泡的表面测量往往比实时超声测量要稍微大些，这可能是因为超声是用来测量无回声卵泡液空间的直径，而表面测量则包括膜和上皮层。一般认为窦状卵泡可分为小、中、大和囊性（Knox，2005）（图 2-3）。在卵泡发育初期存在大量的小卵泡，但是由于闭锁，小卵泡的数量迅速减少。到卵泡中期，只有 40%的中等卵泡维持健康（Guthrie et al.，1995）。FSH 受体是决定小卵泡命运的主导因素，其数量的减少与卵泡早期的 FSH 分泌减少密切相关。中等大小的卵泡既含有 FSH 受体，还含有 LH 受体，可以产生雌二醇和抑制素。被选择排卵的卵泡竞争性结合 FSH 和 LH 可能决定了其后续的生长和健康。大卵泡主要含有 LH 受体，在发情期不会出现闭锁的现象。在发情时，卵泡的大小、颗粒细胞数量和雌激素是不均匀的（Hunter and Wiesak，1990）。大多数超声数据显示发情时有平均 7～8mm 的大卵泡（Knox et al.，2002），但这些数据也可能因母猪的胎次（Ulguim et al.，2018）和排卵前后变化而有所不同（Soede et al.，1998）。Soede 等（1992）计数了发情时所有＞4mm 的卵泡发现：卵泡的计数与黄体（corpora lutea，CL）数密切相关。Knox 和 Zas（2001）报道卵泡大小从发情第一天到第二天平均增加了 0.3～0.8mm。不同大小的卵泡数量在发情第一天和第二天的变化由表 2-2 可知：几乎所有母猪都有中型 1 级（3.5～4.99mm，M1）到大型 1 级（6.5～7.99mm，L1）的卵泡，而小型（＜3.5mm，small）或大型 3 级（10.0～11.99mm，L3）卵泡的数目较少，这表明最大或最小卵泡数量在不同母猪间变异不大。同时发现：在发情时很少有 M1 卵泡存在，但是大量的 M2 卵泡在发情第一天和第二天出现。断奶母猪在发情时所产生的大卵泡（≥6.5mm）的数量未全部形成妊娠 30 天的黄体数，这表明 M2 和较大卵泡在发情排卵时出现，以响应 LH 脉冲，从而形成黄体。目前尚不清楚在发情时观察到的卵泡大小的变化是否会引起黄体大小的变化。最近的研究表明：黄体大小在猪体内变化不大（Da Silva et al.，2017）。对于猪而言，排卵时间超过 1～3h（Flowers and Esbenshade，1993），然而有数据表明，对于某些雌性动物而言，卵泡延长会导致胚胎损失增加（Pope et al.，1990）。当卵泡同期排卵时，排卵时间与早期胚胎细胞数的变化无关（Soede et al.，1998）。然而，在恶劣饲养环境等不利的情况下，有质量保障的卵泡数量有限，卵泡同期发育过程受阻。在这种情况下，在发情时出现的中等卵泡对 LH 脉冲的反应速度和方式可能与较大卵泡不同，因此可能出现排卵滞后。另有研究报道指出：来自较小卵泡的卵子发育成胚胎的能力较差，即便这些小卵泡能排卵，也会形成体积较小或功能不全的黄体。GnRH 激动剂对排卵的促进作用使得母猪体内较大卵泡在 24h 内同步排卵（Knox et al.，2017）。排卵间隔是否与卵泡大小有关以及卵泡大小对黄体的形成及其功能的影响，目前尚不清楚。

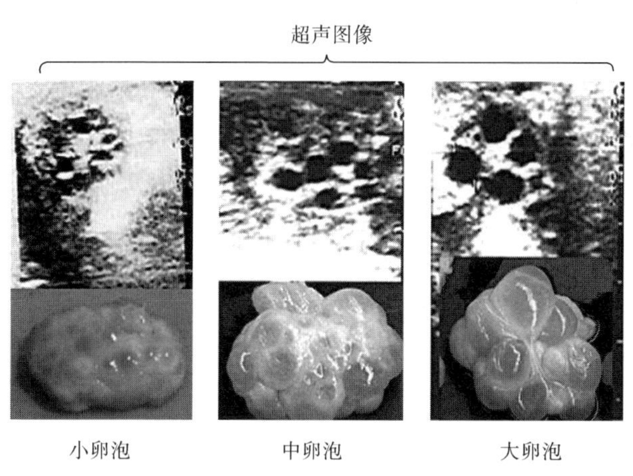

图 2-3 卵泡图片及相关超声图像

表 2-2 断奶母猪发情期 1～2 天时，卵巢内卵泡分级及数量统计①

卵泡分级	卵泡大小/mm	卵泡数量/个	
		发情第一天	发情第二天
小型（Small）	<3.5	2.5	0.5
中型 1（M1）	3.5～4.99	6.5	4.5
中型 2（M2）	5.0～6.49	14.9	14.2
大型 1（L1）	6.5～7.99	6.8	9.1
大型 2（L2）	8.0～9.99	2.1	2.0
大型 3（L3）	10.0～11.99	1.2	2.2

①数据来源于 Knox（2019），样本数为 21 头断奶母猪。卵泡评估数目为 597 枚/天。每 24h 超声记录卵巢的卵泡数目。

三、卵泡发育的调控

（一）促性腺激素对卵泡发育的调控

垂体促性腺激素主要是指 FSH 和 LH。卵泡的发育经历了早期的发育、有腔卵泡的生长、优势卵泡的选择以及卵泡成熟排卵等过程。激素调节伴随着卵泡发育的始终，其中垂体促性腺激素和类固醇激素可促进卵母细胞的生长、增殖和卵泡腔的形成，在卵泡发育过程中起着至关重要的作用。

FSH 和 LH 是垂体分泌的可直接调控动物繁殖活动的糖蛋白激素。它们均为生物大分子，不能透过细胞膜，必须通过与位于靶细胞膜上的各自受体相结合，把信息传递到细胞内，激活腺苷酸环化酶，促进第二信使环状腺苷酸（cyclic adenosine monophosphate，cAMP）合成并通过其介导刺激卵泡生长。促卵泡激素受体（follicle stimulating hormone receptor，FSHR）和促黄体激素受体（luteinizing hormone receptor，LHR）在卵泡上表达的数量和活性以及卵泡内激素和蛋白质因子的合成水平不仅制约着 FSH 和 LH

作用的效果，而且反馈性地调节着 FSH 和 LH 的分泌水平。研究显示：FSHR 只在卵巢卵泡的颗粒细胞、卵丘细胞和睾丸曲细精管的上皮细胞合成（Helen Q et al.，2000）。与以前认识不同的是，LHR 的分布比较广泛，不仅在卵泡的颗粒细胞、膜细胞和睾丸的间质细胞内分布，在非性腺组织也有表达。促性腺激素受体与鸟嘌呤结合蛋白同处于靶细胞的质膜中，当促性腺激素与其受体结合后被激活，引起鸟嘌呤结合蛋白变构，释放出 GTP，从而激活镶嵌于膜内的腺苷酸环化酶，实现了细胞内外的信息传递（Barb C R et al.，2001）。

卵泡的征集与闭锁是影响排卵的重要环节。FSH 在卵泡颗粒细胞的增殖分化和类固醇激素的功能中发挥调节作用，进而影响卵泡的生长和发育。作为排卵率的重要调控者，FSH 作用于卵巢可以引起卵泡征集，阻止颗粒细胞凋亡。在卵泡发育的早期阶段 *FSHR* mRNA 的含量较高且稳定，但随着卵泡的发育临近排卵急剧降低，表明 FSHR 表达量的主要变化发生在卵泡发育的后期阶段，而这一阶段正是卵泡将自身发育对促性腺激素的依赖性由 FSH 转向 LH 的时期。Guthrie 发现猪卵泡液能够对 FSH 起到抑制作用，引起随后的小卵泡和大卵泡数量的减少，并认为这可能是卵泡液中所含有的抑制物所致（Guthrie et al.，1997）。该作者在另一个试验中发现加入 FSH 可使猪卵泡液处理过的卵巢上中等大小卵泡的数量得到恢复（Guthrie et al.，1988）。在 King 等的试验中发现，主动免疫抑制素促使猪血浆中 FSH 含量增加 27%，排卵率提高 39%（King et al.，2008）。显然，外源 FSH 提高母猪排卵率的作用已被证实，这暗示着 FSH 可能是卵泡征集的主要动因。

（二）卵巢微环境对卵泡发育的调控

卵巢微环境中激素与局部生长因子之间的协同作用调控卵泡发育。如生长因子和性腺激素可能是通过控制卵巢上促性腺激素受体的表达或其他相关机制起到对卵泡发育的调控作用。睾酮或双氢睾酮的使用可以剂量依赖性地提高母猪的排卵率。进一步研究显示：双氢睾酮可促进猪排卵前卵泡中 *FSHR* mRNA 的含量。大量的研究表明，IGF-1 是参与卵巢完成正常生殖过程的重要生长因子之一。在卵巢的颗粒细胞区 IGF-1 与 FSH 相互促进对方受体的表达，进而增强相互的生物效应（Monte et al.，2019）。Rawan 等发现，IGF-1 可以诱导颗粒细胞 LHR 的表达（Rawan et al.，2015）。研究发现另一种信号分子瘦素（leptin）在营养调控繁殖过程中扮演着重要的角色（Kcisler et al.，1999；Ahima et al.，2000；Adam et al.，2002）。瘦素可抑制促性腺激素和生长激素对类固醇激素的促进作用，尤其是雌激素（Greisen et al.，2000）。Ruiz 等（2003）研究发现，10^{-10}～10^{-9}mol/L 的瘦素可促进颗粒细胞类固醇激素的释放，而 10^{-8}～10^{-7}mol/L 的瘦素则抑制颗粒细胞类固醇激素的释放。

胰岛素可作用于动物生殖轴，传递信号给生殖系统。研究表明，动物缺乏胰岛素将影响繁殖功能（Griffin et al.，1994；Steger et al.，1997）。在初产母猪及泌乳母猪的研究中，血浆中胰岛素浓度与 LH 脉冲呈正相关（Tokach et al.，1992；Koketsu et al.，1996；Quesnel et al.，1998）。这暗示着胰岛素可作用于性腺轴促进促性腺激素的分泌。同时，体外研究报道胰岛素可促进体外培养的垂体细胞释放 LH 和 FSH（Adashi et al.，1981）。此外，在性能的研究报道中，外源注射胰岛素降低了卵泡闭锁（Quesnel et al.，2000），提高初产母猪排卵率（Cox et al.，1987）及产活仔数（Ramirez et al.，1997）。分析其原因可能是胰岛素通过减少卵巢上卵泡的闭锁，增加可排卵的卵泡数量来影响卵泡闭锁率和排卵率。Meurer 等（1991）报道缺乏胰岛素的糖尿病母猪小卵泡的闭锁率升高，而且患病的小母猪停止胰岛素治疗后中等和大卵泡的闭锁率增加。这可能是胰岛素保持或促进排卵前卵泡的发育能力，防止其退化和闭锁，而不是对已退化或闭锁的卵泡起作用（Isidro et al.，1991）。

第三节 能量或脂肪对发情启动和卵泡发育的影响及分子机制

一、负能量平衡对情期启动和卵泡发育的影响及机制

大量的研究显示：能量负平衡导致后备母猪发情推迟甚至乏情。Zhou 等（2014）将已有 2 个正常发情周期的长大二元杂母猪分别饲喂 1.00kg/d 和 2.86kg/d 饲粮，连续饲喂 4 个发情周期后发现母猪出现营养性乏情。下丘脑 ARC 和 AVPV 区域上 *Kiss-1*、*GPR54* 和 *GnRH* mRNA 表达量以及垂体和卵巢上 *IGF-1R*、*FSH* 和 *LH* mRNA 表达量均发生了显著的变化，表明 Kisspeptin/GPR54 信号系统参与营养调控后备母猪情期启动。Castellano 等（2005）发现禁食小鼠的情期启动严重紊乱，血液中 GnRH 和 LH 等繁殖激素的水平下降，对小鼠中枢灌注 Kisspeptin 后，小鼠血液中 GnRH 和 LH 的水平显著提高，并重新表现正常情期循环。繁殖系统处于养分分配末端，营养不足时养分优先用于维持需要，并抑制繁殖活动。Owen 等（2013）研究营养缺乏情况下繁殖活动受到抑制的分子机制，发现成纤维细胞生长因子 21（fibroblast growth factor 21，FGF21）是营养不足的情况下肝脏分泌的关键信号。营养不足时肝脏分泌的 FGF21 作用于视交叉上核（suprachiasmatic nucleus，SCN）神经元，抑制 Kisspeptin 分泌，推迟雌性动物的情期启动及卵泡发育。同时 FGF21 增加了外周组织如骨骼肌、脂肪组织的胰岛素敏感性，有利于机体在营养不足的情况下优先保证生存需要（Potthoff et al.，2009）。

母猪泌乳期情期循环终止，卵泡发育受到抑制，有 2 个方面的原因：①Kisspeptin 神经元存在催乳素受体（prolactin receptor，PRLR），泌乳期高浓度催乳素通过其受体抑制 Kisspeptin 分泌（Sonigo et al.，2012），抑制下丘脑-垂体-性腺轴活性；②泌乳母猪采食

量低，泌乳量大，机体处于高分解代谢状态，血液中瘦素、IGF-1浓度降低，情期启动和卵泡发育受到抑制。泌乳母猪能量负平衡导致实际生产中断奶母猪不发情，受胎率低，增加母猪的淘汰率。有学者将泌乳期血液中瘦素、胰岛素等浓度恢复至正常生理水平，但是并未发现下丘脑 *Kiss-1* 基因表达量及卵泡发育恢复（Xu et al.，2009）。上述结果表明泌乳期乏情是一个复杂且受多因素综合作用的结果，只有动物机体组织恢复到“标准”体况后动物的情期启动才能恢复（吴德等，2014）。目前有关营养对泌乳母猪代谢状态、雌激素正负反馈途径及断奶-发情分子机理的研究较少，有待进一步探索。

动物机体发展出一套精准的适应性机制，让下丘脑能够准确地感知外周组织的营养代谢状态。能量负平衡时，外周代谢信号能够快速、准确地传递至下丘脑，养分分配转向维持生存需要，繁殖轴活性抑制，说明下丘脑存在一套能量负平衡响应机制感知并调控机体的繁殖活动。Roland 等（2011）研究表明，GnRH 神经元细胞中的能量感受器腺苷酸活化蛋白激酶（AMP-activated protein kinase，AMPK）能够感知细胞内葡萄糖浓度，低葡萄糖浓度会通过 AMPK 途径抑制 GnRH 分泌。Zhang 等（2007）发现下丘脑 ATP 敏感性钾离子通道可能参与机体能量负平衡对 LH 浓度的调控。哺乳动物雷帕霉素靶蛋白（mammalian target of rapamycin，mTOR）是机体广泛表达的一种蛋白质，通过中枢雷帕霉素处理抑制 mTOR 活性，下丘脑 ARC 区域的 *Kiss-1* 基因表达量受到显著抑制，卵巢和子宫萎缩，小鼠的初情日龄显著推迟（Roa et al.，2009）。Altarejos 等（2008）通过基因敲除模型，特异性敲除下丘脑环 AMP 响应元件结合蛋白-1 转录调控因子［cyclic AMP responsive element-binding protein-1（Creb1）-regulated transcription coactivator-1，CRTC-1］，阻断下丘脑对外周代谢状态的响应后，发现小鼠表现出肥胖且不育。进一步研究证实，CRTC-1 对繁殖活动的调控主要依赖 Kisspeptin 信号途径，当瘦素处理增加 *Kiss-1* 基因表达量时，CRTC-1 与 *Kiss-1* 基因启动子区域出现了非常紧密的结合（Altarejos et al.，2008）。

能量限饲延缓后备母猪情期启动，损害卵泡发育。日粮增加脂肪添加量可提高血液中瘦素浓度，增强下丘脑 ARC 区域瘦素信号途径，后备母猪的初情日龄提前（Zhou et al.，2014）。瘦素是反映能量代谢的关键代谢信号，对母猪的繁殖轴存在非常广泛的影响。在体外培养大鼠 ARC 神经元的培养基中添加生理水平瘦素可通过蛋白酪氨酸激酶 2（janus kinase 2，JAK2）/磷酸化信号转导子与激活子 3（signal transducer and activator of transcription 3，STAT 3）信号途径促进 Kisspeptin 表达，诱导 GnRH 的体外分泌（李方方，2012）。深入研究瘦素对 Kisspeptin 信号途径的影响，发现了瘦素可直接作用于 *Kiss-1* 基因，促进 Kisspeptin 表达（Smith et al.，2006）。

二、能量水平对母猪卵泡发育和排卵率的影响

在实际生产中，后备母猪情期的饲粮能量水平是影响卵泡发育和排卵数的关键因素。Anderson 和 Melampy（1972）总结了 22 个试验的结果得出结论：饱饲的后备母猪每日消耗的代谢能为 35.8MJ，排卵数为 13.2；而限饲后每日消耗的代谢能为 23.7MJ，排卵数仅为 12.0。同样地，den Hartog 和 van Kempen（1980）在总结了 42 个试验结果后得出相似的结论，将每日的代谢能摄入量从 22.3MJ 增加到 35.6MJ 可使排卵数从 11.8 增加到 13.2。“短期优饲”是提高后备母猪或断奶母猪排卵率和卵母细胞质量的重要手段，但补饲开始的时间和持续的天数是很重要的。当增加日粮能量摄入的持续天数少于一个发情周期时，排卵数将会增加，但这仅仅是在补饲期刚好早于排卵的情况下。Andderson 和 Melampy（1972）得出的结论是，在发情或配种前提供高能量 11～14d，排卵数增加最多（表 2-3）。

表 2-3　高能量摄入的持续天数对母猪排卵数的影响

样本数	在发情或配种前提供高能量的持续天数/d	排卵数增加
6	0～1	1.35
6	2～7	0.86

续表

样本数	在发情或配种前提供高能量的持续天数/d	排卵数增加
8	10	1.58
14	11～14	2.23
5	17～21	0.66

目前已有大量的研究来评价其他养分的补饲作用，但是补饲反应似乎对能量情有独钟，尽管其确切的机制还有待进一步研究。日粮粗蛋白含量在125～160g/kg之间变化对排卵数影响不大（Zimmerman et al.，1967），甚至在一个发情周期缺乏蛋白质都不会有太大的影响。但是，如果长期缺乏蛋白质，排卵数会显著减少，有些个体还会变得不发情（Pond et al.，1968）。根据King（1989）报道，一系列的日粮蛋白质或赖氨酸含量对排卵数影响较小。因此，补饲反应似乎对能量具有专一性。Flowers等（1989）与Hughes和Pearce（1989）提出：补饲通过改变血浆胰岛素和IGF-1含量来间接增加LH的分泌，从而加速卵泡生长。卵泡期补充外源胰岛素增加了后备母猪的排卵数和LH脉冲分泌（Foxcroft et al.，1996），这一事实有力地支持了以上观点。

表2-4总结了繁殖周期内高低采食量对母猪繁殖性能的影响。不同采食量水平对母猪排卵率影响较小，但对胚胎存活率和断奶至发情间隔的影响十分显著，这取决于具体采食量的差异，即每天能量摄入（Kemp et al.，2018）。

表2-4 繁殖周期内高低采食量对断奶至发情间隔、排卵率和胚胎存活率的影响（数据修自于Kemp et al.，2018）

项目		断奶至发情间隔/d		排卵率/%		胚胎存活率/%	
参考文献	胎次	高	低	高	低	高	低
King and Williams (1984b)	1	7.6[b]	19.9[a]	14.4	13.4	70	72

续表

项目		断奶至发情间隔/d		排卵率/%		胚胎存活率/%	
参考文献	胎次	高	低	高	低	高	低
King and Williams (1984a)	1	14.2[a]	17.9[b]	12.3	12.6	62	61
Kirkwood et al.,(1987)	2	4.3[a]	5.8[b]	18.2	18.7	83[a]	68[b]
Kirkwood et al.,(1990)	2	6.9[a]	8.9[b]	17.6	17.7	79[a]	72[b]
Baidoo et al.,(1992)	2	5.9[a]	7.3[b]	16.4	17.2	81[a]	67[b]
Zak et al.,(1997)	1	3.7[a]	5.6[b]	19.9[a]	15.4[b]	88[a]	87
Zak et al.,(1998)	1	4.2[a]	6.3[b]	14.4	15.6	83	72
Quesnel et al.,(2000)	1	5.7	5.9	19.2	20.7	—	—
Van den Brand et al.,(2000)	1	5.1	5.7	18.2[a]	16.2[b]	88[a]	64[b]
Vinsky et al.,(2006)	1	5.3	5.4	18.3	18.2	79[a]	68[b]
Xu et al.,(2009)	1					65.2	62.4
Patterson et al.,(2011)	1	5.0	5.3	19.7	20.2	71.2	70.3

注：同一指标下肩标字母不同表示差异显著（$P<0.05$）。

三、脂类或必需脂肪酸对泌乳母猪断奶至发情间隔的影响

（一）脂类对泌乳母猪断奶至发情间隔及产仔率的影响

Cox等（1983）报道：泌乳期间添加脂类并不影响在适宜温度条件下饲养的母猪的断奶-发情的间隔（wean-to-estrus internal，WEI），但在高环境温度（夏季月份）下添加脂类的母猪的WEI则减少了8.3d（相对于不添加脂类的日粮）。Rosero等（2016）总结了添加脂类对WEI和产仔率的影响（表2-5）。在适宜温度条件下进行的脂类相关研究对WEI和产仔率已有一定的积极影响（Shurson et al.，1986；1992）。

Rosero 等（2016）报道了饲喂添加脂质日粮的母猪后续产仔率得以改善。这些研究一致报道了在夏季热应激期间产仔率得到提高（提高了 10.3%）。并发现饲喂不添加脂质日粮的母猪，其后续繁殖性能相对较差。而泌乳日粮中添加了至少 2%的额外脂类（添加白油脂或动植物油混合物），产仔率有所提高。此外，在哺乳期增加脂肪（0、2%、4%和 6%的脂肪添加量）后，母猪产仔数呈线性改善（从出生的 13 头到 14 头）（Rosero et al.，2016）。以上研究指出：泌乳期间添加脂类对母猪泌乳性能有一定的积极影响，且显著改善下胎次繁殖性能，这可能与必需脂肪酸摄入从而提高繁殖能力有关，这一点已在奶牛上得到验证（Santos et al.，2008）。因此，有理由推测泌乳期间添加脂类的最大益处是通过提供必需脂肪酸［essential fatty acid，EFA，包括亚油酸（C18∶2n-6）和 α-亚麻酸（C18∶3n-3）］以弥补泌乳期的养分不足进而提高繁殖性能。

表 2-5　哺乳日粮添加脂类对断奶至发情间隔和随后产仔率变化的影响（Rosero et al.，2016）

参考文献	母猪数/n	来源	水平	正常温度		高温	
				ΔWEI/d	Δ产仔率/%	ΔWEI/d	Δ产仔率/%
Cox et al.，1983	64	动物脂	10	−3.2		8.3*	
Shurson et al.，1986	52	干脂肪	10	2.4	0.7		
Shurson et al.，1992	112	玉米油	10	2	2.4		
Quiniou et al.，2008	36	大豆油	5	0.2*			

续表

参考文献	母猪数/n	来源	水平	正常温度		高温	
				ΔWEI/d	Δ产仔率/%	ΔWEI/d	Δ产仔率/%
Rosero et al.，2016	84	动植物混合油	2			1.4	10.0*
			4			1.3	14.1*
			6			1.2	7.2*
Rosero et al.，2016	55	动植物混合油	2				13.2*
			4				4.2
			6				13.2*
		优选白油脂	2				11.6*
			4				5.8
			6				13.9*

注：同一行肩标*代表差异显著（$P<0.05$）。

（二）必需脂肪酸对泌乳母猪断奶至发情间隔及产仔率的影响

研究报道日粮添加EFA（α-亚麻酸和亚油酸）对断奶至发情间隔呈剂量依赖性反应（Rosero et al.，2016）。添加0.45% α-亚麻酸能快速恢复断奶母猪发情（发情率＝94.2%；断奶至发情期间隔＝4.0d），并能获得最高的分娩率（98%），但并不影响下胎次的产仔数（Rosero et al.，2016）。另有研究指出：当母猪消耗少于115g/d的亚油酸或饲喂未添加脂类的日粮时，断奶后恢复发情的母猪数量减少，并且母猪在授精后维持妊娠的能力降低，导致高淘汰率（图2-4）。泌乳期间亚油酸消耗量的增加使被淘汰的母猪数量逐渐减少。淘汰率的提高与因繁殖失败（包括母猪不发情、妊娠后母猪返情以及胚胎损失）而从畜群中剔除的母猪数量的增加有关（Rosero et al.，2016）。

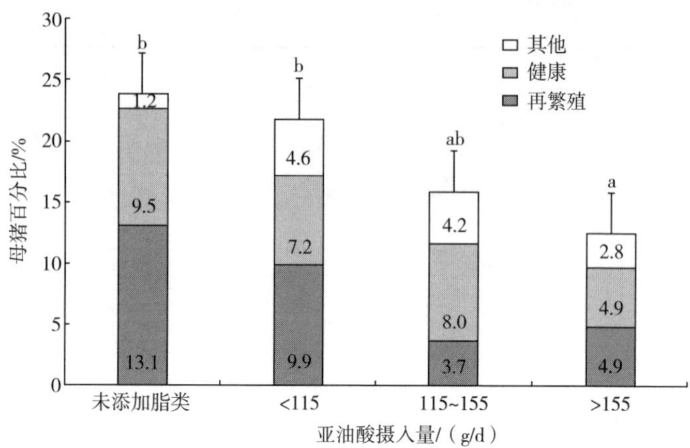

图 2-4 哺乳期亚油酸摄入量对母猪淘汰率的影响（修自于 Rosero et al.，2016）

［条形图代表母猪淘汰率（$n=84$ 头饲喂不添加脂类日粮的母猪，$n=152$、163 和 144 头母猪的亚油酸摄入量分别为＜115、115～155 和＞155g/d）。这项分析数据来源于 3 项研究（Rosero et al.，2012a；2012b；2016）中的经产母猪（胎次为 3～5）。饲喂不添加脂类饲料的母猪每天消耗（84.4±20.3）g 亚油酸。在哺乳期增加亚油酸的消耗，会使母猪从畜群中淘汰的数量减少］

此外，添加亚油酸后对下胎次母猪的总产仔数的变化呈线性增加（亚油酸添加量分别为 2.1%、2.7%和 3.3%所对应的总产仔数为 13.2 头、13.8 头和 14.0 头）（Rosero et al.，2016）。尽管添加亚油酸改善了第一胎母猪的后续繁殖力，但对高龄母猪（胎次＞3）而言，效果更明显，这可能是在连续泌乳过程中母体内的 EFA 储备逐渐减少所导致的（Rosero et al.，2016）。值得注意的是，饲喂含低水平 EFA 饲粮（＜2.7%亚油酸，＜0.45% α-亚麻酸）的泌乳母猪，其后续产仔率降低，淘汰率增加，很可能是因为这些母猪在泌乳期间处于严重的 EFA 负平衡状态。在此条件下，高水平地添加亚油酸（≥2.7%）或 α-亚麻酸（＞0.30%）改善了产仔率（＞83.6%）并降低了淘汰率（＜16.7%）。Rosero 等（2016）通过前人研究得出结论：在泌乳期添加 EFA 的积极效应是产生 EFA 正平衡，从而改善母猪的后续繁殖力，主要体现在分娩率和总产仔数。其中分娩率（%）＝［（1.5×10^{-3}×亚油酸摄入量（g/d））＋（0.53×亚油酸摄入量（g/d））＋（45.2）］；呈二次曲

线，$P=0.002$，$R^2=0.997$，RMSE $=0.031$。总产仔数（n）$=$［（$9.4\times10^{-5}\times$亚油酸摄入量（g/d）^{2}）$+$（$0.04\times$亚油酸摄入量（g/d））$+$（10.94）］；呈二次曲线，$P=0.002$，$R^2=0.997$，RMSE$=0.031$。95%以上的母猪每天至少应摄入 10g α-亚麻酸，同时每天至少摄入 125g 亚油酸。

日粮添加 EFA 对母猪繁殖性能的影响机理目前尚不清楚。Rosero 等（2016）综述了泌乳期间添加的 EFA 对再繁殖产生积极影响的可能机制（图 2-5）。饲喂脂质（富含亚油酸）降低了产后子宫疾病（如胎盘滞留和子宫炎）发病率和严重程度，这与子宫分泌前列腺素 F2α 的增强有关，前列腺素 F2α 由子宫内膜以亚油酸为前体合成（Cullens et al.，2004；Santos et al.，2008）。此外，卵母细胞膜流动性受其磷脂含量的影响，并随着不饱和脂肪酸的增加而改善。泌乳期间添加的 EFA 也促进了卵泡发育和生长，提高了卵母细胞质量（Leroy et al.，2014；Santos et al.，2008）。此外，Santos 等（2008）提出添加 EFA 会激活过氧化物酶体增殖物激活受体 δ（proliferator-activated receptor δ，PPAR-δ），这会影响前列腺素的代谢并参与妊娠识别和着床过程。

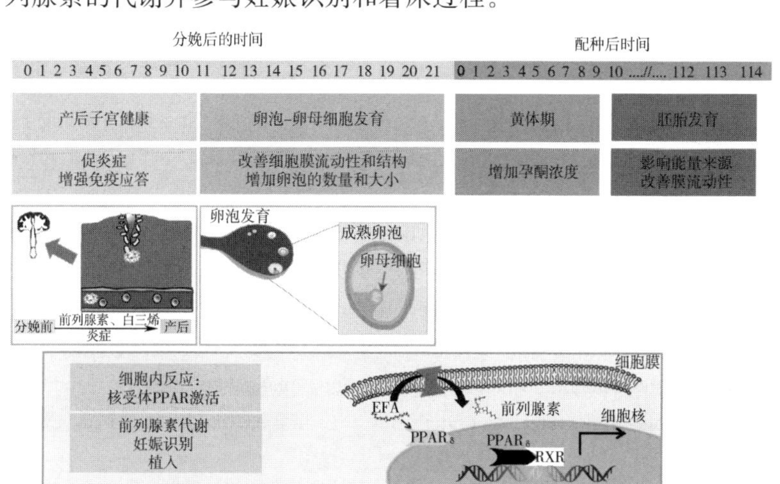

图 2-5 必需脂肪酸对母猪再繁殖的关键作用示意图（修自于 Rosero et al.，2016）

主要参考文献

［1］李方方．日粮能量来源对大鼠初情启动的影响及调控机理研究．四川农业大学，2012.

［2］吴德，卓勇，吕刚，等．母猪情期启动营养调控分子机制的探讨．动物营养学报，2014，26：3020-3032.

［3］Altarejos J Y，Goebel N，Conkright M D，et al. The creb1 coactivator crtc1 is required for energy balance and fertility. Nature Medicine，2008，14：1112-1117.

［4］Anderson L L，Melampy R M. Factors affecting ovulation rate in the pig. nottingham univ easter sch agr sci proc，1972.

［5］Barb C R，Barrett J B，Kraeling R R，et al. Serum leptin concentrations，luteinizing hormone and growth hormone secretion during feed and metabolic fuel restriction in the prepuberal gilt. Domestic Animal Endocrinology，2001，20：47-63.

［6］Castellano J M，Navarro V M，Fernandez-Fernandez R，et al. Changes in hypothalamic kiss-1 system and restoration of pubertal activation of the reproductive axis by kisspeptin in undernutrition. Endocrinology，2005，146：3917-3925.

［7］Cox N M，Britt J H，Armstrong W D，et al. Effect of feeding fat and altering weaning schedule on rebreeding in primiparous sows. Journal of animal science，1983，56：21-29.

［8］Cox N M，Stuart M J，Althen T G，et al. Enhancement of ovulation rate in gilts by increasing dietary energy and administering insulin during follicular growth. Journal of animal science，1987，64：507-516.

［9］Cullens F M，Staples C R，Bilby T R，et al. Effect of timing of initiation of fat supplementation on milk production，plasma hormones and metabolites，and conception rates of holstein cows in summer. Poultry Science，2004，83：308-308.

［10］Da Silva C L A，Laurenssen B F A，Knol E F，et al. Validation of transrectal ultrasonography for assessment of corpora lutea characteristics in

pregnant sows and its relationship with litter characteristics at birth. Translational animal science, 2017, 1: 507-517.

[11] Ding W, Wang W, Zhou B, et al. Formation of primordial follicles and immunolocalization of pten, pkb and foxo3a proteins in the ovaries of fetal and neonatal pigs. Journal of Reproduction and Development, 2010, 56: 162-168.

[12] Etienne M, Camous S, Cuvillier A, et al. Effets de restrictions alimentaires pendant la croissance des truies sur leur maturité sexuelle et leur reproduction ultérieure. Reproduction Nutrition Development, 1983, 23.

[13] Faddy M J, Gosden R G, Gougeon A, et al. Accelerated disappearance of ovarian follicles in mid-life: Implications for forecasting menopause. Human reproduction (Oxford, England) , 1992, 7: 1342-1346.

[14] Flowers W L, Esbenshade K L. Optimizing management of natural and artificial matings in swine. Journal of reproduction and fertility (Supplement), 1993, 48: 217-228.

[15] Friend D W, Lodge G A, Elliot J I. Effects of energy and dry matter intake on age, body weight and backfat at puberty and on embryo mortality in gilts. Journal of Animal Science, 1981, 11: 285-287.

[16] Frisch R E. Body fat, menarche, fitness and fertility. Human reproduction (Oxford, England), 1987, 2: 521-533.

[17] Gottsch M L, Clifton D K, Steiner R A. Kisspepeptin-gpr54 signaling in the neuroendocrine reproductive axis. Molecular and Cellular Endocrinology, 2006, 254: 91-96.

[18] Greisen S, Ledet T, Moller N, et al. Effects of leptin on basal and fsh stimulated steroidogenesis in human granulosa luteal cells. Acta obstetricia et gynecologica Scandinavica, 2000, 79: 931-935.

[19] Guthrie H D, Bolt D J, Kiracofe G H, et al. Ovarian response to injections of charcoal-extracted porcine follicular fluid and porcine follicle-stimulating hormone in gilts fed a progesterone agonist (altrenogest) . Biology of reproduction, 1988, 38: 750-755.

[20] Guthrie H D, Grimes R W, Cooper B S, et al. Follicular atresia in pigs: Measurement and physiology. Journal of Animal Science, 1995, 73: 2834-2844.

[21] Guthrie H D, Pursel V G, Wall R J. Porcine follicle-stimulating hormone treatment of gilts during an altrenogest-synchronized follicular phase: Effects on follicle growth, hormone secretion, ovulation, and fertilization. Journal of Animal Science, 1997, 75: 3246-3254.

[22] Hartog L A D, Kempen G J M V. Relation between nutrition and fertility in pigs. Netherlands Journal of Agricultural Science, 1980, 28: 211-227.

[23] Hunter M G, Wiesak T. Evidence for and implications of follicular heterogeneity in pigs. Journal of reproduction and fertility (Supplement), 1990, 40: 163-177.

[24] King R H. Effect of live weight and body composition of gilts at 24 weeks of age on subsequent reproductive efficiency. Animal Production, 1989, 49: 109-115.

[25] King S S, Jones K L, Mullenix B A, et al. Seasonal relationships between dopamine d1 and d2 receptor and equine fsh receptor mrna in equine ovarian epithelium. Animal Reproduction Science, 2008, 108: 259-266.

[26] Kirkwood R N, Aherne F X. Energy intake, body composition and reproductive performance of the gilt. Journal of animal science, 1985, 60: 1518-1529.

[27] Kirkwood R N, Cumming D C, Aherne F X. Nutrition and puberty in the female. The Proceedings of the Nutrition Society, 1987, 46: 177-192.

[28] Knox R V. Recruitment and selection of ovarian follicles for determination of ovulation rate in the pig. Domestic Animal Endocrinology, 2005, 29: 385-397.

[29] Knox R V. Physiology and endocrinology symposium: Factors influencing follicle development in gilts and sows and management strategies used to regulate growth for control of estrus and ovulation. Journal of Animal Science, 2019, 97: 1433-1445.

[30] Knox R V, Esparza-Harris K C, Johnston M E, et al. Effect of numbers of sperm and timing of a single, post-cervical insemination on the fertility of weaned sows treated with ovugel (r) . Theriogenology, 2017, 92: 197-203.

[31] Knox R V, Miller G M, Willenburg K L, et al. Effect of frequency

of boar exposure and adjusted mating times on measures of reproductive performance in weaned sows. Journal of Animal Science, 2002, 80: 892-899.

[32] Knox R V, Zas S L R. Factors influencing estrus and ovulation in weaned sows as determined by transrectal ultrasound. Journal of Animal Science, 2001, 79: 2957-2963.

[33] Lents C A, Rempel L A, Klindt J, et al. The relationship of plasma urea nitrogen with growth traits and age at first estrus in gilts. Journal of Animal Science, 2013, 91: 3137-3142.

[34] Leroy J L M R, Sturmey R G, Van Hoeck V, et al. Dietary fat supplementation and the consequences for oocyte and embryo quality: Hype or significant benefit for dairy cow reproduction? Reproduction in Domestic Animals, 2014, 49: 353-361.

[35] Mayer C, Acosta-Martinez M, Dubois S L, et al. Timing and completion of puberty in female mice depend on estrogen receptor alpha-signaling in kisspeptin neurons. Proceedings of the National Academy of Sciences of the United States of America, 2010, 107: 22693-22698.

[36] Miller P S, Moreno R, Johnson R K. Effects of restricting energy during the gilt developmental period on growth and reproduction of lines differing in lean growth rate: Responses in feed intake, growth, and age at puberty. Journal of Animal Science, 2011, 89: 342-354.

[37] Monniaux D, Clement F, Dalbies-Tran R, et al. The ovarian reserve of primordial follicles and the dynamic reserve of antral growing follicles: What is the link? Biology of Reproduction, 2014, 90.

[38] Monte A P O, Barros V R P, Santos J M, et al. Immunohistochemical localization of insulin-like growth factor-1 (igf-1) in the sheep ovary and the synergistic effect of igf-1 and fsh of on follicular development in vitro and lh receptor immunostaining. Theriogenology, 2019, 129: 61-69.

[39] Navarro V M, Tena-Sempere M. Neuroendocrine control by kisspeptins: Role in metabolic regulation of fertility. Nature Reviews Endocrinology, 2012, 8: 40-53.

[40] Ohtaki T, Shintani Y, Honda S, et al. Metastasis suppressor gene kiss-1 encodes peptide ligand of a g-protein-coupled receptor. Nature (London), 2001, 411: 613-617.

[41] Oury F, Sumara G, Sumara O, et al. Endocrine regulation of male fertility by the skeleton. Cell 2011, 144, 796-809.

[42] Owen B M, Bookout A L, Ding X, et al. Fgf21 contributes to neuroendocrine control of female reproduction. Nature Medicine, 2013, 19: 1153-1156.

[43] Pinilla L, Aguilar E, Dieguez C, et al. Kisspeptins and reproduction: Physiological roles and regulatory mechanisms. Physiological Reviews, 2012, 92: 1235-1316.

[44] Potthoff M J, Inagaki T, Satapati S, et al. Fgf21 induces pgc-1 alpha and regulates carbohydrate and fatty acid metabolism during the adaptive starvation response. Proceedings of the National Academy of Sciences of the United States of America, 2009, 106: 10853-10858.

[45] Quesnel H, Pasquier A, Mounier A-M, et al. Feed restriction in cyclic gilts: Gonadotrophin-independent effects on follicular growth. Reproduction Nutrition Development, 2000, 40: 405-414.

[46] Quiniou N, Richard S, Mourot I, et al. Effect of dietary fat or starch supply during gestation and/or lactation on the performance of sows, piglets′ survival and on the performance of progeny after weaning. Animal, 2008, 2: 1633-1644.

[47] Rawan A F, Yoshioka S, Abe H, et al. Insulin-like growth factor-1 regulates the expression of luteinizing hormone receptor and steroid production in bovine granulosa cells. Reproduction in Domestic Animals, 2015, 50: 283-291.

[48] Roa J, Garcia-Galiano D, Varela L, et al. The mammalian target of rapamycin as novel central regulator of puberty onset via modulation of hypothalamic kiss1 system. Endocrinology, 2009, 150: 5016-5026.

[49] Roland A V, Moenter S M. Glucosensing by gnrh neurons: Inhibition by androgens and involvement of amp-activated protein kinase. Molecular Endocrinology, 2011, 25: 847-858.

[50] Rosero D S, Boyd R D, McCulley M, et al. Essential fatty acid supplementation during lactation is required to maximize the subsequent reproductive performance of the modern sow. Animal Reproduction Science, 2016, 168: 151-163.

[51] Rosero D S, Boyd R D, Odle J, et al. Optimizing dietary lipid use to improve essential fatty acid status and reproductive performance of the modern lactating sow: A review. Journal of Animal Science and Biotechnology, 2016, 7.

[52] Ruiz-Cortes Z T, Martel-Kennes Y, Gevry N Y, et al. Biphasic effects of leptin in porcine granulosa cells. Biology of Reproduction, 2003, 68: 789-796.

[53] Santos J E P, Bilby T R, Thatcher W W, et al. Long chain fatty acids of diet as factors influencing reproduction in cattle. Reproduction in Domestic Animals, 2008, 43: 23-30.

[54] Shurson G C, Hogberg M G, DeFever N, et al. Effects of adding fat to the sow lactation diet on lactation and rebreeding performance. Journal of animal science, 1986, 62: 672-680.

[55] Shurson G C, Irvin K M. Effects of genetic line and supplemental dietary fat on lactation performance of duroc and landrace sows. Journal of animal science, 1992, 70: 2942-2949.

[56] Smith J T, Acohido B V, Clifton D K, et al. Kiss-1 neurones are direct targets for leptin in the ob/ob mouse. Journal of Neuroendocrinology, 2006, 18: 298-303.

[57] Soede N M, Hazeleger W, Kemp B. Follicle size and the process of ovulation in sows in studied with ultrasound. Reproduction in Domestic Animals, 1998, 33: 239-244.

[58] Sonigo C, Bouilly J, Carre N, et al. Hyperprolactinemia-induced ovarian acyclicity is reversed by kisspeptin administration. Journal of Clinical Investigation, 2012, 122: 3791-3795.

[59] Tummaruk P, Tantasuparuk W, Techakumphu A, et al. Age, body weight and backfat thickness at first observed oestrus in crossbred landrace x yorkshire gilts, seasonal variations and their influence on subsequence reproductive performance. Animal Reproduction Science, 2007, 99: 167-181.

[60] Ulguim R R, Bortolozzo F P, Wentz I, et al. Ovulation and fertility responses for sows receiving once daily boar exposure after weaning and ovugel (r) followed by a single fixed time post cervical artificial insemination. Theriogenology, 2018, 105: 27-33.

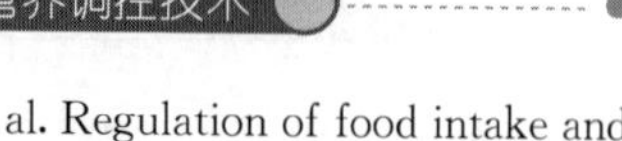

［61］ Xu J, Kirigiti M A, Grove K L, et al. Regulation of food intake and gonadotropin-releasing hormone/luteinizing hormone during lactation: Role of insulin and leptin. Endocrinology, 2009, 150: 4231-4240.

［62］ Zhang C, Bosch M A, Levine J E, et al. Gonadotropin-releasing hormone neurons express k-atp channels that are regulated by estrogen and responsive to glucose and metabolic inhibition. Journal of Neuroscience, 2007, 27: 10153-10164.

［63］ Zhang H, Liu K. Cellular and molecular regulation of the activation of mammalian primordial follicles: Somatic cells initiate follicle activation in adulthood. Human Reproduction Update, 2015, 21: 779-786.

［64］ Zhang H, Panula S, Petropoulos S, et al. Adult human and mouse ovaries lack ddx4-expressing functional oogonial stem cells. Nature Medicine, 2015, 21: 1116-1118.

［65］ Zheng W, Zhang H, Gorre N, et al. Two classes of ovarian primordial follicles exhibit distinct developmental dynamics and physiological functions. Human Molecular Genetics, 2014, 23: 920-928.

［66］ Zhou D, Zhuo Y, Che L, et al. Nutrient restriction induces failure of reproductive function and molecular changes in hypothalamus-pituitary-gonadal axis in postpubertal gilts. Molecular Biology Reports, 2014, 41: 4733-4742.

［67］ Zhou D S, Fang Z F, Wu D, et al. Dietary energy source and feeding levels during the rearing period affect ovarian follicular development and oocyte maturation in gilts. Theriogenology, 2010, 74: 202-211.

［68］ Zhuo Y, Zhou D, Che L, et al. Feeding prepubescent gilts a high-fat diet induces molecular changes in the hypothalamus-pituitary-gonadal axis and predicts early timing of puberty. Nutrition, 2014, 30: 890-896.

第三章 母猪胚胎存活率及其关键营养调控技术

PSY 主要取决于妊娠期间的胚胎损失和仔猪出生后的存活率。母猪是多胎动物，卵巢可一次性排 20～30 个卵泡，受精率约为 90%。因此，早期胚胎的数量可达 18～27 个。然而，在分娩时，受各种因素的影响，最终每头母猪的窝产活仔数只有 9～13 头。妊娠早期是整个妊娠期胚胎损失的高峰期。高胚胎损失率是限制养猪生产中母猪繁殖效率的主要因素。改善妊娠早期胚胎存活率主要通过遗传选育、激素和营养调控实现。因遗传力低且选育周期长，通过遗传选育降低早期胚胎损失的效果并不理想。激素调控有较好的效果，但其负面影响还需进一步研究。而营养调控则是提高胚胎存活率的有效途径。本章首先阐述了猪早期胚胎发育生理过程及其死亡高峰期；随后分析了妊娠期生殖和生长激素对胚胎存活率的影响；最后从营养水平、纤维营养和精氨酸营养角度出发，阐明了其对猪胚胎存活率的影响及作用机制。

第一节　早期胚胎发育生理过程及其死亡高峰期

一、早期胚胎发育生理过程

协调好胎盘发育和妊娠及生长发育的特定环境对于胚胎能否存活到分娩十分关键。猪的胎盘是一个弥漫、相互折叠和非侵袭性的上皮绒毛膜胎盘，既没有胎儿组织入侵母体子宫内膜（endometrium），也没有子宫内膜蜕膜化（Enders et al.，1999）。为适应胚胎的形成与附着以及胎盘的发育，母体需要进行一系列生物学事件的发生来确保发育中胚胎的子宫空间正常扩张，包括囊胚（blastocyst）孵化、激素分泌、延伸成丝状胚胎、着床和附着以及胎盘乳晕（areolae）形成（Kridli et al.，2016；Bazer and Johnson，2014）。

母猪授精后，受精卵（zygote）经历与时间相关的有丝分裂，致使胚胎处于不同的卵裂阶段。猪的胚胎在细胞有丝分裂阶段（4～8个细胞）进入子宫，随后不久（大约配种后第5天）发育成囊胚。在妊娠11～12d，囊胚分泌雌激素，改变子宫内膜对前列腺素2α（prostaglandin F2 alpha，PGF2α）的分泌，使其直接进入子宫毛细血管，并且释放至子宫腔。这是“妊娠母体识别”的信号，阻止PGF2α对黄体的溶解，从而维持成功妊娠所必需的孕酮分泌水平（Spencer et al.，2004；Bazer et al.，1986）。在妊娠第6～7天之间，猪胚胎进入子宫，在透明带（zona pellucida）内形成一个100mm的球形囊胚。在这个阶段，猪胚胎的发育和啮齿类及灵长类动物有明显不同，猪的胎盘膜（滋养外胚层和内胚层）在妊娠第16天时迅速伸长成丝状（Bazer and Johnson，2014）。猪胎盘的形成依赖于胚胎的延长与发育，以增加气体和营养交换的可用表面积（Bazer and Johnson，2014）。Ross等（2009）在猪胚胎发育早期阶段，主要是在胚胎的延长过程中，检测了基因表达，发现在妊娠12～14d的胚胎转变期间，凋亡相关基因的表达较高，这表明细胞死亡在胚胎延长和附着过程中更加突出（Ross et al.，2009）。

着床是指将囊胚附着在子宫上，以便将胚胎合并到母体血液循环过程中，从而建立功能性胎盘并成功妊娠的过程。最初的附着过程是在妊娠第12天左右开始。猪的围着床期、胚胎延长和植入受到子宫内膜分泌的调节，这些调节因子来自卵巢（孕酮）、胚胎［雌激素、白细胞介素-1β（interleukin-1beta，IL1β）］、干扰素δ和干扰素γ，以及转化生长因子β（transforming growth factor beta，TGFβ）和成纤维细胞生长因子7（fibroblast growth factor 7，

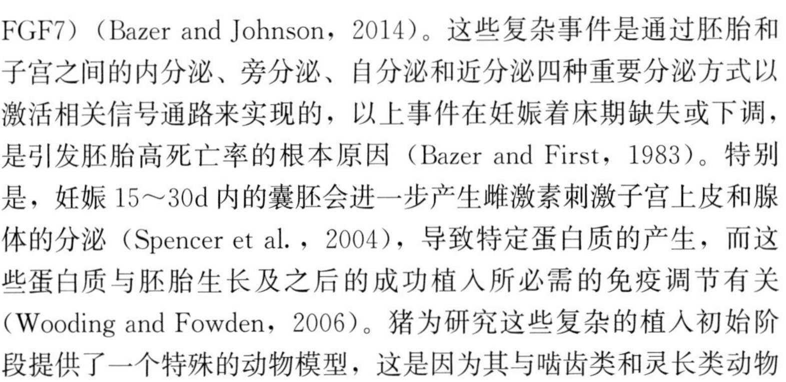

FGF7）（Bazer and Johnson，2014）。这些复杂事件是通过胚胎和子宫之间的内分泌、旁分泌、自分泌和近分泌四种重要分泌方式以激活相关信号通路来实现的，以上事件在妊娠着床期缺失或下调，是引发胚胎高死亡率的根本原因（Bazer and First，1983）。特别是，妊娠15～30d内的囊胚会进一步产生雌激素刺激子宫上皮和腺体的分泌（Spencer et al.，2004），导致特定蛋白质的产生，而这些蛋白质与胚胎生长及之后的成功植入所必需的免疫调节有关（Wooding and Fowden，2006）。猪为研究这些复杂的植入初始阶段提供了一个特殊的动物模型，这是因为其与啮齿类和灵长类动物的情况不同，猪胚胎的植入附着在较长一段时间内是属于逐渐发生的存在形式，因此能够检测到子宫腔上皮和滋养外胚层去极化并相互附着所发生的分子变化（Bazer and Johnson，2014）。总体而言，围着床期胚胎和子宫内膜之间的对话与互作对于胎盘形成和胎儿的存活是非常重要的。

在妊娠第15～20d，滋养层和子宫膜紧密结合，使交错的微绒毛在子宫上皮顶端和滋养层之间发育，从而覆盖除子宫腺开口处的整个胎盘，导致营养物质的传输从最初的组织营养性向母血营养性转变（Dantzer，1985）。子宫腺开口处的上方的穹顶状结构名为乳晕（areolae），在妊娠25～30d开始形成，且在妊娠70d时数量最多（Knight et al.，1977）。每窝胎猪的胎盘大约含有2500个乳晕，这个数量与胎儿体重密切相关（Knight et al.，1977）。乳晕上皮结构为高柱状，长微绒毛，顶管系统发达且含组织营养素的内吞小泡较多。组织营养素通过液相胞饮作用被胎盘乳晕吸收，并通过绒毛膜运输到胎儿毛细血管，从而输送到靶组织，如集中造血作用，或者通过肾脏、膀胱和脐尿管排放到尿囊液中。以上机制类似于哺乳动物新生儿通过胞饮的形式从初乳中直接获取免疫球蛋白进入血液的过程。乳晕的另一个主要作用是运输子宫转铁蛋白。转铁蛋白能将铁从母体子宫输送到胎儿-胎盘单位，以合成猪的红细胞中的血红蛋白（Ducsay et al.，1984；Saunders et al.，1985）。

二、胎儿死亡高峰期

前文已提到母猪是多胎动物，卵巢一次性可排20～30个卵泡，然而，在分娩时，受各种因素的影响，最终每头母猪的窝产活仔数只有9～13头（Geisert et al.，2001；Iida et al.，2019）。母猪自发的胚胎死亡是降低产活仔数的核心因素。大量的试验已经证实在妊娠过程中猪存在两个自发的胚胎或胎儿损失的高峰期：第一个发生在附着期（约占总胚胎损失的30%），第二个发生在妊娠中后期（占额外的10%～15%）（Kridli et al.，2016）。在胚胎附着期（妊娠12～30d）内，胚胎附着到子宫内膜上，胚胎生长和延长率的变化可能会改变子宫环境，导致发育较差的胚胎存活率降低（Wu et al.，1987；Wilson et al.，1999）。在胚胎延长前及滋养层延长期，卵母细胞的质量和授精时间可能是影响胚胎损失的重要原因（Novak et al.，2003）。有研究指出：母猪授精后，血液孕酮水平上升使输卵管膨胀，并维护子宫内环境的稳定，以利于受精卵迁移入子宫附植（Gesisert et al.，2001）。一般来说，在发情配种后7d内发生胚胎损失较少，绝大部分胚胎死亡发生在妊娠10～30d。在妊娠中后期（妊娠50～70d），随着胎儿快速生长可能会导致一些胎儿附着点超出其子宫空间，导致相邻发育较差的胎儿的妊娠终止（Wu et al.，1987；Wilson et al.，1999）。需要注意的是，有些研究也指出在妊娠中后期胎盘发育程度快于胎儿发育，逐步老化的胎盘未能满足指数型快速生长发育的胚胎的营养需要是导致胚胎死亡的另一重要原因（Wu et al.，2017）。

第二节　妊娠期生殖和生长激素对胚胎存活率的影响

一、孕酮

孕酮激素水平在整个妊娠期间都很高，用以刺激和维持组织营

养素从子宫上皮分泌（Hoving et al.，2012），但孕酮激素在妊娠前期发挥的作用最大，它是妊娠前期生长、着床及胎盘和胚胎（胚胎及其胚胎外膜）发育所必需的（Bailey et al.，2010）。妊娠初期孕酮激素由黄体产生，但妊娠中期以后主要由胎盘分泌。孕酮激素的含量在妊娠前期受营养水平的影响。研究表明：高营养水平降低妊娠早期母猪血液中的孕酮激素含量，从而降低胚胎存活率（Jindal et al.，1996）。孕酮激素增加了各种子宫分泌蛋白的表达，这些蛋白是组织营养的组成部分，其可支持母猪体内的胎儿发育（Roberts and Bazer，1988）。血液中 IGF-1 的含量在排卵后和妊娠早期皆与孕酮激素含量存在正相关关系（Langendijk et al.，2010）。研究表明，妊娠前期的中采食组（原采食量的 1.2 倍）前期的孕酮激素和生长激素都显著高于高采食组（原采食量的 2 倍）和低采食组（原采食量的 0.6 倍），且中采食量会显著提高前期胚胎存活数、总胚胎数、子宫体重和胎儿体重变化（Virolainen et al.，2005）。但妊娠后期母猪血浆孕酮激素浓度与产仔数、出生间隔和死胎无关（Vallet et al.，2010）。因此，妊娠前期为保证孕酮激素的分泌和促进胚胎的着床，应适当降低母猪的采食量。促黄体素又称黄体生成素，是由脑垂体分泌的一种促性腺激素，参与促卵泡激素的促排卵、促进雌激素和孕酮激素的形成和分泌，能够促进黄体生成和孕酮激素的分泌。在妊娠前期（12～29d），孕酮激素的分泌很大程度上依赖于促黄体素的刺激（Khan and Beck，2007）。

二、生长激素

生长激素又名促生长素，是一种肽激素，主要由垂体前叶（垂体）的促生长素细胞产生和分泌。母猪整个妊娠期生长激素的含量变化不大（De et al.，2010），它是调节动物骨骼肌生长的重要激素，可直接作用于大多数组织，包括骨骼肌；同时它对母体新陈代谢具有重要调节作用。在大部分组织中，生长激素能刺激肝脏和肌肉中 IGF-1 的合成，IGF-1 能促进氨基酸进入细胞，加快细胞中 DNA 和 RNA 的合成，进而促进机体生长发育（Velloso，2008）。

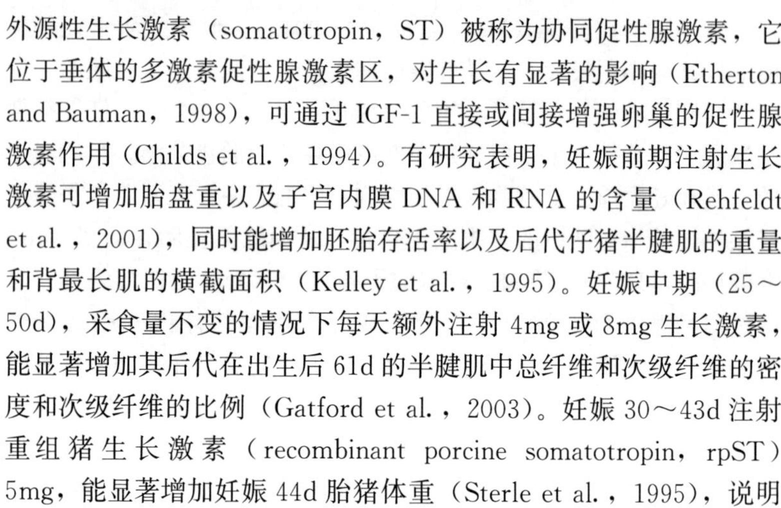

外源性生长激素（somatotropin，ST）被称为协同促性腺激素，它位于垂体的多激素促性腺激素区，对生长有显著的影响（Etherton and Bauman，1998），可通过 IGF-1 直接或间接增强卵巢的促性腺激素作用（Childs et al.，1994）。有研究表明，妊娠前期注射生长激素可增加胎盘重以及子宫内膜 DNA 和 RNA 的含量（Rehfeldt et al.，2001），同时能增加胚胎存活率以及后代仔猪半腱肌的重量和背最长肌的横截面积（Kelley et al.，1995）。妊娠中期（25～50d），采食量不变的情况下每天额外注射 4mg 或 8mg 生长激素，能显著增加其后代在出生后 61d 的半腱肌中总纤维和次级纤维的密度和次级纤维的比例（Gatford et al.，2003）。妊娠 30～43d 注射重组猪生长激素（recombinant porcine somatotropin，rpST）5mg，能显著增加妊娠 44d 胎猪体重（Sterle et al.，1995），说明 ST 在孕体产前发育中起着重要作用。

三、甲状腺素

甲状腺素（thyroxine，T4）和三碘甲状腺氨酸（triiodothyronine，T3）在胚胎植入和早期发育中起着重要作用。T4 在妊娠前期呈上升趋势，之后呈下降趋势；T3 在妊娠前期较高，之后呈下降趋势（Lazarus，2010）。由于妊娠期雌激素分泌过多或卵巢过度刺激而引起的甲状腺素结合球蛋白（thyroxine-bindlng globulin，TBG）分泌增加，TH（T3＋T4）和促甲状腺激素（thyroid stimulating hormone，TSH）则成为胚胎植入过程和早期胚胎发育中的新潜在参与者。TBG 水平的升高导致游离 TH 的暂时下降，导致 TSH 释放增加，进而刺激甲状腺功能（Colicchia et al.，2014）。TH 可以通过羊水到达胎儿，T4 可以通过胎儿呼吸上皮、羊水吞咽和脐带血进行交换，但羊水中游离 T4 浓度高于母婴血清（Sack，2003）。而 IUGR 仔猪通常是由于胎盘无法向婴儿输送氧气和营养物质引起的，其与轻度神经发育缺陷有关，这在一定程度上归因于胎儿 TH 循环浓度降低和大脑甲状腺核激素受体表达减少（Chan et al.，2006）。

四、胰岛素和 IGF-1

胰岛素和 IGF-1 是促进蛋白质合成和生长的重要调节因子。骨骼肌中 IGF-1/胰岛素途径是调节雷帕霉素靶蛋白（mammalian target of rapamycin，mTOR）活性的主要途径。IGF-1 和胰岛素可激活磷脂酰肌醇 3-激酶（phosphooinosde3-kinase，PI3K），之后使下游的丝氨酸/苏氨酸蛋白激酶（protein Kinase，AKT/PKB）磷酸化，进而触发和调控一系列下游信号的传导，最终导致 mTOR 活性升高，促进蛋白质的合成（Frost and Lang，2007）。7 日龄仔猪额外注射胰岛素可以增加各种骨骼肌的蛋白质合成（从 35％增加到 64％），即肌原纤维和肌浆蛋白以及心肌（＋50％）中的蛋白质合成（Davis et al.，2002）；7 日龄仔猪对胰岛素合成肌肉蛋白的刺激反应大于 26 日龄仔猪，随着日龄的增加，胰岛素对骨骼肌蛋白合成的作用下降（Wray-Cahen et al.，1998）。因此，胰岛素能促进蛋白质合成同时也能抑制蛋白质分解，但其对骨骼肌蛋白合成的调节具有年龄依赖性。IGF-1 是调控机体生长的重要因子。IGF-1 与子代骨骼肌重量和肌纤维肥大有关，IGF-1 诱导骨骼肌肥大和肌球蛋白增加，且 IGF-1 还通过 AKT 通路激活 mTOR-p70S6K-S6 途径并抑制糖原合成酶激酶 3（glycogen synthase kinase 3，GSK-3），两者通过控制蛋白质转运，阻止 Foxo1-atrogin-1 蛋白质代谢降解途径。妊娠母羊限饲时，血浆中 IGF-1 的浓度降低影响了肌纤维生成（Quigley et al.，2005）。因此，IGF-1 能增加蛋白合成，抑制蛋白降解（Jacquemin et al.，2007）。

第三节　营养水平对母猪胚胎存活率的影响

一、配种前营养水平对胚胎存活率的影响

显然，在后备母猪发情期提高饲养水平会提高胚胎存活率，主

要体现在排卵数、卵母细胞质量和卵泡发育。Cox（1997）研究指出，在卵泡期增加能量并使用胰岛素可提高初产母猪的排卵率。同样，在发情配种前10天给初产母猪额外增加能量，可产生较高的排卵数（Flowers and coworkers，1989）。卵母细胞质量提高是降低胚胎死亡的主要原因。Ashworth等（1999）研究报道，配种前饲喂2.8倍维持需要的后备母猪比饲喂2.1倍维持需要的母猪具有较高的胚胎存活率，而且收集的囊胚在体外培养过程中有较高的代谢和分泌能力，且同窝的囊胚发育差异较小，这将使得同窝仔猪初生重的差异降低。Almeida等（2001）研究指出，母猪在黄体后期限饲与黄体前期限饲，胚胎存活率分别为68.3%和83.6%，由此可见在卵泡生长的不同关键阶段采取限饲对卵母细胞成熟及质量和胚胎存活的响应程度是存在巨大差别的。

配种前的营养水平可能影响卵泡发育，从而影响卵母细胞的质量及其发育能力。对头胎泌乳母猪而言，在泌乳期内自由采食和限饲（自由采食的50%）的情况下，前者显著促进了卵泡发育并提高了胚胎存活率，且自由采食的母猪发育到Ⅱ期的卵母细胞数显著多于限饲组（Zak et al.，1997）。

二、配种后营养水平对胚胎存活率的影响

大量的试验证明：配种后（1～30d）采取限饲，显著地提高了胚胎存活率和窝产仔数。Ashworth（1990）表明：与限饲后备母猪相比，自由采食的母猪其胚胎存活率降低25%～30%，尽管这部分胚胎存活率的降低可通过补充外源孕酮来弥补。配种后降低饲喂水平的时间对胚胎存活率的影响也很关键。Pharazyn等（1991）研究报道，在母猪配种后1～15d分别给母猪饲喂日粮2.5kg/d和正常推荐量1.8kg/d后，发现两组母猪在妊娠28d的胚胎存活率分别为70.0%和87.7%。Jindal等（1996）分别从配种后第1天和第3天降低母猪的采食量，结果表明胚胎的平均存活率分别为86%和77%，这提示限饲对早期胚胎存活产生积极影响的关键时期是从配种后第1天开始（表3-1）。Ashworth等（1995）研究了在配种前

和配种后不同的营养水平对妊娠第 21 天胚胎存活率的影响，结果表明：配种前发情期的饲喂水平比配种后的饲养水平影响更大。配种前的青年母猪采食量由 1.5kg/d 提高到 3.5kg/d，不仅排卵数增加，胚胎存活率也提高了。配种前高营养和配种后低营养的青年母猪，其胚胎存活率最高（图 3-1）。

表 3-1 妊娠早期不同阶段的采食量对青年母猪胚胎存活率的影响（Jindal et al.，1996）

饲喂水平/（kg/d）		排卵数	胚胎总数	胚胎存活率/%
1～3d	3～15d			
1.9	1.9	14.5	12.4	86
2.5	1.9	14.9	11.5	77
2.6	2.6	14.9	10.2	67

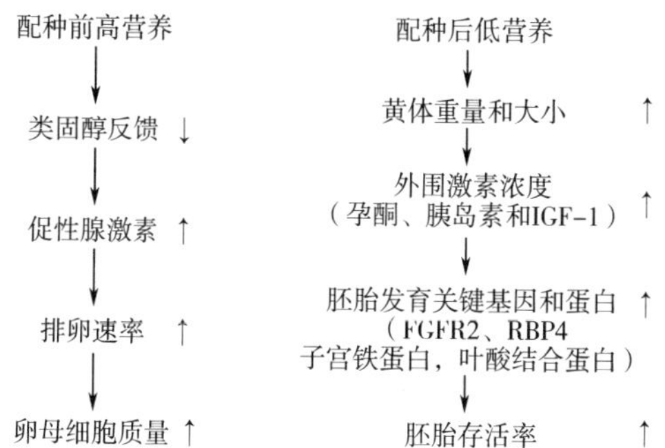

图 3-1 配种前后的营养水平对胚胎发育的影响

FGFR2—成纤维生长因子受体 2；IGF-1—胰岛素样生长因子-1；RBP4—视黄醇结合蛋白-4

（修自于 Ashworth and Pickard，1998；Xu et al.，2010）

营养水平影响胚胎存活率的机制尚不清楚。似乎外周类固醇浓度和营养水平之间呈负相关。青年母猪的营养水平越高，其雌二醇和孕酮的循环浓度就越低（Dyck et al.，1980）。这些激素浓度的降低可能使排卵数增加，但是配种后可能对胚胎存活率和循环中的孕酮浓度有不利影响。营养与孕酮浓度之间的负面关系可能来自产卵或肝代谢的变化，因为饲养水平越高，门静脉的血流量越大。高饲养水平可刺激黄体更大、更健康，表明孕酮的产生潜力更大。而循环系统中孕酮浓度会影响子宫铁结合蛋白和叶酸结合蛋白的合成，这些蛋白又会影响胚胎存活率（Xu et al.，2010）。以上表明，增加外源孕酮浓度的营养策略加速了子宫内组织营养素的分泌，从而提高胚胎存活率。

三、饲喂模式对母猪产仔性能的影响

（一）胎猪发育及妊娠期营养需求

母猪妊娠期的营养摄入不仅影响胚胎存活率和仔猪初生窝重，而且会影响泌乳期采食量。前面已提到妊娠期能量摄入影响母猪早期胚胎存活率。

妊娠中后期是胎儿快速发育的阶段。肌肉发育是保障新生仔猪较高初生重的前提。在出生时，并不是所有成肌细胞都融合并分化为肌纤维，那些未融合的单个的成肌细胞被围困隔离在肌细胞之间的肌内膜中，成为静止的成肌细胞，称为卫星细胞（张定校，2006）。由于卫星细胞被互相隔离，不能聚集，因此不能分化成新的肌管，但卫星细胞可以分裂成两个细胞，其中的一个与邻近的肌纤维融合，并贡献一个细胞核。因此动物出生后的肌肉生长表现为肌纤维增长（肌细胞内增加新的细胞核）和横截面积增加（肌细胞内增加新的肌原纤维）。出生后肌纤维的细胞核数目不断增加，而卫星细胞的数目却保持恒定（邢华医，2013）。

仔猪初生重与肌纤维总数呈正比，肌纤维总数越多，仔猪体重越大（Rehfeldt and Kuhn，2006）。妊娠 35～55d 是初级肌纤维形成的时期，妊娠 55～90d 是次级肌纤维形成的时期，仔猪出生后肌纤维的直径快速增长，但肌纤维数量基本不变（Gr et al.，2006）（图 3-2）。在妊娠前 30d 宫内拥挤可以通过减少肌细胞生成素表达来影响肌纤维的分化，也就是会影响初期肌纤维的形成（Town et al.，2005)。在妊娠25～90d，营养对次级纤维的分化和增生有影响，此外也可能影响分化的初级纤维数量（Rehfeldt and Kuhn，2006)。母猪妊娠期营养对胎猪肌纤维发育有潜在的影响。母猪妊娠35～50d，也就是初级纤维发育时期，改变母体营养水平可改变子代肌肉的生长和分化。保证其他阶段饲喂量一样，而在妊娠25～50d采食量从2.2kg/d增加到3.0kg/d，母猪在该阶段的体重极显著增加（Foxcroft et al.，2006)。控制妊娠期其他阶段采食量相同，而相比于对照组，在妊娠45～85d试验组采食量增加1.5～2kg/d，试验组85d背膘厚及45～85d背膘增厚显著高于对照组。持续跟踪到育肥结束，子代背最长肌在高采食量组中ⅡB型肌纤维数量极显著低于对照组，而ⅡB型横截面积显著高于对照组（Cerisuelo et al.，2009)。综上所述，初级纤维形成期，增加采食量有益于子代骨骼肌生长；次级纤维形成时期，增加采食量对子代生长性能未见明显影响，但是影响肌纤维数量和育肥后期的肉质。

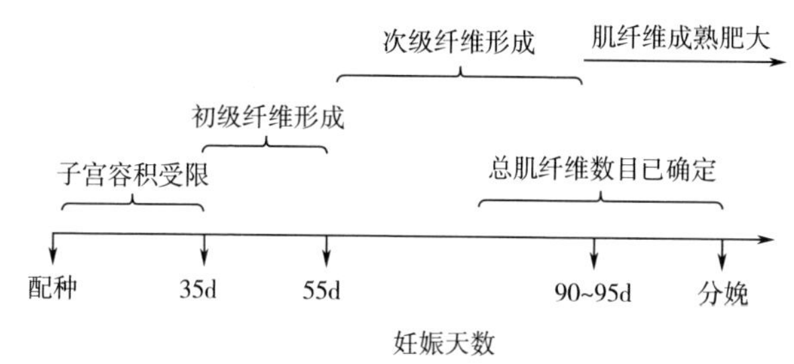

图3-2　妊娠期胎猪肌纤维发育窗口期

妊娠35～55d为初级肌纤维形成时期，55～90多天为次级肌纤维发育时期，且90多天时总纤维数量已经建立。(修自于Foxcroft et al.，2006)

（二）饲喂模式对母猪产仔性能的影响

目前母猪妊娠阶段存在两种饲喂模式，一种是以北美和中国为代表采用的“阶梯形”饲喂模式，另一种是以丹麦和欧盟为代表采用的“凹形”饲喂模式。母猪和胎儿及其产物发育窗口期是动态变化的，这意味着不同妊娠阶段的营养需求并不是固定的（图3-3)。

尽管大量的证据表明：妊娠期间的总营养摄入量会影响胎儿肌肉发育、产后生长及产仔性能，但有关妊娠期饲喂模式对母猪繁殖性能影响的信息却很少。Wei 等（2021）供给广东小耳花青年母猪两种饲喂模式分别为：阶梯形（妊娠期采食量递增）及凹形（波浪形），同时保持整个妊娠期平均采食量不变后发现：阶梯形饲喂模式显著降低了母猪产死胎数和无效仔猪数（表 3-2）。这可能与凹形饲喂模式在妊娠 4～30 天提高采食量有关。先前的研究报道妊娠前期能量摄入增加会加速循环系统中孕酮的清除而不利于胚胎存活（Jindal et al.，1997）。

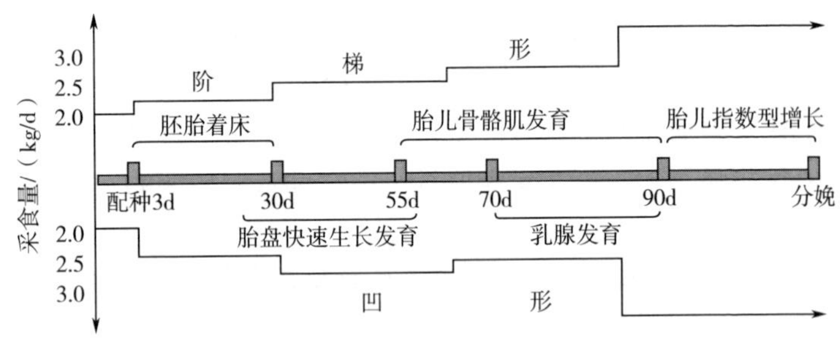

图 3-3 妊娠期饲喂模式对比

表 3-2 母猪妊娠期不同饲喂模式对产仔性能的影响（Wei et al.，2021）

项目	阶梯形	凹形	SEM	P-值
母猪样本数	32	34		
每窝仔猪数				
总产仔数	11.1	11.8	0.27	0.18
产活仔数	10.6	10.7	0.24	0.78
死胎数	0.5	1.0	0.14	0.15
木乃伊数	0.0	0.1	0.05	0.27
初生均重/g	650.1	596.6	14.46	0.06

续表

项目	阶梯形	凹形	SEM	*P*-值
初生窝重/kg	6.8	6.34	0.17	0.18
窝间变异系数	0.2	0.2	0.01	0.22
死胎率①/%	4.2	8.2		0.02
无效仔猪率①,②/%	4.5	9.2		0.01

① 死胎率和无效仔猪率采样卡方检验。

② 无效仔猪=死胎+木乃伊胎。

采用相同的饲喂模式，Hu 等（2021）还发现：母猪采用凹形饲喂模式的仔猪体重分布中，出生体重小于 500g 的仔猪所占的百分比较高，而出生体重大于 700g 的仔猪所占的百分比较低，即凹形饲喂模式增加了仔猪初生重窝间变异（图 3-4）。妊娠 21d 到 60d，胎儿的重量逐渐增加，母猪的营养需求也应逐渐增加（NRC，2012）。妊娠 60～85d，凹形组母猪平均采食量（1.08kg/d）比阶梯形组（1.27kg/d）低 15%，导致凹形组母猪在该阶段营养摄入量低于阶梯形组。先前的研究也表明，妊娠第 55 天和第 90 天母体营养不良都降低了胎儿体重（Zou et al.，2016）。此外，在该研究中，阶梯形组低体重和正常出生体重新生仔猪的肌细胞特异性增强子结合因子 2（myocyte-specific enhancer binding factor，

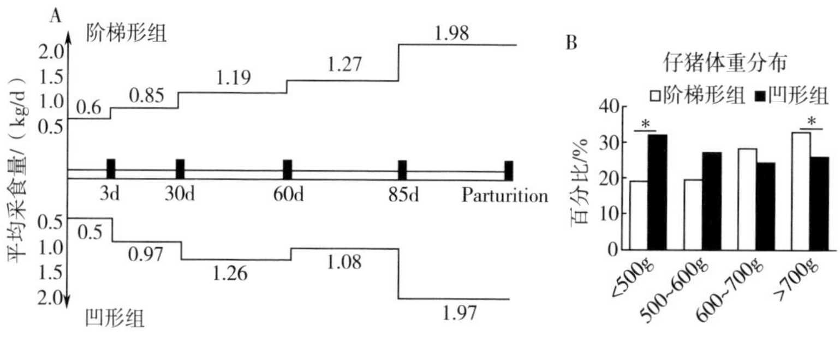

图 3-4 妊娠期阶梯形组与凹形组饲喂模式对仔猪体重分布的影响（Hu et al.，2021）

MEF2）和肌细胞生成素（myogenin，*MyoG*）的 mRNA 表达水平均升高，说明母体的阶梯形喂养策略可以促进仔猪肌肉的发育。初生体重主要取决于骨骼肌发育过程中肌纤维的肥大和伸长，表明骨骼肌发育与肌纤维数量和面积密切相关。相应地，凹形组的新生仔猪肌纤维数和相对肌纤维横截面积均低于阶梯形组（Hu et al.，2021）

第四节　纤维营养对母猪胚胎存活率的影响

一、日粮纤维对胚胎存活率和产仔数的影响

日粮纤维对母猪胚胎存活率和产仔数有显著影响，这取决于纤维的添加时间、纤维来源及添加量。Ferguson 等（2006）研究报道配种前发情周期内饲喂高水平日粮纤维（甜菜渣）提高了胚胎存活数并减少了妊娠 27d 宫内发育迟缓胎猪数。然而，Renteria-Flores 等（2008）在母猪配种前 28d 开始饲喂高水平日粮纤维，研究发现对母猪排卵率、子宫重量及受胎率均未有影响，高水平日粮纤维反而有降低总胚胎存活率的趋势。分析其原因可能是日粮的纤维浓度尚未达到足以引起母猪在窝产仔数上做出应答的高水平。与此同时，该学者在另一个试验中发现给妊娠母猪配种后 2d 至分娩饲喂高水平日粮纤维对母猪产仔数没有影响（Renteria-Flores et al.，2008）。因此高水平日粮纤维对母猪繁殖性能的影响的最适添加时间有待进一步研究。

尽管配种前或配种后添加纤维对母猪胚胎存活和产仔数的效果还存在争议，但日粮纤维饲喂时间长于 1 个繁殖周期以上对母猪产活仔数和断奶仔猪数的影响比单个繁殖周期是更加有利的。Reese（2009）总结前人的研究发现，在饲喂高水平纤维日粮时间为多个繁殖周期时，母猪活产仔数及断奶仔猪数分别提高了 0.4 头和 0.5 头，而饲喂单个繁殖周期反而有降低的趋势。可能原因存在如下两

个方面：①第一个繁殖周期和随后繁殖周期纤维添加时间存在区别，在单个繁殖周期添加高纤维的研究中，很少在配种前给母猪饲喂纤维日粮，而在多个繁殖周期的研究中，母猪可在断奶至配种前再次添加高纤维日粮；②通过前一个繁殖周期的妊娠期促进提高泌乳期采食量，通过繁殖及相关代谢激素的调控可能间接提高了随后繁殖周期的产仔性能，即滞后效应（谭成全等，2012）。

不同来源的纤维日粮对母猪产仔性能的影响不尽相同。Renteria-Floresd 等（2008）设计不同类型（高可溶性日粮纤维和高不可溶性日粮纤维）的日粮纤维研究对母猪繁殖性能的影响，以更好地理解纤维成分对母猪繁殖性能的影响。结果发现：尽管日粮处理对母猪产仔数没有影响，但是高可溶性日粮纤维组和对照组与不可溶性纤维日粮组相比，显著提高了胚胎存活率，这也暗示着日粮中高不溶性纤维可能降低了母猪早期胚胎存活率。尽管如此，Vestergaard 和 Danielsen（1998）在母猪妊娠日粮中考虑添加不同类型纤维，即可溶性或不可溶性纤维，结果发现对母猪繁殖性能却没有影响。Huang 等（2020）通过体外-体内方法评估两种可用的非常规日粮纤维资源（抗性淀粉和发酵大豆纤维）对母猪死胎率的影响发现：与对照组相比，抗性淀粉组在妊娠第 70 天时的血浆皮质醇浓度呈下降趋势（$P=0.07$）。氧化应激和抗氧化指标的比较显示，在妊娠第 109 天，与对照组相比，抗性淀粉或发酵大豆纤维组母猪的血清铁离子降低抗氧化能力（ferric ion reducing antioxidant power，FRAP）水平显著提高（$P<0.05$），羰基蛋白水平显著降低（$P<0.05$）。总之，在妊娠日粮中添加具有更大吸水膨胀能力的 5%抗性淀粉有助于提高餐后饱腹感，缓解压力状态，减少异常行为，进而降低母猪的死产率（Huang et al.，2020）。这暗示着仅考虑日粮纤维单一的理化性质如溶解性等对母猪繁殖性能的影响不足以阐明其内在的机理，多角度探讨日粮纤维的其他理化性质如可发酵性、黏性及持水性对母猪繁殖性能的影响还有待于系统研究（谭成全，2015）。总之，母猪妊娠期添加纤维对产仔数的影响不仅与添加时间有关，还与纤维来源、理化特性和水平相关（表 3-3）。

表 3-3　不同纤维来源对母猪产仔数的影响

纤维来源	添加量/%	对产仔性能的影响	对其他性能的影响	文献来源
玉米芯、燕麦壳	53.2	—	玉米芯提高了仔猪初生窝重	Matte et al.，1994
大豆壳	40	↓	减少了妊娠期增重和背膘沉积	Holt et al.，2006
大豆壳	20	—	有提高泌乳期采食量的趋势	Darroch et al.，2008
向日葵粕、麸皮豆壳、玉米胚芽粕及甜菜渣	45.9	—	提高了泌乳期采食量、仔猪窝增重及断奶窝增重	Quesnel et al.，2009
麦秸	13.35	↑	提高了泌乳期采食量、仔猪断奶重	Veum et al.，2009
魔芋粉	2.2	—	提高了泌乳期采食量、仔猪断奶重	Tan et al.，2018
抗性淀粉	5	↑	降低了死胎率和无效仔猪数，改善氧化应激并促进餐后饱感	Huang et al.，2020
小麦糊粉层粉	15	↑	降低了死胎率和无效仔猪数，降低应激	Deng et al.，2021
瓜尔胶和纤维素混合物	4	↑	改善乳成分，提高泌乳期采食量	Zhou et al.，2020

注：↑表示正面影响；↓表示负面影响；—表示没有影响。

二、日粮纤维调控胚胎存活的可能机制

提高产仔数可以通过以下方法实现：提高排卵率、受精率及总胚胎数（Uiberg and Rampacek，1974）。母猪的排卵率和受精率主要受遗传、环境、饲养管理和营养的影响，而就母猪个体而言，其

排卵过程主要受下丘脑-垂体-性腺轴调控。营养可以作用于生殖轴进而影响母猪繁殖性能（Cox et al.，1997；Ashworth，1994；Ferguson et al.，2006）。这主要体现在LH、FSH、类固醇及代谢激素（胰岛素、瘦素）之间的相互影响（图3-5）。

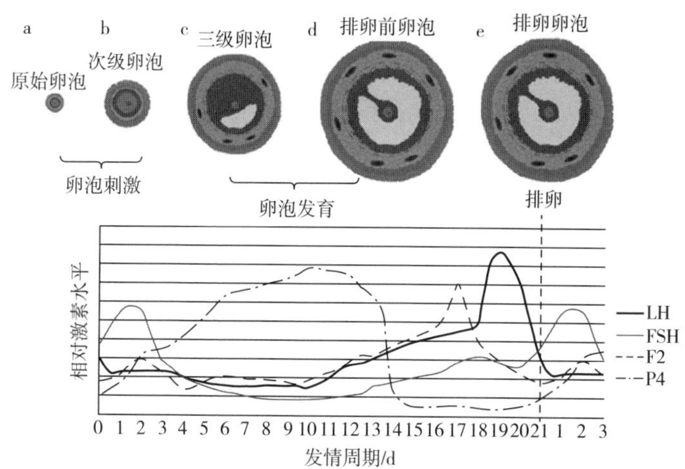

图3-5 猪发情周期卵泡发育对应的繁殖激素的变化曲线图

（Selene and Chery，2018）

（FSH水平上升刺激原始卵泡向次级卵泡和排卵前卵泡发育。在这个过程中，伴随着子宫内膜中孕酮水平的上升，同时雌二醇的增加引发LH的快速释放。LH脉冲导致卵泡破裂，从而排卵）

母猪高排卵率并不意味着高的妊娠产出，大约有30%的卵子损失于排卵后，最终不能转化于产仔性能上（Ferguson et al.，2007），其主要的损失发生于妊娠的前一个月。提高卵母细胞质量有利于母猪早期胚胎存活（Ferguson et al.，2003）。在母猪体内研究报道配种前改变营养水平或日粮成分可影响卵泡液内环境，进而影响卵母细胞质量及随后的胚胎存活率（Yang et al.，2000；Ferguson et al.，2003；2004；2007）。其中日粮纤维通过调控生殖激素的分泌或脉冲的形成对卵泡发育和胚胎存活具有显著影响，其作用途径或方式之一可能是日粮纤维能降低日粮能量浓度和容积密度，这是否意味着日粮纤维的摄入影响了能量水平进而调控繁殖及其代谢激素从而影响母猪的繁殖性能？Ferguson 等（2007）在母猪配种前发情周期饲喂 50%的甜菜渣提高了该情期 18d 的 LH 脉冲率，降低了 17d、18d 和 19d 雌二醇的浓度，配种后尽管高纤维组大体积卵泡数目少于对照组，但是 19d 成熟卵泡数目更多，日粮处理对母猪受精后 10～12d 的排卵率、黄体大小、孕酮水平没有影响，但是受精后 27～29d 高水平纤维组的胚胎存活率较高。分析其机理可能是日粮纤维加速清除循环中类固醇，在肠道中未消化的纤维结合类固醇或修饰细菌酶活性调节肠肝循环中的雌二醇水平（Arts et al.，1991）。循环中的雌二醇浓度的降低将会减弱下丘脑-垂体轴的负反馈作用（Ferguson et al.，2003），提高促黄体激素脉冲率进而促进卵巢发育，有利于卵母细胞成熟。在此之前，体外研究已表明多种来源纤维可以干预雌激素的浓度（Arts et al.，1991）。体内试验也报道人体血浆中雌二醇浓度与日粮纤维摄取呈负相关（Rose et al.，1991）。

综上所述，日粮纤维对母猪产仔数的机制可能包括以下三种：①日粮纤维加速清除循环中类固醇，循环中的雌二醇浓度的降低将会减弱下丘脑-垂体轴的负反馈作用，提高了促黄体激素脉冲率进而促进卵巢发育，有利于卵母细胞成熟，进一步影响产仔数；②多个繁殖周期添加日粮纤维可能是通过提高泌乳期采食量、改变能量水平，进而影响循环血浆中胰岛素和瘦素的浓度，这些激素水平进一步调控 LH、FSH 从而影响卵泡生长发育、排卵率及产仔数。③特殊理化特性的日粮纤维通过促进妊娠母猪饱腹感，降低限制饲养引发的饥饿，减少氧化应激，从而降低母猪死胎率。尽管如此，日粮纤维对母猪产仔数调控的机制需要更多的试验证实（谭成全等，2012；2015）。

第五节　精氨酸代谢及其对母猪胚胎存活率的影响

一、精氨酸代谢

（一）精氨酸合成

在猪肠上皮细胞中，谷氨酰胺可合成瓜氨酸和精氨酸。采用空肠动静脉的插管研究表明：小肠积极利用饲料和动脉血中的谷氨酰胺主要用来合成瓜氨酸，其次才是合成精氨酸（Wu et al.，1994）。有趣的是，谷氨酰胺在动脉血中是唯一一种在吸收状态后被猪小肠摄取的氨基酸。为了确定负责瓜氨酸和精氨酸合成的细胞类型，Wu 等（1994）从 1～58 日龄猪的小肠中分离出具有生物化学活性的肠上皮细胞。细胞外谷氨酰胺浓度从 0.5mmol/L 增加到 5mmol/L 都可以通过吡咯啉-5-羧酸（pyrroline-5-carboxylate，P5C）合成酶剂量依赖地增加猪肠上皮细胞的瓜氨酸和精氨酸合成。0～7 日龄猪上皮肠细胞内精氨酸的从头合成与［U-^{14}C］谷氨酰胺向［^{14}C］精氨酸的转化是一致的。这个合成途径所需的所有底物，包括氨、HCO_3^-、谷氨酸、天冬氨酸和 ATP，都是由谷氨酰胺分解代谢产生的。P5C 合成酶和 *N*-乙酰谷氨酸合成酶是谷氨酰胺在肠道内转化为瓜氨酸的两个关键调节酶。断奶前和断奶后猪的其他主要组织（包括肝、肾、心脏、胰腺、脑、大肠和骨骼肌）缺乏从谷氨酰胺或谷氨酸合成瓜氨酸的 P5C 合成酶。这些发现证实了猪肠上皮细胞在谷氨酰胺合成瓜氨酸和精氨酸过程中的重要作用。

从谷氨酰胺生成瓜氨酸的反应开始于肠上皮细胞的线粒体，第一种酶是将谷氨酰胺水解成谷氨酸的谷氨酰胺酶，随后瓜氨酸在胞浆中转化为精氨酸。有趣的是，与线粒体中产生的鸟氨酸相比，胞外鸟氨酸对于肠上皮细胞合成瓜氨酸和精氨酸过程来说是一种极差的底物，这可能是由于优先引导胞外鸟氨酸合成脯氨酸（Wu et al.，1996)。这些结果表明：①谷氨酰胺在瓜氨酸和精氨酸的肠道合成中起重要作用；②母乳中丰富的谷氨酰胺弥补了仔猪最佳生长所需的日粮精氨酸供应不足，具有重要的营养意义（Wu et al.，2018)。

猪肠上皮细胞用脯氨酸合成瓜氨酸和精氨酸。当用格巴库林盐酸盐（gabaculine，一种鸟氨酸转氨酶抑制剂，鸟氨酸转氨酶是一种将 P5C 转化为鸟氨酸的酶）处理母猪哺乳的仔猪时，血浆中的谷氨酰胺和脯氨酸的浓度都增加了 2 倍（Flynn and Wu，1996)，这表明脯氨酸可能是合成瓜氨酸的底物。利用放射化学和色谱方法，Wu（1997）发现脯氨酸通过脯氨酸氧化酶途径被猪肠上皮细胞广泛分解，生成 P5C、瓜氨酸和精氨酸。脯氨酸转化为瓜氨酸和谷氨酸，而这两种物质都是由谷氨酰胺降解提供的。由于猪小肠很少从动脉血中摄取脯氨酸，所以大量从母乳中摄取脯氨酸是弥补母乳精氨酸缺乏的关键。Brunton 等（1999）已报道，仔猪动脉血中由脯氨酸合成精氨酸的情况很少，用脯氨酸灌胃可以有效改善新生儿精氨酸缺乏。

猪通过肠-肾轴合成精氨酸。虽然精氨酸是通过尿素循环在肝脏中形成的，但包括猪在内的哺乳动物，不能通过这个器官净合成精氨酸，这是由于胞浆精氨酸酶活性过高，可以迅速水解精氨酸。肠上皮细胞内的谷氨酰胺和脯氨酸生成瓜氨酸和精氨酸，并且通过肾脏（肠道外精氨酸合成的主要部位）中的精氨基琥珀酸合酶和精氨基琥珀酸裂解酶（argininosuccinate lyase，ASL）将瓜氨酸转化为精氨酸，这在许多哺乳动物（包括猪）中被称为精氨酸从头合成的肠-肾轴。一些哺乳动物（如猫）缺乏瓜氨酸的肠道合成，导致它们对饲料中精氨酸的需求量很高（MacDonald et al.，1984)。

猪出生时，肠上皮细胞的 ASL 活性很高，但肾脏的 ASL 活性很低。因此，大部分谷氨酰胺和脯氨酸衍生的瓜氨酸被 1～7 日龄猪的肠上皮细胞局部利用来合成精氨酸。1～21 日龄猪的肠上皮细胞几乎没有精氨酸酶，限制了精氨酸的降解，这有助于新生仔猪小肠最大限度地提高精氨酸的产量。Wu 和 Knabe（1995）估计，母乳最多只能提供7日龄猪所需精氨酸的40%。因此肠-肾轴合成精氨酸在维持母猪哺乳的仔猪精氨酸动态平衡上起着至关重要的作用。已有资料证明，抑制肠道鸟氨酸转氨酶12h可使4日龄母猪饲养的仔猪血浆中鸟氨酸、瓜氨酸和精氨酸的浓度分别降低59%、52%和76%（Flynn and Wu，1996）。虽然Wilkinson等（2004）报告表示，与缺乏精氨酸的日粮（0.2g Arg·kg BW^{-1}·d^{-1}）相比，高精氨酸日粮饲喂7日龄仔猪（1.80g Arg·kg BW^{-1}·d^{-1}）减少了脯氨酸内源性合成的精氨酸。这一发现不应被解释为在生理范围内增加Arg摄入量会减少肠道中瓜氨酸和精氨酸的合成，因为饲喂高精氨酸日粮的仔猪的代谢途径（指示生长下降了17%）可能受到氨基酸严重失衡的影响。

断奶后，短期皮质醇激增诱导猪肠上皮细胞P5C合成酶的表达，从而促进谷氨酰胺合成瓜氨酸。在断奶后的仔猪中，ASL活性在肾脏中很高，但在肠上皮细胞中很低。因此，小肠将大部分合成的瓜氨酸释放到血液循环中。在断奶前和断奶后的猪中，小肠释放的瓜氨酸不是由肝脏提取的，而是主要用于肾脏的精氨酸合成。同样，由于肝细胞中氨基酸转运系统 y^+（碱性氨基酸的转运体）活性较低，猪肝脏对生理浓度的精氨酸的摄取受到限制。因此，猪的小肠部位在谷氨酰胺和脯氨酸内源性合成精氨酸的过程中起着重要作用，并且肠道中由谷氨酰胺和脯氨酸衍生而来的瓜氨酸和精氨酸对于全身精氨酸的来源是同样有效的（图3-6）。Wu等（2016）报道称：日粮添加0.5%～2%的精氨酸不会影响断奶后仔猪肠道内谷氨酰胺和脯氨酸合成瓜氨酸和精氨酸。

精氨酸缺乏限制了母猪喂养的仔猪的最大生长量。许多因素，包括遗传、营养和应激源（例如拥挤、疾病、环境温度和空气污染）等都会影响猪的生长。来自人工饲养系统的数据表明：新生仔猪生长的生物潜能至少为400g/d（从出生到21日龄的平均值），或比母猪哺乳的仔猪（230g/d）高出74%以上，并且哺乳仔猪出生后第8天开始出现次最大生长（Boyd et al.，1995）。有趣的是，由于线粒体*N*-乙酰谷氨酸合成酶的相对缺乏，哺乳仔猪的次最大

生长发生在瓜氨酸和精氨酸的肠道合成明显减少的时候。因此，相比于新生仔猪，7 日龄哺乳仔猪从谷氨酰胺合成的瓜氨酸和精氨酸降低了 70%～73%，在 14～21 日龄猪中进一步下降（Wu, 1997）。

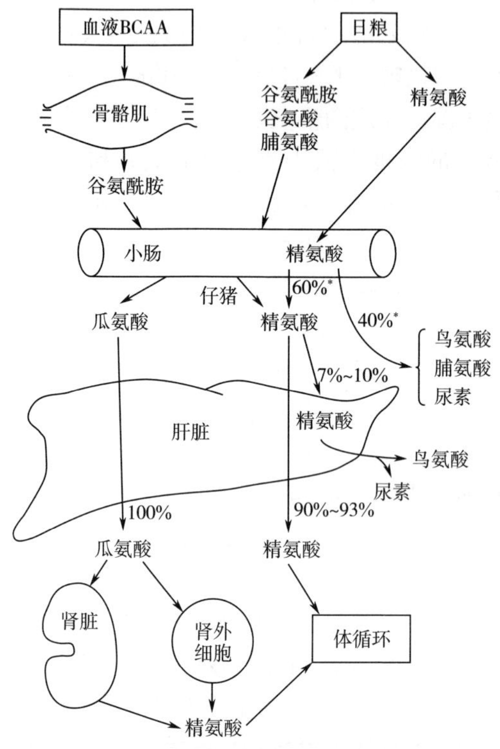

图 3-6　瓜氨酸和精氨酸在猪体内器官间的代谢过程（Wu et al.，2007b）

[精氨酸在肝脏中没有通过尿素循环净合成，这是由于其会被精氨酸酶快速水解。因此，肠-肾轴在新生和产后仔猪的精氨酸供应中起着重要作用。动脉血中的支链氨基酸（branched-chian amino acids，BCAA）被骨骼肌摄取，用于谷氨酰胺的合成，谷氨酰胺再释放到循环中。动脉血中的谷氨酰胺以及日粮中的谷氨酰胺、谷氨酸和脯氨酸被小肠的肠上皮细胞利用来生产瓜氨酸，瓜氨酸是精氨酸的直接前体。几乎所有肠源性的瓜氨酸都绕过了肝脏，并且在肾脏和肾外细胞（包括内皮细胞和巨噬细胞）中转化为精氨酸，而门静脉中 7%～10%的精氨酸在第一次经过肝脏时被摄取。符号 * 表示断奶仔猪的流量]

同样，7 日龄猪的肠上皮细胞中脯氨酸合成瓜氨酸和精氨酸的比例比初生仔猪低 75%～88%，并且在 14～21 日龄猪中保持在较低的水平（Wu，1997）。因此，仔猪在哺乳期内精氨酸的合成显著减少，这是由于小肠释放的瓜氨酸减少。相应地，从出生后第 3～14 天，血浆中精氨酸及其直接前体（鸟氨酸和瓜氨酸）的浓度逐渐下降了 20%～41%（Flynn et al.，2000）。此外，与 1～3 日龄仔猪相比，7～14 日龄哺乳仔猪血浆氨浓度逐渐增加了 18%～46%，而亚硝酸盐+硝酸盐（精氨酸代谢产物一氧化氮［NO］的稳定氧化产物）的浓度降低 16%～29%。这些代谢数据显示肝脏尿素生成受阻，并且系统 NO 合成减少，这表明 7～21 日龄的哺乳仔猪存在此前未被认识到的精氨酸缺乏症（Wu et al.，2018）。

（二）精氨酸的分解代谢

（1）泌乳母猪乳腺组织中的精氨酸代谢　哺乳期母猪的乳腺吸收了大量的精氨酸，但乳汁中的精氨酸产量远远低于乳腺摄取的精氨酸（Trottier et al.，1997）。O'Quinn 等（2002）使用泌乳母猪的乳腺组织进行代谢研究，结果显示该组织能主动降解精氨酸，形成脯氨酸、多胺和 NO。精氨酸酶的两种异构体（Ⅰ型和Ⅱ型）负责水解精氨酸产生尿素和鸟氨酸，其随后通过鸟氨酸转氨酶和 P5C 还原酶转化为脯氨酸。有趣的是，由于缺乏脯氨酸氧化酶，猪乳腺组织中没有检测到脯氨酸的分解代谢（O'Quinn et al.，2002）。这些发现解析了为什么精氨酸在母乳中显著缺乏，而脯氨酸却非常丰富。如前所述，乳源性脯氨酸被用来合成仔猪小肠中的瓜氨酸和精氨酸（Wu et al.，2018）。

（2）猪体内的日粮氨基酸分解代谢　断奶前仔猪的肠上皮细胞表达的精氨酸酶活性很低，因此不能从精氨酸合成脯氨酸，这就是脯氨酸是仔猪的必需氨基酸的原因。在断奶期间，皮质醇激增能诱导幼猪肠道精氨酸酶的表达。此后，在生长/育肥和成年的猪中，肠上皮细胞内精氨酸酶活性持续提高。断奶仔猪肠上皮细胞表达Ⅰ型和Ⅱ型精氨酸酶，积极降解精氨酸变成鸟氨酸和尿素，随后鸟氨酸在鸟氨酸转氨酶和 P5C 还原酶的作用下进一步转化为脯氨酸。

猪小肠腔内的细菌也能将一些日粮精氨酸代谢成为鸟氨酸以及可能还有少量的短链脂肪酸（Dai et al.，2012）。因此，胃肠道微生物群可能同时影响精氨酸的利用率和宿主健康。在断奶仔猪中，肠道内精氨酸分解代谢减少了日粮中精氨酸进入门静脉的量。根据口服或静脉给药后血浆中精氨酸的曲线下面积（area under curve，AUC），Wu 等（2007b，2016）预计，在生长和成年猪中，约有40%的口服精氨酸被小肠利用（通过分解代谢和蛋白质合成），其余部分精氨酸才进入门静脉。

在肠外组织中，不用于蛋白质合成的精氨酸经精氨酸酶、精氨酸：甘氨酸脒基转移酶（Arg：glycine amidinotransferase）、精氨酸脱羧酶和一氧化氮合酶的作用进行分解代谢（图 3-7）（Wu et al.，2018），这些途径分别用于合成鸟氨酸、肌酸、胍丁胺和 NO。

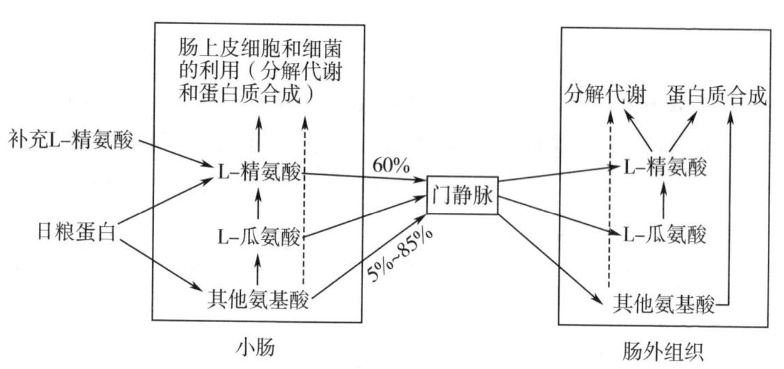

图 3-7　动物体内的精氨酸代谢（Wu et al.，2016）

在胃肠道中，细胞外蛋白酶和肽酶水解日粮蛋白质，释放精氨酸、其他氨基酸和小肽到肠腔。肠上皮细胞吸收这些消化产物，降解精氨酸，并且释放瓜氨酸。氨基酸的分解代谢也能由肠腔内的细菌引起。在断奶仔猪和大鼠中，在小肠管腔内大约 40%的精氨酸和 15% ～ 95%的其他氨基酸在第一次进入门静脉时通过分解代谢和蛋白质合成被利用。因此，小肠管腔内的 5%（如谷氨酸）～85%（如色氨酸）的氨基酸进入门静脉。在肠外组织中，不用于蛋白质合成的氨基酸进入由精氨酸酶、精氨酸：甘氨酸脒基转移酶、精氨酸脱羧酶和一氧化氮合酶发起的分解代谢途径。

（3）猪孕体中的精氨酸代谢　新生仔猪的肠上皮细胞中瓜氨酸和精氨酸合成的发现（Wu and Knabe，1995）催人思考，即这一途径是否可能发生在胎猪身上？通过分析妊娠不同天数的胎猪的胎液时，Wu 等（1995，1996a）发现，相比于母猪血浆中的精氨酸水平（0.1～0.14mmol/L），妊娠 40d 的猪尿囊液中精氨酸含量异常高（4～6mmol/L）。此外，相比于母体血浆水平（鸟氨酸 0.05～0.1mmol/L 和谷氨酰胺 0.3～0.45mmol/L），妊娠 40d 的猪尿囊液中鸟氨酸（1～3mmol/L）和谷氨酰胺（3～4mmol/L）浓度特别高。显然，在妊娠 30～40d，猪尿囊液中精氨酸、鸟氨酸和谷氨酰胺浓度分别增加了 23 倍、18 倍、4 倍，它们的氮含量占游离 α-AA 氮总量的 67%。胎液中氨基酸的精氨酸家族成员的异常丰富与胎盘在妊娠前半期大量合成 NO 和多胺有关，并且该阶段胎盘生长最快（Wu et al.，2013a）。这些新的发现为最近研究依赖精氨酸的代谢途径在胚胎存活、生长和发育中的关键作用提供了基础（Wu e et al.，2018）。

二、精氨酸对猪胚胎存活率的影响及作用机制

（一）精氨酸对胚胎存活的影响

Easter 等（1974）早先的研究指出：妊娠日粮缺乏精氨酸不影响活产仔猪（平均每头母猪产 8.3 头）的数量或体重，认为妊娠母猪可以充分合成精氨酸。然而，短期内氮平衡没有差异并不一定意味着在添加精氨酸的情况下可以达到妊娠后期胎儿的最大生长。另外，以前的研究使用的母猪数量太少（n=2/处理组），不能得出关于精氨酸对妊娠结果的影响的明确结论（Wu et al.，2018）。更重要的是，Wu 等（2014）所用基础日粮中含有大量的谷氨酸［猪体内合成瓜氨酸和精氨酸的前体（14.2%）］，而常规妊娠母猪日粮中谷氨酸含量不到 1.5%。

子宫容量和胎儿死亡率呈正相关。对猪窝产仔数的最大限制因

素是妊娠早期的胎盘发育和功能完善程度以及整个妊娠期间的子宫容量。有趣的是，在家畜中，猪出现最严重的自然发生的宫内生长受限，这些受限的仔猪中有76%不能存活到断奶。当前的妊娠母猪限饲计划的目的是减少妊娠期间的体脂积累，并且防止哺乳期间泌乳功能障碍的相关问题发生，但这对胎儿的生长和发育可能不是最理想的，因为单独提供的功能性氨基酸（如精氨酸）并不能满足整个妊娠期间的需求（表3-4）。

表3-4 妊娠母猪对精氨酸及其内源性合成的需求

项目 \ 添加精氨酸量 / 妊娠天数/d / 体重/kg	日粮添加精氨酸量/（g/d）			
妊娠天数/d	0～30	30～60	60～90	90～114
体重/kg	155～160	160～170	170～185	185～200
母体代谢和胚胎生长对精氨酸的需求[①]	15.48	16.47	17.36	19.86
母体肝脏对门静脉精氨酸的摄取	0.40	0.40	0.40	0.40
胎盘生长	0.13	0.57	0.11	0.12
胚胎/胎儿生长	0.005	0.17	0.85	2.60
尿囊液	0.005	0.005	0.000	0.000
羊水	0.000	0.001	0.000	0.000
肌酸合成中的精氨酸利用	8.08	8.46	9.11	9.88
日粮精氨酸通过肠外组织中非精氨酸酶和非NO合酶途径进行代谢作用	5.04	5.04	5.04	5.04
2kg日粮（0.7%精氨酸）	14.0	14.0	14.0	14.0
日粮中的不可消化精氨酸（15%）	2.10	2.10	2.10	2.10
肠道分解代谢（肠腔内40%的精氨酸）	4.76	4.76	4.76	4.76
母体和胎儿合成的精氨酸供应	≥3.58	≥4.57	≥5.46	≥7.96

续表

项目 \ 体重/kg \ 妊娠天数/d \ 添加精氨酸量	日粮添加精氨酸量/（g/d）			
妊娠天数/d	0～30	30～60	60～90	90～114
体重/kg	155～160	160～170	170～185	185～200
（母体代谢和胎儿生长日需求量的百分比）	（23%）	（28%）	（32%）	（40%）

注：改编自 Wu 等（2013b）。母猪每天饲喂 2kg 标准玉米-豆粕型基础饲粮（Li et al.，2010）。

①妊娠母猪的小肠每天消耗 4.76g 可消化日粮精氨酸。在肝脏和肠道以外的组织中，母体通过精氨酸酶和 NO 合酶途径分解代谢精氨酸的效率分别为 2.0g/d 和 0.10g/d。

基于精氨酸的代谢产物，多胺和 NO 在哺乳动物胎盘血管生成和生长中都起着关键作用（Wu et al.，2006）。Mateo 等（2007）开展了“在妊娠日粮中添加精氨酸是否会改善母猪繁殖性能”的开创性试验，结果表明：在妊娠 30～114d 的日粮中添加 1.0% Arg-HCl 可以使血浆精氨酸、鸟氨酸和脯氨酸的浓度分别提高 77%、53%和 30%。添加精氨酸对母猪的体重或背膘厚度没有不良影响，但可以增加 2 头活产仔猪数，并且每窝初生重增加 24%。此外添加精氨酸提高了母猪的免疫力，并且降低了死亡率（Li et al.，2007）。这些新发现表明：精氨酸是妊娠母猪的必需氨基酸。

大量研究已报道精氨酸在胚胎/胎儿存活中的重要作用（表 3-5）。首先，在实际生产条件下，后备母猪和经产母猪在妊娠 22～114d 期间，饲喂添加 0.83%精氨酸的日粮，增加了胎盘重量（+16%）、每窝活产仔猪数（+1.1）和活产仔猪的每窝初生重（+1.7kg）（Gao et al.，2012）。第二，在实际生产条件下，妊娠 14～28d 间的后备母猪和经产母猪的日粮中添加 1%精氨酸，可使出生时活产仔猪数增加约 1 头（Ramaekers et al.，2006）。第三，与对照母猪相比，在妊娠 14～25d 间的日粮添加 0.4%或 0.8%的精氨酸能增加 21%～34%的胎盘生长，并且每窝可产活胎数增加约 2

头（Li et al.，2014）。值得注意的是，0.4%和0.8%精氨酸组之间的胚胎存活率没有差异。第四，妊娠14～28d期间的日粮添加0.9% Arg-HCl，可使超数排卵的母猪在妊娠70d时每窝胎儿数增加3.7个（Bérard and Bee.，2010），并且增加了子代的初生重、骨骼肌和脏器重以及肌纤维增生（Madsen et al.，2017）。第五，从妊娠第17天开始在母猪日粮中添加1%精氨酸，持续16d，每窝活产仔猪数增加1.2头（De Blasio et al.，2009）。最后，在妊娠90～114d间日粮添加0.83%精氨酸使活产仔猪的平均初生重增加了16%（Wu et al.，2010a）。此外，在窝产仔猪数≤14头的母猪中，妊娠25～80d日粮添加1%精氨酸可提高10%的仔猪初生重，并且使初生重＜0.85kg和＜1.0kg的仔猪比例分别降低47%和33%（Dallanora et al.，2017）。与此相同，在妊娠最后三分之一阶段（第77～114天）母猪日粮中添加0.77%精氨酸可降低19%的仔猪初生重变化（Quesnel et al.，2014）。此外，在妊娠25～53d间日粮添加1%精氨酸可使新生仔猪的半腱肌纤维大小增加17%（Garbossa et al.，2015）。活产仔猪数量的增加能显著增加与提高母畜繁殖能力和泌乳性能相关的利润率（Wu et al.，2013a）。此外，减少低初生重仔猪的数量能极大改善新生仔猪的管理，并且最大限度提高断奶前的存活率和生长速度。

尽管如此，一些研究并未发现日粮添加精氨酸对母猪妊娠结果的有利影响。例如，Bass等（2017）表示，在妊娠93～110d间，在蛋白质含量为18.7%的玉米、豆粕、含有可溶固形物的干酒糟（distiller's dried grains with solubles，DDGS）的基础日粮中添加1%Arg-HCl，对后备母猪和经产母猪（每天消耗2.72kg饲料）产活仔数、仔猪初生重或泌乳性能没有影响。在粗蛋白含量为12.05%的玉米、豆粕、次粉型基础饲粮中添加1%Arg-HCl，对妊娠83～116d的经产母猪也有类似的结果（在妊娠0～90d每天消耗2.2kg饲料，在妊娠90～116d每天消耗2.72kg饲料；Bass et al.，2017）。在一份会议摘要中，Greiner等（2012）报道称：①在妊娠18～34d的后备母猪和经产母猪（每天消耗2.27kg饲料）中，

表 3-5 妊娠母猪日粮添加精氨酸对窝产仔数和初生重的影响

作者	母猪胎次	精氨酸添加（日粮占比或每天每头母猪摄入量）	妊娠期精氨酸添加的时间	日采食量/kg	日粮中CP含量/%	日粮中能量含量（ME）/（MJ/kg）	基础饲粮精氨酸含量/%	基础饲粮赖氨酸含量/%	妊娠早期到中期或出生时的胎盘重量	存活胎儿或活产仔猪的窝产仔数	存活胎儿或活产仔猪的窝重/初生重	其他主要结果
Bérard and Bee (2010)	1	0.87% (21.7g)	d14～28	3.0	14.3	11.5	1.07	0.88	无影响①	每窝 ↑ 3.7	每窝 ↑ 32%	对肌纤维形成初期有积极影响
Campbell (2009)	1 和 MP	1% (25g)	d14～28	ND	ND	ND	ND	ND	ND	每窝 ↑ 1	每窝 ↑ 6.4%	
De Blasio et al. (2009)	1	1% (25g)	d17～33	2.5	ND	ND	ND	ND	ND	↑ 1.2	ND	
Gao et al. (2012)	1 和 MP	0.83% (16.6g)	d22～114	2.0 (d22～90) 3.0 (d90～114)	13.2	13.0	0.88	0.65	↑ 16%②	每窝 ↑ 1.1	每窝 ↑ 11%	
Li (2014)	1	0.40% (8.0g)	d14～25	2.0	12.0	12.9	0.70	0.57	↑ 34%②	每窝 ↑ 2.2	无影响	
Li (2014)	1	0.80% (16.0g)	d14～25	2.0	12.0	12.9	0.70	0.57	↑ 21%②	每窝 ↑ 1.7	无影响	

续表

作者	母猪胎次	精氨酸添加（日粮占比或每天每头母猪摄入量）	妊娠期精氨酸添加的时间	日采食量/kg	日粮中CP含量/%	日粮中能量含量（ME）/（MJ/kg）	基础饲粮精氨酸含量/%	基础饲粮赖氨酸含量/%	妊娠早期到中期或出生时的胎盘重量	存活胎儿或活产仔猪的窝产仔数	存活胎儿或活产仔猪的窝重/初生重	其他主要结果
Mateo at al.（2007）	1	0.83%（16.6g）	d30～114	2.0	12.2	13.0	0.70	0.58	ND	每窝↑2.0	每窝↑24%	
Ramaekers（2006）	1和MP	1%（25g）	d14～28	ND	ND	ND	ND	ND	ND	每窝↑1	ND	
Wu et al.（2012）	MP	0.83%（16.6g）	d90～114	2.0	14.7	13.5	0.80	0.78	ND	无影响	每窝↑16%	
Li et al.（2010）	1	0.80%	d0～25	2.0	12.0	12.9	0.70	0.57	无影响（但有下降趋势）①	每窝↓24%	每窝↓34%	增加胎盘血管，但降低子宫重、胎儿总数和总重、黄体数及其他特征

续表

作者	母猪胎次	精氨酸添加（日粮占比或每天每头母猪摄入量）	妊娠期精氨酸添加的时间	日采食量/kg	日粮中CP含量/%	日粮中能量含量（ME）/（MJ/kg）	基础饲粮精氨酸含量/%	基础饲粮赖氨酸含量/%	妊娠早期到中期或出生时的胎盘重量	存活胎儿或活产仔猪的窝产仔数	存活胎儿或活产仔猪的窝重/初生重	其他主要结果
Che et al.（2013）	MP	1%	d30～90 和 d30～114	2.2（d30～60）2.6（d61～90）3.2（d91～111）	13.50	12.55	0.73	0.62	ND	每窝↑1.6	↑	
Quesnel et al.（2014）	1和MP	0.77%（25.5g）	d77～114	3.3	13.1	9.0	ND	0.63	ND	无影响	无影响	降低了仔猪初生重的窝内变异
Guo et al.（2016）	1和MP	0.1%	d30～110	2.0（d30～90）3.0（d91～110）	15.86	13.7	0.61	0.70	无影响（但有上升趋势）②	每窝↑1.1	无影响	
Bass et al.（2017）	1和MP	1%	d93～110	2.72	18.7	13.79	0.75	0.63	无影响②	无影响	无影响	对泌乳性能无影响

续表

作者	母猪胎次	精氨酸添加（日粮占比或每天每头母猪摄入量）	妊娠期精氨酸添加的时间	日采食量/kg	日粮中CP含量/%	日粮中能量含量（ME）/（MJ/kg）	基础饲粮精氨酸含量/%	基础饲粮赖氨酸含量/%	妊娠早期到中期或出生时的胎盘重量	存活胎儿或活产仔猪的窝产仔数	存活胎儿或活产仔猪的窝重/初生重	其他主要结果
Bass et al.（2017）	MP	1%	d83～116	2.2（d0～90）2.72（d90～116）	12.05	13.71	17	0.58	ND	无影响	无影响	
Dallanora et al.（2017）	MP	1%	d25～80	1.7（d25～80）3.3（d80～112）	17.1	13.49	1.05	0.76	无影响②	每窝↓1	无影响（高繁母猪）；初生重↑10%（低繁母猪）	对于繁殖力较低母猪，提高了仔猪平均初生重，降低了低体重仔猪出生的比率。
Nuntapaitoon et al.（2018）	1和MP	0.50%	d85～114	2.5	19.7	3.48	ND	ND	ND	每窝↑9.8%	初生重↑6.4%	

续表

作者	母猪胎次	精氨酸添加（日粮占比或每天每头母猪摄入量）	妊娠期精氨酸添加的时间	日采食量/kg	日粮中CP含量/%	日粮中能量含量（ME）/（MJ/kg）	基础饲粮精氨酸含量/%	基础饲粮赖氨酸含量/%	妊娠早期到中期或出生时的胎盘重量	存活胎儿或活产仔猪的窝产仔数	存活胎儿或活产仔猪的窝重/初生重	其他主要结果
Oksbjerg et al.（2019）	1	25g	妊娠d30至哺乳d28	ND	ND	ND	ND	ND	ND	ND	↑	增加初生重和仔猪出生后日增重，并且影响肌肉面积。

注：ME—代谢能（metabolizable energy）；ND—未确定（not determined）；MP—经产（multiparous）；↑—增加；↓—减少。

① 妊娠早期到中期胎盘的重量。

② 出生时的胎盘重量。

在玉米和DDGS的基础饲粮中添加1.23%精氨酸对受胎率、产仔率或出生仔猪总数没有影响；②在妊娠75～115d的经产母猪（妊娠75～100d日采食量2.27kg，100～112d日采食量3.28kg）中，日粮添加1.23%精氨酸能降低4%的个体仔猪初生重，并且有降低每窝初生重的趋势。日粮粗蛋白或氨基酸含量、采食量和妊娠的时期可能影响日粮精氨酸对母猪繁殖性能的作用。

（二）精氨酸调控胚胎存活的作用机制

精氨酸是合成NO和多胺的共同底物，这两种物质都会影响血管生成，从而影响胎儿生长（Wu et al.，2017）。然而，猪胎盘缺乏精氨酸酶和精氨酸脱羧酶，因此不能从精氨酸合成鸟氨酸。精氨酸主要通过促进四氢生物蝶呤（tetrahydrobiopterin，BH4）的生成来刺激胎盘NO的合成，BH4是所有一氧化氮合成酶（NO synthetases，NOSs）的重要辅助因子。在培养的胎盘滋养层细胞中，NO合成和精氨酸转运在妊娠20d和40d分别增加6.3倍和6.7倍，随后下降，这表明精氨酸和NO的迅速减少支持了妊娠母猪的血管生成（Wu et al.，2017）。胎盘血管生成异常，无法提供足够养分满足胎猪正常生长发育的需要是降低胚胎发育和存活的重要原因；另一方面，精氨酸可促进水通道蛋白的表达，从而促进母胎循环中水分的转运，这将有利于胎儿的生长和存活（图3-8）。

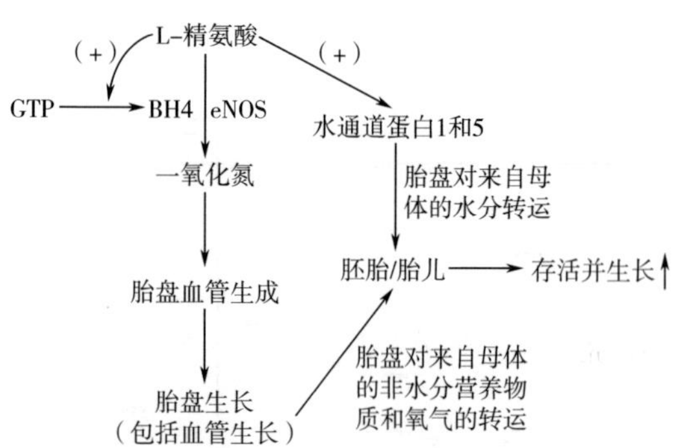

图3-8　日粮增加精氨酸改善妊娠猪胚胎存活和生长的可能机制

（Wu et al.，2010）

主要参考文献

[1] 谭成全，孙海清，彭健．日粮纤维的营养学功能及对母猪产仔数的影响．饲料工业，2012.

[2] 谭成全．妊娠日粮中可溶性纤维对母猪妊娠期饱感和泌乳期采食量的影响及其作用机制研究．华中农业大学，2015.

[3] 张定校．猪骨骼肌卫星细胞的分离培养及 *trim55* 基因的染色体定位、snp 检测和表达谱分析．华中农业大学，2006.

[4] A FWB，B GAJ. Pig blastocyst-uterine interactions. Differentiation，2014，87：52-65.

[5] Al-Rabbat M F. Principles of animal nutrition. Boca Raton：CRC Press，2018.

[6] Almeida F R，Mao J，Novak S，et al. Effects of different patterns of feed restriction and insulin treatment during the luteal phase on reproductive，metabolic，and endocrine parameters in cyclic gilts. Journal of Animal Science，2001，79.

[7] Arts C J M，Govers C A R L，Henk V D B R，et al. In vitro binding of estrogens by dietary fiber and the in vivo apparent digestibility tested in pigs. J Steroid Biochem Mol Biol，1991，38：621-628.

[8] Bass B E，Bradley C L，Johnson Z B，et al. Influence of dietary -arginine supplementation of sows during late pregnancy on piglet birth weight and sow and litter performance during lactation. Journal of Animal Science，2017，In Press：248-256.

[9] Bazer F W，First N L. Pregnancy and parturition. Journal of Animal Science，1983，57 Suppl 2：425-460.

[10] Bazer F W，Vallet J L，Roberts R M，et al. Role of conceptus secretory products in establishment of pregnancy. J Reprod Fertil，1986，76：841-850.

[11] Cerisuelo A，Baucells M，Gasa J，et al. Increased sow nutrition during midgestation affects muscle fiber development and meat quality，with no consequences on growth performance. Journal of Animal Science，2009，87：

729-739.

[12] Cox N M. Control of follicular development and ovulation rate in pigs. J Reprod Fertil Suppl，1997，52：31-46.

[13] Dantzer V. Electron microscopy of the initial stages of placentation in the pig. Anatomy & Embryology，1985，172：281-293.

[14] De W，Ai-rong Z，Yan L，et al. Effect of feeding allowance level on embryonic survival，igf-1，insulin，gh，leptin and progesterone secretion in early pregnancy gilts. Journal of Animal Physiology & Animal Nutrition，2010，93.

[15] Deng J，Cheng C，Yu H，et al. Inclusion of wheat aleurone in gestation diets improves postprandial satiety，stress status and stillbirth rate of sows. Animal Nutrition，2021，7：412-420.

[16] Ducsay C A，Buhi W C，Bazer F W，et al. Role of uteroferrin in placental iron transport：Effect of maternal iron treatment on fetal iron and uteroferrin content and neonatal hemoglobin. Journal of Animal Science，1984，5：1303-1308.

[17] Dyck G W，Palmer W M，Simaraks S. Progesterone and luteinizing hormone concentration in serum of pregnant. The Canadian veterinary journal. La revue veterinaire canadienne，1980，60：877-884.

[18] Effects of different maternal feeding strategies from day 1 to day 85 of gestation on glucose tolerance and muscle development in both low and normal birth weight piglets. Journal of the Science of Food and Agriculture，2020，100.

[19] Enders A，Blankenship T N. Comparative placental structure. Advanced Drug Delivery Reviews，1999，38：3.

[20] Ferguson E M，Slevin J，Edwards S A，et al. Effect of alterations in the quantity and composition of the pre-mating diet on embryo survival and foetal growth in the pig. Animal Reproduction Science，2006，96：89-103.

[21] Ferguson E M，Slevin J，Hunter M G，et al. Beneficial effects of a high fibre diet on oocyte maturity and embryo survival in gilts. Reproduction，2007，133：433.

[22] Foxcroft G R. Mechanisms mediating nutritional effects on embryonic survival in pigs. Journal of Reproduction & Fertility Supplement，1997，

52：47.

[23] Foxcroft G R，Dixon W T，Novak S，et al. The biological basis for prenatal programming of postnatal performance in pigs. Journal of Animal Science，2006，84 Suppl：E105-112.

[24] Geisert R D，Schmitt R. Early embryonic survival in the pig：Can it be improved? Journal of Animal Science，2002，80（E. Suppl. 1）E54-E65.

[25] Guillemet R，Dourmad J Y，Meuniersalaün M. Feeding behavior in primiparous lactating sows：Impact of a high-fiber diet during pregnancy. Pigs & Poultry，2007，84：2474.

[26] Wu G Y，Bazer F W，Johnson G A，et al. Board-invited review：Arginine nutrition and metabolism in growing，gestating，and lactating swine. Journal of AnimalScience，2018，96：5035-5051.

[27] Holt J P，Johnston L J，Baidoo S K，et al. Effects of a high-fiber diet and frequent feeding on behavior，reproductive performance，and nutrient digestibility in gestating sows. Journal of Animal Science，2006，84：946-955.

[28] Hoving L L，Soede N M，Feitsma H，et al. Embryo survival，progesterone profiles and metabolic responses to an increased feeding level during second gestation in sows. Theriogenology，2012，77：1557-1569.

[29] Huang S，Wei J，Yu H，et al. Effects of dietary fiber sources during gestation on stress status，abnormal behaviors and reproductive performance of sows. Animals：an Open Access Journal from MDPI，2020，10.

[30] Iida R，Yu Y，Pieiro C，et al. Nurse sows' reproductive performance in different parities and lifetime productivity in spain. Journal of Agricultural Science，2019，11：29.

[31] Lazarus J H. Thyroid function in pregnancy. British Medical Bulletin，2010，97：137-148.

[32] Jarrett S，Ashworth C J. The role of dietary fibre in pig production，with a particular emphasis on reproduction. 畜牧与生物技术杂志（英文版），2018，009：783-793.

[33] Jfw A，Sbh B，Pj B，et al. An incremental feeding pattern for guangdong small-ear spotted gilts during gestation：Effects on stillbirth rate and muscle weight of progeny-sciencedirect. Domestic Animal Endocrinology，2021.

[34] Jindal R，Cosgrove J R，Aherne F X，et al. Effect of nutrition on

embryonal mortality in gilts: Association with progesterone. Journal of Animal Science, 1996, 74: 620-624.

[35] Jindal R, Cosgrove J R, Foxcroft G R. Progesterone mediates nutritionally induced effects on embryonic survival in gilts. Journal of Animal Science, 1997, 75: 1063.

[36] Khan T H, Beck N, Khalid M. The effects of gnrh analogue (buserelin) or hcg (chorulon) on day 12 of pregnancy on ovarian function, plasma hormone concentrations, conceptus growth and placentation in ewes and ewe lambs. Animal Reproduction Science, 2007, 102: 247-257.

[37] Knight J W, Bazer F W, Thatcher W W, et al. Conceptus development in intact and unilaterally hysterectomized-ovariectomized gilts: Interrelations among hormonal status, placental development, fetal fluids and fetal growth. Journal of Animal Science, 1977, 44: 620-637.

[38] Kridli R T, Khalaj K, Bidarimath M, et al. Placentation, maternal-fetal interface, and conceptus loss in swine. Theriogenology, 2016, 135.

[39] Li X, Bazer F W, Johnson G A, et al. Dietary supplementation with 0.8% l-arginine between days 0 and 25 of gestation reduces litter size in gilts. Journal of Nutrition, 2010, 140: 1111-1116.

[40] Madsen J G, Pardo C, Kreuzer M, et al. Impact of dietary l-arginine supply during early gestation on myofiber development in newborn pigs exposed to intra-uterine crowding. Journal of Animal Science and Biotechnology, 2017, 8: 58.

[41] Mateo R D, Wu G, Bazer F W, et al. Dietary l-arginine supplementation enhances the reproductive performance of gilts. Journal of Nutrition, 2007, 137: 652.

[42] Mateo R D, Wu G, Moon H K, et al. Effects of dietary arginine supplementation during gestation and lactation on the performance of lactating primiparous sows and nursing piglets. Journal of Animal Science, 2008, 86: 827.

[43] Novak S, Almeida F, Cosgrove J R, et al. Effect of pre- and post-mating nutritional manipulation on plasma progesterone, blastocyst development, and the oviductal environment during early pregnancy in gilts. Journal of Animal Science, 2003, 81: 772-783.

[44] Peet-Schwering C, Kemp B, Plagge J G, et al. Performance and individual feed intake characteristics of group-housed sows fed a nonstarch polysaccharides diet ad libitum during gestation over three parities. Journal of Animal Science, 2004, 82: 1246-1257.

[45] Quesnel H, Meunier-Salaün M, Hamard A, et al. Dietary fiber for pregnant sows: Influence on sow physiology and performance during lactation. Journal of Animal Science, 2009, 87: 532-543.

[46] Rdg A, Psa B, Mcl A, et al. Reproductive physiology of swine-sciencedirect. Animal Agriculture, 2020, 263-281.

[47] Reese D, Prosch A, Travnicek D A, et al. Dietary fiber in sow gestation diets-an updated review. Animal Science Abroad, 2008.

[48] Reese D E. Dietary fiber in sow gestation diets reviewed. Feedstuffs, 1997, 69: 11-15.

[49] Renteria-Flores J A, Johnston L J, Shurson G C, et al. Effect of soluble and insoluble fiber on energy digestibility, nitrogen retention, and fiber digestibility of diets fed to gestating sows. Journal of Animal Science, 2008, 86: 2568-2575.

[50] Roberts R M, Bazer F W. The functions of uterine secretions. J Reprod Fertil, 1988, 82: 875-892.

[51] Sack J. Thyroid function in pregnancy-maternal-fetal relationship in health and disease. Pediatric Endocrinology Reviews Per, 2003, 1 Suppl 2: 170.

[52] Saunders P, Renegar R H, Raub T J, et al. The carbohydrate structure of porcine uteroferrin and the role of the high mannose chains in promoting uptake by the reticuloendothelial cells of the fetal liver. Journal of Biological Chemistry, 1985, 260: 3658.

[53] Sterle J A, Cantley T C, Lamberson W R, et al. Effects of recombinant porcine somatotropin on placental size, fetal growth, and igf-i and igf-ii concentrations in pigs. Journal of Animal Science, 1995, 73: 2980-2985.

[54] Stimulation of protein synthesis by both insulin and amino acids is unique to skeletal muscle in neonatal pigs. American Journal of Physiology Endocrinology & Metabolism, 2002, 282: E880.

[55] Todd A S M D, Hong C M D, Weiping F M D, et al. Estrogen

blocks homocysteine-induced endothelial dysfunction in porcine coronary arteries 1，2. Journal of Surgical Research，2004，118：83-90.

[56] Veum T L，Crenshaw J D，Crenshaw T D，et al. The addition of ground wheat straw as a fiber source in the gestation diet of sows and the effect on sow and litter performance for three successive parities. Journal of Animal Science，2009，87：1003.

[57] Virolainen J V，Peltoniemi O，Munsterhjelm C，et al. Effect of feeding level on progesterone concentration in early pregnant multiparous sows. Animal Reproduction Science，2005，90：117-126.

[58] Wilson M E，Biensen N J，Ford S P. Novel insight into the control of litter size in pigs，using placental efficiency as a selection tool. Journal of Animal Science，1999，1654-1658.

[59] Wooding F，Fowden A L. Nutrient transfer across the equine placenta：Correlation of structure and function. Equine Veterinary Journal，2010，38.

[60] Wu G. Synthesis of citrulline and arginine from proline in enterocytes of postnatal pigs. Am J Physiol，1997，272，G1382.

[61] Wu G，Bazer F W，Johnson G A. Maternal and fetal amino acid metabolism in gestating sows. Amino Acids，2013，68：185-198.

[62] Wu G，Bazer F W，Johnson G A，et al. Functional amino acids in the development of the pig placenta. Molecular Reproduction & Development，2017，84：870-882.

[63] Wu G，Borbolla A G，Knabe D A. The uptake of glutamine and release of arginine，citrulline and proline by the small intestine of developing pigs. Journal of Nutrition，1994，124：2437.

[64] Wu G，Knabe D A. Arginine synthesis in enterocytes of neonatal pigs. Am J Physiol，1995，269：621-629.

[65] Wu G，Knabe D A，Flynn N E. Synthesis of citrulline from glutamine in pig enterocytes. Biochemical Journal，1994，299 (Pt 1)：115-121.

[66] Wu G，Knabe D A，Woo K S. Arginine nutrition in neonatal pigs. Journal of Nutrition，2004：2783S.

[67] Wu G Y，Bazer F W，Burghardt R C，et al. Impacts of amino acid nutrition on pregnancy outcome in pigs：Mechanisms and implications for swine

production. Journal of Animal Science，2009，88：E195-204.

[68] Wu M C，Hentzel M，Dziuk P J. Relationships between uterine length and number of fetuses and prenatal mortality in pigs. Journal of Animal Science，1987，65：762-770.

[69] Xu S Y，Wu D，Guo H Y，et al. The level of feed intake affects embryo survival and gene expression during early pregnancy in gilts. Reproduction in Domestic Animals，2010，45：685-693.

[70] Zak L J，Xu X，Hardin R T，et al. Impact of different patterns of feed intake during lactation in the primiparous sow on follicular development and oocyte maturation. Journal of Reproduction & Fertility，1997，110：99-106.

[71] Zhuo Y，Feng B，Xuan Y，et al. Inclusion of purified dietary fiber during gestation improved the reproductive performance of sows. Journal of Animal Science and Biotechnology，2020，11.

[72] Zou T，He D，Yu B，et al. Moderate maternal energy restriction during gestation in pigs attenuates fetal skeletal muscle development through changing myogenic gene expression and myofiber characteristics. Reproductive Sciences，2017，24：156-167.

猪宫内发育迟缓及其关键营养调控技术

宫内发育迟缓（intrauterine growth retardation，IUGR）易导致仔猪初生重低，影响新生仔猪的存活和后期的生长发育。据统计，IUGR 占新生仔猪的 15%～20%，在高产母猪中发生率更高（30%）。仔猪初生重低不仅会降低断奶仔猪的育成率，还会降低育肥猪上市体重和胴体品质，对养猪业的经济效益产生严重的负面影响。目前，IUGR 猪在哺乳和断奶期间没有营养策略来支持它们的生长或存活，从而在断奶时被扑杀。诱发仔猪低初生重的原因主要包括妊娠期间母体养分摄入不足、胎盘功能异常、疾病和环境应激等。猪作为多胎家畜，IUGR 的比例最为严重，其中胎盘功能异常，无法提供足够养分满足胎猪正常生长发育的需要是其重要原因。本章首先系统描述了猪宫内发育迟缓的定义、外貌特征和发生比例，并分析了 IUGR 形成原因及危害。随后，从胎盘结构出发，综述了胎盘功能及其意义，同时讨论了胎盘糖代谢作用及其营养调控。最后，阐明了日粮结构和功能性氨基酸对 IUGR 的影响及调控机制。

第一节　猪宫内发育迟缓的形成原因及危害

一、宫内发育迟缓及其形成原因

（一）宫内发育迟缓猪定义及外部特征

IUGR 是指胚胎或其器官在怀孕期间的生长和发育受损，表现

为后代生长发育受限或停滞。初生低体重或极低体重是IUGR仔猪的主要特征。一般来说，初生重低于标准曲线十个百分点或低于平均初生重2个标准差的仔猪可认定为IUGR（林刚，2014）。也有学者报道出生体重介于第5和第10百分位数之间的仔猪或低于平均出生体重1.5个标准差的仔猪定义为IUGR（Bauer et al.，1998；D'Inca et al.，2010）。更有学者直接将出生体重小于1.0kg的仔猪称为IUGR（Wu et al.，2006）。然而，并非所有的低体重仔猪都是IUGR。有些仔猪［非足月仔猪（termed small for gestational age，SGA）］仍可能发挥其遗传生长潜能，表现为正常生长，而IUGR仔猪则无法发挥其生长潜能，表现为不对称生长（Bauer et al.，1998）。

因此，仅从体重定义IUGR可能并不是特别科学。在形态方面，出生时的仔猪腹围（abdominal circumference，AC）和顶臀长（crown-rump length，CRL）与IUGR有关（Poore and Fowden，2004；Mostyn et al.，2005），尽管这些可能与它们的低出生体重不成比例。此外，据报道，IUGR仔猪与正常仔猪在体组成方面差异显著，IUGR仔猪与同窝正常仔猪相比，脂肪和蛋白质少、水分多（Rehfeldt and Kuhn，2006）。IUGR仔猪的肝脏、心脏和肺的异速生长系数也存在差异（Da Bauer et al.，1998；da Silver et al.，2002）。为此，基于上述事实，使得学者用体型来描述IUGR仔猪可能更为准确。与人类的新生儿一样，IUGR与瘦长的体型相关联，可以通过重量指数（ponderal index，PI=体重/CRL^3）或体重指数（BMI=体重/CRL^2）来量化（Baxter et al.，2008）。但IUGR最明显的外部特征可能要数头部形态。当胎儿的营养供应有限时，胎儿对胎盘机能不全的适应性反应（Roza et al.，2008）使得相对较多的营养流入大脑和心脏。因此，IUGR仔猪有更大的头身比，头呈典型的半圆形或“海豚形”并伴随着还有面部皱纹（图4-1）。Amdi（2013）等提出：脑大于出生体重3%的仔猪可被认为是IUGR仔猪，其存活率会降低。

以3个标准来描述IUGR的特征：①陡峭的海豚状前额；②凸出的眼睛；③垂直于嘴部的皱纹。如果仔猪具有2个或3个特征，

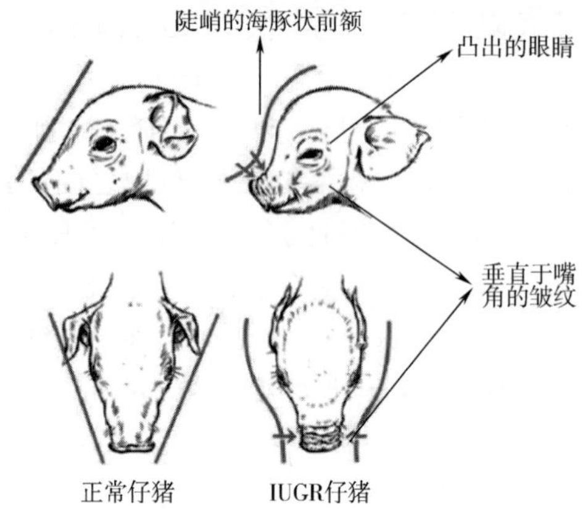

图 4-1 IUGR 仔猪头部态（Hales and Amdi，2014）

可被划分为严重的 IUGR（即“s-IUGR”），如果只有 1 个特征，则被划分为中度的 IUGR（即“m-IUGR”）。在其他研究中，这种相对头围的特征变化已通过其他测量方法量化，如出生体重与颅周比（Huting et al.，2018）。虽然 IUGR 仔猪出生体重与颅周比通常比同窝正常仔猪小，但这些头部形状特征在所有出生体重范围的仔猪身上都可以看到（图 4-2）。

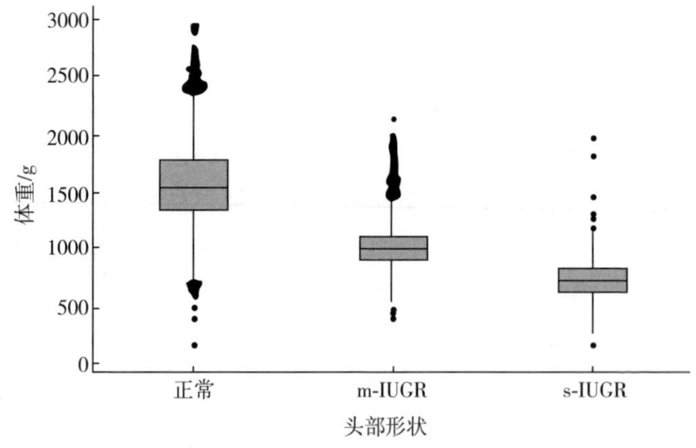

图 4-2 仔猪的出生体重分布按头部形状分为正常、中度 IUGR 或严重 IUGR
（数据来源于英国某农村未发表的数据）

(二) 猪宫内发育迟缓形成原因

IUGR是围产期各种复杂因素在胎儿上的集中表现。它的发病原因复杂繁多，尽管科学家们开展了大量多层次的研究工作，IUGR发生的深层机制仍然不明确，但是可以简单将其分成三个层面：母体的、胎盘的和胎儿的因素。研究表明：母体自身不合适的营养水平导致胎盘功能不足，从而引起的母体向胎儿的营养供应不足是造成IUGR的主要原因之一（Wu et al.，2006）。目前的育种和饲养管理技术能够有效提高猪的产仔数，然而Gootwine等（2006）认为：增加子宫内胚胎数目会导致子宫机能不全和胎儿初生重下降（Gootwine et al.，2006）。这意味着母体有限的子宫容量使单个胎儿的相对发育空间减少，而且不充足的营养储备无法满足更多胎儿的生长需要。胎儿宫内生长受限可能是母体在营养不足时的自我保护机制，但这种机制对于胎儿的成活和畜牧生产而言却是无益的。胎盘作为连接母体和胎儿的枢纽，构成母子之间的联系，使得母体营养可以传递给胎儿，而胎儿的代谢废物也可以通过母体排出。胎盘营养转运依赖于胎盘大小、形态（交换区表面积和组织厚度）、营养转运能力以及子宫和胎儿胎盘血流量。胎盘效率是决定胎儿初生体重和胎儿生长的重要因素。若胎盘不能达到足够大小，则无法为胎儿提供足够的营养物质（Brett et al.，2014）。胎儿因自身脏器功能缺失或有限宫内空间竞争获取来自胎盘运输的养分和氧气的能力降低也会造成IUGR的产生。

有研究指出：低出生体重仔猪胎盘氧化损伤增加，线粒体功能下降，血管生成受损，营养素转运蛋白水平下调（Hu et al.，2020）（图4-3）。此外，低初生重仔猪的胎盘ATP水平、柠檬酸合酶活性、mtDNA含量、线粒体复合体Ⅰ活性、血管密度均降低。且低体重仔猪胎盘中血管内皮钙黏蛋白、血管内皮生长因子A和血小板内皮细胞黏附分子-1在内的血管生成标志物的蛋白表达量降低。这些结果表明低出生体重新生儿的胎盘易受氧化应激、线粒体功能障碍和血管生成受损的威胁，弄清这些逻辑关系有助于减少低出生体重仔猪的发生（Hu et al.，2020）。葡萄糖和氨基酸是胎儿生长和胎盘发育的底物。Hu 等（2020）发现低初生重仔猪胎盘 GLUT1 和 GLUT3 的 mRNA 和蛋白丰度降低，说明胎盘葡萄糖转运减少与 IUGR 有关。氧化应激水平升高导致胎盘葡萄糖摄取减少和 GLUT1 表达减少（Lappas et al.，2012）。这会影响胎儿体内葡萄糖和氨基酸的代谢利用，包括细胞内蛋白质合成和抗氧化反应（Wu，2018）。但氧化应激水平对猪胎盘葡萄糖转运的影响尚需进一步研究。

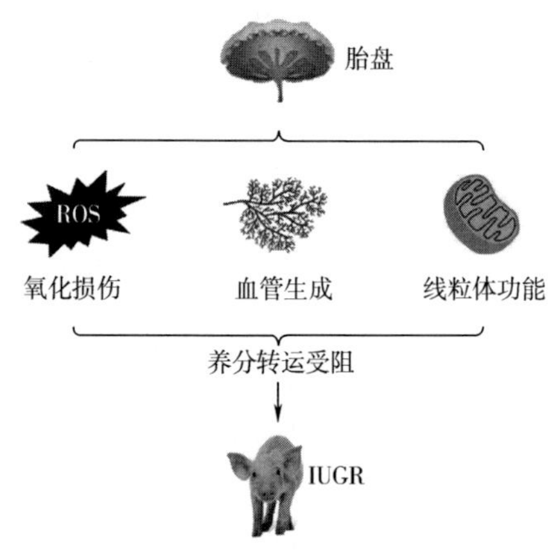

图 4-3　胎盘功能紊乱是形成 IUGR 的重要原因

（三）猪宫内发育迟缓发生比例

仔猪出生时平均体重的减少与窝仔数的增加有关，并伴随着窝内体重变异的增加，导致了低体重仔猪（＜1.0kg）比例的增加（Milligan et al.，2002；Quiniou et al.，2002）。Foxcroft（2008）量化了体重这一减少量，即在 4～18 只的一窝仔猪中，每头多出的仔猪会减少 38g。在法国高产母猪中，当产仔数由＜10 头增加到＞15 头时，平均出生重降低 500g（Boulot et al.，2008）。对法国畜群在 10 年内（1994—2004 年）的体重变化的分析还表明：当每窝仔猪数从＜10 到＞15 头变化时，变异系数从 15％增加到 24％（Quesnel et al.，2008），低出生体重的仔猪（＜1kg）比例从 3％

上升到15%。以上研究进一步报告：在一窝16头及以上的仔猪中，体重小于1.4kg的仔猪占50%，该体重的仔猪占2006年法国畜群出生仔猪的30%。数据显示（图4-4）：随着每窝仔猪数的进一步增加，低体重仔猪的比例不断增加。当使用形态学标准而不是出生体重判断仔猪是否成熟时，Chevaux等（2010）指出：在一个法国猪群中，未成熟仔猪占活产仔猪数的11%，而在老龄化母猪（>胎次5）生产中占25%。

在丹麦的研究中，Amdi等（2013）将619头仔猪中的68%归类为正常，25%归类为轻度IUGR，7%归类为重度IUGR，而Williams等（2015）的报告将307只仔猪中的59%归类为正常，37%归类为m-IUGR，4%归类为s-IUGR。在Matheson等（2018）的研究中，20991头仔猪中有11%被归类为m-IUGR，5%被归类为s-IUGR。从这些数字可以明显看出：迫切需要采取措施降低IUGR的流行率，并减轻出生时IUGR缺陷仔猪的生存和生长所受到的不利影响。

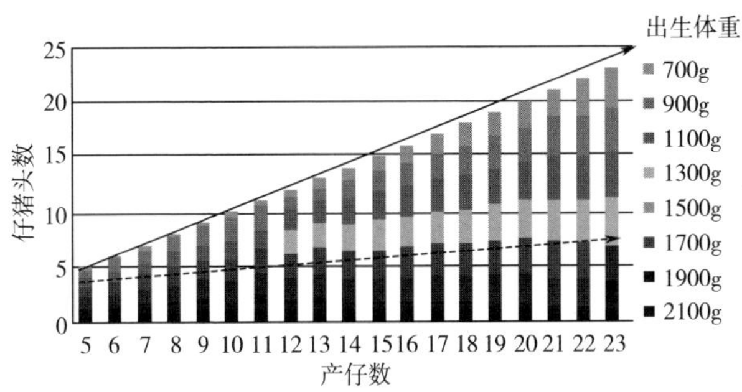

图4-4 窝产仔数对窝内出生体重分布的影响（见彩插）

（2011—2015年3113窝未发表数据）

二、宫内发育迟缓对猪生长发育的危害

（一）存活率

IUGR仔猪的活力较低（Baxter et al.，2008）、抗寒性较差

(Le Dividich et al., 1991)。当胎儿带着湿润的体液出生，进入一个温度通常比核心体温低 10～20℃的环境时，会迅速散热 (Pattison et al., 1990)。由于它们出生时储备的能量非常有限，所以这种负能量平衡只能维持很短一段时间，随后就会致命。出生时，s-IUGR 仔猪的肝糖原含量比 m-IUGR 仔猪和正常仔猪少 (Amdi et al., 2013)。随着直肠温度的下降，仔猪变得更加没有活力，除非来自初乳的能量能扭转这种情况，否则它们就会面临寒冷、饥饿以及压死的综合性死亡 (Baxter and Edwards, 2018)。对于有较大体型同胞的低出生体重仔猪来说，问题更大，因为这里的奶头竞争很不利于较弱的个体 (Hoy et al., 1994; Douglas et al., 2014)。低出生体重的仔猪哺乳时间更长 (Baxter et al., 2008)，s-IUGR 和 m-IUGR 仔猪在出生后 24h 内初乳摄入量均有所减少 (Amdi et al., 2013)。在该研究中，s-IUGR 仔猪的摄入量 (200g) 仅为先前证实的确保新生仔猪存活的需求量的一半 (Devillers et al., 2011; Quesnel et al., 2008)。因此，在出生后第 24 小时，s-IUGR 仔猪比正常和 m-IUGR 仔猪血糖水平低、乳酸水平高。正常仔猪血糖从 0～24h 升高，m-IUGR 仔猪血糖保持不变，而 s-IUGR 仔猪血糖下降。

在体重或形态上显示出 IUGR 特征的仔猪也表现出出生时成熟度下降的差异。对比同窝的正常生长仔猪的大脑，低出生体重仔猪的大脑中髓鞘和树突发育较少 (Dickerson et al., 1971)。这可能是导致 s-IUGR 仔猪活力值较低的原因 (Hales et al., 2013)。体重和生存之间的关系是确定的 (van der Lende and de Jager, 1991; Roehe and Kalm, 2000)。当出生时仔猪体重从 1.80kg 下降到 0.61kg，仔猪存活率从 95%下降到 15% (Quiniou et al., 2002)。最近定义的体重阈值为 1.1kg，低于阈值则仔猪处于危险状态 (Feldpausch et al., 2016; Jourquin et al., 2016)。体重本身以及 IUGR 的其他特征对生存率的影响尚不清楚。在较早的研究中发现：断奶前死亡率和属于正态分布一部分 SGA 的低体重仔猪相似，且都是统计离群值 (van de Lende and de Jaeger, 1991)。然而，有

研究表明：体型的其他指标如BMI和PI，可能是更重要的生存指标（Baxter et al.，2008；Hales et al.，2013）。Hales等（2013）发现：当两只仔猪体重相似时，BMI越高的仔猪存活的概率越大。他们还发现，与正常仔猪相比，出现IUGR头部形态的仔猪在出生后的头几天内死亡率较高（Hales et al.，2013）。Jourquin等（2016）基于对3个西班牙农场的2331头猪性能的记录，通过一个模型得出结论：体重每增加100g，其终身存活率就会提高2.6%。

（二）生长性能及繁殖性能

仔猪生长速率与仔猪初生重密切相关，低初生重仔猪的日增重要显著低于正常初生重仔猪的日增重。例如IUGR在哺乳期0～7d、0～21d和0～28d的日增重比正常初生重仔猪日增重分别低32%、23%和55%（Zhang et al.，2019）。IUGR猪除了在哺乳期生长速率低以外，断奶后的生长速率也显著低于正常初生重仔猪。数据表明：断奶当天至断奶后50d间，低初生重仔猪的日增重为183g/d，正常初生重仔猪的日增重为252g/d，正常初生重仔猪的日增重比低初生重仔猪高37.7%（Niu et al.，2019）。而且，低初生重仔猪第200天的体重也低于正常初生重仔猪（Li et al.，2015）。由此可见，IUGR影响了猪整个生长阶段的生长速率，极大地降低了养殖效益。

卵泡正常发育是产生受孕所需卵子的前提，卵子如果发育不成熟，会出现不孕的现象，即使受精，孕期也易出现流产、死胎等情况。IUGR可影响猪卵泡的发育。与正常初生重的母猪相比，IUGR的母猪含有更多的原始卵泡、较少的次级卵泡，说明低初生重可以降低卵泡的发育（Da Silva-Buttkus et al.，2003）。在羊上也发现：低初生重羊卵巢中含有较少的卵泡（Da Silva et al.，2002）。除了影响卵泡的发育外，IUGR还可影响其后代在子宫内的发育。数据显示：初生重低的母猪所产仔猪的IUGR率要显著高于初生重高的母猪（Ladinig et al.，2014），说明初生重低的母猪的繁殖性能要低于高初生重的母猪，这可能与IUGR母猪卵巢发育不完全有关（Da Silva-Buttkus et al.，2003）。以上结果也表明：选择初生重较高的母猪留作种猪，有利于母猪繁殖性能的发挥。

(三) 肠道发育与营养物质消化

肠道不仅是营养物质消化吸收的场所，还是抵御外来物质入侵动物机体的第一道屏障，其功能的完整是动物正常生长发育的前提。IUGR 猪的肠道的形态结构和生理功能发生改变。低初生重仔猪出生时，空肠肠道长度、重量、占体重的比例及绒毛高度比正常初生重仔猪分别低 31.5%、59.6%、33.1%和 20.7%，且此现象可存在于整个哺乳期（Wang et al.，2010），说明妊娠期胎猪肠道发育不良在后天较难得到改善，这可能是引起 IUGR 猪营养利用效率较低、生长受阻和健康状况低下的原因。最新的一项发表在权威杂志 *Nature* 上的研究表明胎儿肠道的细胞有发育为干细胞的潜力（Guiu et al.，2019），肠道干细胞驱动的快速自我更新对于修复和重建小肠黏膜上皮屏障和吸收功能具有决定性作用（Gehart and Clevers，2019），而在 IUGR 猪中，肠道细胞凋亡高于正常仔猪（Zhang et al.，2019），细胞生长增殖能力却低于正常仔猪，而且 IUGR 猪肠道中与调节肠道上皮细胞迁移和稳态的分子蛋白质含量也显著降低（Wang et al.，2018），说明低初生重仔猪肠道损伤的本质是来源于肠道细胞的功能紊乱。肠道内具有丰富的酶组成，参与营养物质消化等化学反应，IUGR 猪不仅肠道形态方面发育低于正常仔猪，肠道消化酶的活性也低于正常仔猪。饲料中的大营养物质需经过肠道中消化酶的作用，分解成小分子物质才可被肠道吸收，消化酶活性的降低说明 IUGR 猪对饲料消化的能力要低于正常仔猪（Michiels et al.，2013）。

(四) 肌肉发育

肌肉是机体最大的组织，可占猪整个体重的 50%（Hu et al.，2017），而 IUGR 猪肌肉重量要显著低于正常仔猪（Alvarenga et al.，2013）。IUGR 不仅仅只影响猪出生时肌肉的含量，还影响生长时期猪的肌肉含量，导致出栏时 IUGR 猪的肌肉含量要低于正常初生重仔猪，比如在 150 日龄屠宰时可观察到 IUGR 猪胴体总肌

肉重量为 43kg，而正常初生仔猪总肌肉重量为 48kg（Alvarenga et al.，2013）。肌肉组织主要由肌纤维组成，猪肌纤维在出生时就已确定，出生后肌肉的生长只能通过肥大来实现（Larzul et al.，1997）。肌纤维的面积和数量是影响动物出生后肌肉肥大的因素（Hu et al.，2018a）。低初生重仔猪出生时肌纤维的数量和横截面积小于正常初生重仔猪（Hu et al.，2020），而且在 150 日龄时肌纤维的数量也小于正常初生重仔猪（Alvarenga et al.，2013）。肌纤维主要分为Ⅰ型和Ⅱ型纤维，Ⅰ型纤维的横截面积要低于Ⅱ型纤维（Duan et al.，2017），IUGR 猪出生时Ⅰ型纤维比例要高于正常仔猪（Bauer et al.，2006），提示 IUGR 猪肌纤维横截面积低的原因可能是由于胎儿时期肌纤维类型组成比例异常，从而影响了出生后肌肉的肥大。在肌肉肥大的过程中，伴随蛋白质合成增加，而蛋白质合成与分解速度是决定肌肉中蛋白质含量的因素。以往的研究表明：IUGR 猪肌肉中与蛋白质合成相关的磷酸化哺乳动物雷帕霉素靶蛋白 p-mTOR 的表达水平降低，而与蛋白质降解相关的肌肉萎缩盒 *F* 基因的表达水平增加（Xu et al.，2016），说明 IUGR 降低了猪肌肉蛋白质的合成能力。

（五）肉品质

低初生重可以影响猪肉品质。IUGR 猪屠宰后 1h 和 24h 背最长肌 pH 要显著低于正常仔猪，屠宰后 24h 背最长肌肉色 *L* 值和 *C* 值要高于正常仔猪（Li et al.，2015）。然而也有研究表明：IUGR 不会影响屠宰后肌肉肉色和 pH（Zhang et al.，2020），结果的差异可能是由于屠宰体重不同导致的。有研究也发现：IUGR 猪在第 160 天屠宰时背最长肌系水能力显著下降（Zhang et al.，2018b）。低初生重仔猪肌纤维的数量要低于正常仔猪，Ⅰ型纤维比例高于正常仔猪（Hu et al.，2020），而肌纤维数量降低会促使脂肪在肌肉中沉积（Rehfeldt and Kuhn，2006），氧化型肌纤维（Ⅰ和Ⅱa 型）含量则与肌内脂肪含量呈正相关（Joo et al.，2017），而 IUGR 猪背最长肌的肌内脂肪和甘油三酯含量也显著高于正常仔猪（Li et al.，2015）。低初生重仔猪肌肉蛋白质合成能力较弱，肌肉中的氨基酸更多地被用于脂肪酸的合成（Wang et al.，2018），所以也不难理解为何 IUGR 猪出现肌肉脂肪增加的现象。在另外一项研究中的结果表明肌纤维的状态，如肌肉退化，会加剧脂肪在肌肉中的沉积（Hosoyama et al.，2009），尽管目前尚没有研究比较正常初生重和 IUGR 猪肌纤维的状态，但目前知道的是：IUGR 猪肌肉发育状况要低于正常仔猪肌肉（Wang et al.，2018）。根据上述研究结果，推测 IUGR 猪肌肉发育程度低可能是引起脂肪在肌肉中沉积的一个因素。

第二节　胎盘结构及其功能对猪宫内发育迟缓的作用

一、胎盘结构

胎盘作为连接母体和胎儿的枢纽，构成了母子之间的联系，使得母体营养可以传递给胎儿，而胎儿的代谢废物也可以通过母体排出。因此，了解猪胎盘的形态结构，对于通过调控胎盘生长来改善猪的产仔数和胎儿生长发育至关重要。根据组织学，真兽类哺乳动物胎盘目前可分为上皮绒毛膜型（epitheliochorial）、合体上皮绒毛膜型（synepitheliochorial）、内皮绒毛型（endotheliochorial）和血绒膜型（haemochorial）胎盘。猪胎盘是典型的弥散上皮绒毛膜器官，外周顶端萎缩，无侵袭性，既没有胎儿组织侵入母体子宫内膜，也没有发生子宫内膜蜕膜化（Enders and Blankenship，1999）。另外，胎盘母体侧和胎儿侧的微绒毛并列交错，母体和胎儿组织（半胎盘）间有明显的区别。同时，母体和胎儿血液被六个组织层分开［图 4-5（A）］，形成一个坚固的屏障，甚至可以阻止母体抗体在妊娠期间通过胎儿（Sterzl et al.，1966）。由于没有发生侵袭性，胎盘/胚胎的发育很大程度上依赖于子宫乳（uterine milk）或胚胎营养质（乳晕）。猪胎盘中，几乎整个尿囊膜表面（胎

膜由融合的尿囊膜和绒毛膜组成）参与胎盘的形成［图 4-5（B）］。有趣的是，虽然有蹄类胎盘是上皮绒毛膜型，但某些范围的胎盘屏障比有内皮绒毛型胎盘（在这种类型的胎盘中，胎盘下面的子宫内膜上皮不能成功植入，胎儿绒毛上皮细胞与母体内皮细胞接触）的肉食动物的要薄（Beck，1977）。虽然上皮绒毛膜胎盘是多层的，但胎儿毛细血管通过母体毛细血管缩进子宫上皮，在滋养层储存，从而使胎儿和母体血液间的距离最小（Wooding and Fowden，2010；Carter and Enders，2013）。猪的各胚胎间不通过同一胎盘来共享血液供应，这能帮助他们保持彼此的独立性。上皮绒毛膜胎盘的另一重要优点是胎盘在分娩时脱落，这对子宫的伤害最小，可能会促进产后子宫的容受性，例如猪和马的胎盘（Carter and Enders，2013）。

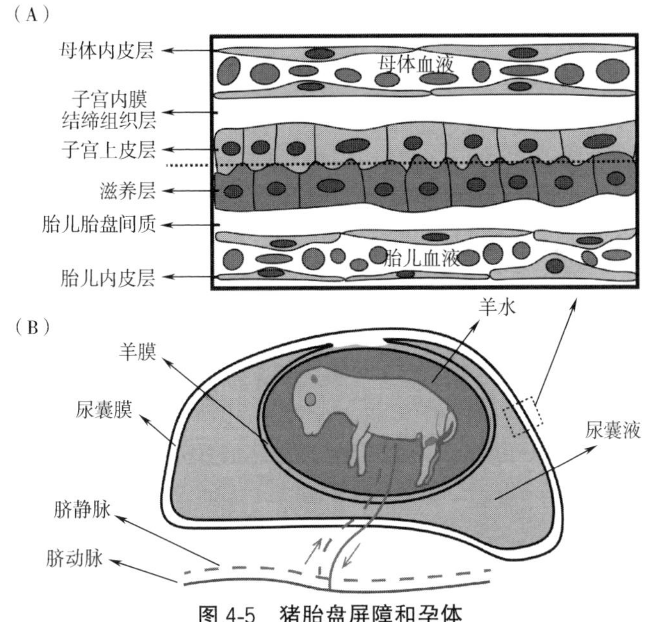

图 4-5 猪胎盘屏障和孕体

［猪胎盘屏障（A）和孕体（B）在子宫角内的模型示意。注意尿囊膜支持猪的胎盘上皮细胞的血管组分。羊膜充满羊水，滋养胚胎/胎儿，使其发育对称，而不会黏附在其他组织上］

二、胎盘功能

（一）物质转运与交换

母体通过胎盘向胎儿转运营养物质的种类和数量对胎儿的生长发育至关重要，胎儿排出代谢废物，也要依靠胎盘在母胎之间的联系。因此，胎盘的发育与胎儿的生长密切相关（Xia et al.，2019）。胎儿生长在很大程度上取决于母体循环中营养素的可用性以及这些营养素通过胎盘转运到胎儿循环中的能力（李莹，2010）。氧气是胎儿生存最主要的物质，通过简单扩散由母体传送到胎儿，满足胎儿体内的氧气需要；葡萄糖、氨基酸、游离脂肪酸和胆固醇是胎儿正常生长所必需的大量营养素，通过主动运输，由特定的转运体穿过合体滋养层向胎儿输送营养素（张莉莉等，2017）。胎儿经胎盘血液循环将CO_2、尿素、尿酸和肌酸等废物转运到母体，最终由母体排出体外（李绮琪等，2020）。

（二）母胎循环屏障

母胎循环屏障（又称胎盘屏障）由滋养层、毛细血管内皮和两者间的基膜构成，其中滋养层是胎盘屏障的重要组成部分，位于胎盘屏障最外层。母胎循环屏障在妊娠识别、子宫壁侵入、胎盘形成、胎儿营养物质与废物的运输、代谢以及母体免疫等各个方面都起到重要作用，各种营养物质、病毒、激素以及药物需通过胎盘屏障才能由母体进入胎儿（Perazzolo et al.，2016；董书圣等，2017；施魁等，2019）。此外，胎盘屏障可以选择性地允许母体免疫球蛋白（immunoglobulin G，IgG）进入胎儿血液，使胎儿拥有被动免疫力（韩思杨等，2019）。

（三）内分泌功能

胎盘有内分泌功能，可以合成调节母体生理的物质，主要有激素和酶（Bauer et al.，1998）。这些激素影响母体的大多数组织和器官，有效调节母体生理，诱导母体识别妊娠，延长黄体寿命，防止卵巢周期结束，以维持妊娠；还能调动营养物质，促进分娩和泌

乳。一些胎盘激素也会被释放到胎儿循环中，调节胎儿的生长、发育和出生时间（Quesnel et al.，2008）。此外，胎盘产生的某些激素，如胎盘催乳素，可促进母体出现胰岛素抵抗，从而增加胎儿的葡萄糖利用率（Boulot et al.，2008）（表 4-1）。

表 4-1 胎盘分泌的激素及其作用（Costa.，2016）

激素	类型	主要来源	功能
孕酮	甾体类激素	合体滋养层细胞	①抑制滋养层细胞侵入，促进滋养层细胞迁移；②胚胎植入；③子宫镇定；④抑制绒毛膜促性腺激素释放；⑤抑制 HCG 和瘦素合成
雌二醇	甾体类激素	合体滋养层细胞	①促进血管生成；②胚胎植入；③调控子宫胎盘血液流动；④促进胎盘 Lepin 的合成；⑤促进子宫收缩，诱导分娩
催乳素	多肽激素	合体滋养层细胞绒毛外滋养层	①提高胎儿胰岛素和 IGF-1 的合成；②促进脂肪分解，提高游离脂肪含量；③降低胎盘瘦素合成
促性腺激素释放激素	多肽激素	合体滋养层细胞绒毛外滋养层	①营养黄体；②维持早孕
人绒毛膜促性腺激素	糖蛋白类激素	合体滋养层细胞	①调控血管生成；②促进滋养层细胞侵入；③促进滋养层细胞合体化；④促进黄体分泌孕酮；⑤营养黄体
促肾上腺皮质激素释放激素	多肽激素	合体滋养层细胞	①促进血管扩张；②与前列腺素、催产素、皮质激素和雌激素等多种内分泌激素相互作用，形成分娩启动的正反馈环
瘦素	脂肪因子	合体滋养层细胞绒毛外滋养层	①促进滋养层细胞增殖，抑制凋亡；②促进滋养层细胞侵入；③降低胎盘生长激素、孕酮和雌二醇的分泌；④血管生成；⑤胚胎植入；⑥子宫镇静

续表

激素	类型	主要来源	功能
脂联素	脂肪因子	合体滋养层细胞	①抑制滋养层细胞增殖；②促进滋养层细胞合体化；③促进滋养层细胞侵入；④调控血管生成；⑤降低胎盘胰岛素信号；⑥促炎细胞因子和前列腺素
表皮生长因子	脂肪因子	合体滋养层细胞	调控滋养层细胞的增殖、分化、激素合成与分泌、侵袭和迁移
激活素 A	脂肪因子	合体滋养层细胞	①促进滋养层细胞侵入；②促进滋养层细胞的增殖；③促进孕酮和绒毛膜促性腺激素分泌；④蜕膜化和子宫内膜容受性
神经肽-Y	多肽激素	合体滋养层细胞	①抑制滋养层细胞侵入；②促进滋养层细胞的增殖；③抑制血管再生；④调节血管收缩
抵抗素	脂肪因子	合体滋养层细胞 绒毛外滋养层	①促进滋养层细胞入侵；②可能促进 GLUT-1 的表达和提高葡萄糖摄入；③促进血管生成

第三节　胎盘糖代谢对猪宫内发育迟缓的调控作用

一、葡萄糖代谢对猪宫内发育迟缓的调控作用

（一）葡萄糖是胎猪和胎盘发育的重要能源底物

碳水化合物作为胎猪能量底物，占总营养物质的 75%；其中葡萄糖占 35%～40%，乳酸占 25%～30%（Père et al.，1995）。利用动静脉插管技术发现：相对于乳酸和果糖等其他能量物质，子

宫和胎猪脐带动静脉血中葡萄糖浓度差是最高的（Père et al.，2000）。由此可见，葡萄糖是胎儿主要的能量来源，葡萄糖的供应与摄取对胎儿尤为重要（Père et al.，2003）。

研究证实：为了满足胎儿对葡萄糖最大化的摄取和利用，促进胎儿的生长发育，需要同时满足以下条件：升高母体葡萄糖浓度，维持母胎葡萄糖浓度差；提高胎盘中葡萄糖的转运效率；促进胎儿胰岛素分泌，增加组织对葡萄糖的利用。其中，妊娠后期胎盘对葡萄糖的转运效率在促进胎儿葡萄糖的摄取和利用中起决定性作用（Hay et al.，2006；Wu et al.，2017）。在未改善胎盘葡萄糖转运效率的前提下，增加妊娠母体葡萄糖浓度将导致胰岛素抵抗；反之则会改善母体胰岛素敏感性。因此胎盘对葡萄糖的利用和转运是母胎糖代谢的枢纽，对仔猪宫内发育起着关键性调控作用。

（二）胎盘葡萄糖转运及其对宫内发育迟缓的影响

在哺乳动物细胞中，葡萄糖跨细胞膜进行继发性主动运输和协助扩散，转运过程通过钠-葡萄糖协同转运蛋白（sodium glucose transporters，SGLTs）和葡萄糖转运蛋白（glucose transporter，GLUTs）完成。哺乳动物细胞体内葡萄糖稳态主要由 GLUT 家族的 14 种亚型成员维持（Augustin，2010）。根据 GLUT 结构的序列同源性将 14 种亚型划分为三种亚类（Augustin，2010），其中Ⅰ亚类中 GLUT-1、GLUT-3 和 GLUT-4 为胎盘内重要的转运蛋白（Stanirowski et al.，2019），可以将葡萄糖由母体侧转运至胎儿细胞内，这三种转运蛋白对母体营养环境的变化极为敏感，且表达量如有异常将影响机体内葡萄糖稳态（Deng et al.，2016）。既往研究结果表明：GLUT-1 在合体滋养层和基底侧均有表达，并呈现不均匀分布：在合体滋养层中的发生率是基底膜的三倍；GLUT-1 是足月胎盘中重要的葡萄糖转运载体，也是跨合体滋养层葡萄糖转运的限速步骤，负责母体与胎盘之间葡萄糖的转运（Augustin，2010；Zeng et al.，2017）。GLUT-3 主要活跃在胎盘滋养细胞和合体细胞的细胞膜和细胞质内，以确保葡萄糖从胎盘向脐静脉转运（Bell and Ehrhardt，2002；Illsley et al.，2018）。GLUT-4 是唯一

一种在合体滋养细胞的胎面基底质膜上表达的葡萄糖转运蛋白（James-Allan et al.，2019），主要在对胰岛素相对敏感的组织中表达，是葡萄糖移出循环系统的主要转运体；细胞内GLUT-4总量是维持葡萄糖稳态的重要因素。研究显示，糖尿病孕妇胎盘组织中GLUT-3和GLUT-4均显著下调（Hay et al.，2006；Feng et al.，2018）。在绵羊的研究中表明：IUGR胎儿肝脏的葡萄糖输出量没有改变，但胎盘对葡萄糖的吸收速率仅是正常胎儿的1/3（Limesand et al.，2007）。综上可知，在胎盘营养物质转运中，GLUT-1、GLUT-3和GLUT-4三种转运蛋白必不可少。

IUGR胎儿常表现为子宫内低血糖，Magnusson等（2004）认为胎儿低血糖可能是造成IUGR的主要原因之一。且与正常胎儿相比，IUGR胎盘的葡萄糖消耗量倍增（Challis et al.，2000）；在妊娠期GLUT-4的表达随着胎儿对营养需求的增加而增加，以支持胎儿的快速生长（James-Allan et al.，2019）。所以由GLUT数量变化引起的葡萄糖消耗量的改变很可能导致仔猪宫内发育迟缓。由于子宫容量不变，母猪产仔量增加导致母猪子宫内胎盘密度变大，可推测仔猪宫内发育迟缓很有可能是由于胎盘体积变小，导致胎盘内GLUT数量与正常初生重仔猪相比减少或密度降低（Magnusson et al.，2004），致使葡萄糖转运效率下降，最终导致葡萄糖消耗下降（Illsley et al.，2018）。同时仔猪葡萄糖利用率不变（Limesand et al.，2007），母体胎盘可利用葡萄糖并不能满足仔猪的营养需求，使得胎儿血糖低而营养不足，初生重低于平均重。而Jasson等（1993）通过对比实验推测IUGR中胎儿低血糖不太可能是由胎盘GLUT密度降低所致。所以GLUT数量减少很有可能是导致仔猪IUGR的原因之一。

（三）胎盘葡萄糖稳态的信号调控通路

胰岛素调节葡萄糖稳态是通过与靶细胞膜上的特异性受体结合而启动的。胰岛素受体具有高度的特异性，且分布非常广泛。孕妇胎盘组织中存在胰岛素信号通路传导需要的物质基础（Zhang et al.，2016）。胰岛素信号传导通路中，一是通过胰岛素受体底物

蛋白激活磷脂酰肌醇 3-激酶（phosphoinositide 3-kinase，PI3K）途径，二是通过 Grb2/SOS 和 RAS 蛋白活化丝裂原激活蛋白激酶（mitogen-activated protein kinases，MAPK）途径。前者主要与胰岛素的代谢效率有关，后者主要调控胰岛素的基因转录，促进细胞生长、增殖，同时也参与代谢调节（Yao et al.，2014；Carter et al.，2013）。研究表明，在胰岛素抵抗状态下，胰岛素刺激引起的 PI3K 信号转导途径作用下降，MAPK 介导的信号传导作用则正常（Yu et al.，2011）。

胎盘组织胰岛素受体底物蛋白激活 PI3K-AKT 信号通路中，除经典的胰岛素/胰岛素受体信号外，还受瘦素受体及炎症信号通路的调控（Kim，2012；Pérez-Pérez et al.，2015）（图 4-6）。上游信号分子使胰岛素受体底物（insulin receptor substrate，IRS）酪氨酸位点磷酸化后进一步激活 PI3K。激活后的 PI3K 可以催化 4，5-二磷酸磷脂酰肌醇（phosphatidylinosital 4，5-bisphosphate，PIP2）生产 PIP3，进而激活 AKT，活化的 AKT 既可促使 GLUT 从囊泡向外膜转移，实现对葡萄糖的摄取和转运，又可调节 FoxO1，从而抑制糖异生关键基因（丙酮酸羧激酶（phosphoenol-pyruvate carboxykinase，PEPCK）和葡萄糖-6-磷酸酶（glucose-6-phosphatase，G6Pase））的表达（Lain and Catalano，2007；Kamagate and Dong，2008；Zhang et al.，2017）。信号通路中任意一个信号分子或环节发生异常均可导致胰岛素抵抗，从而出现葡萄糖代谢紊乱。

胎盘是胚胎发育过程中，由胚胎滋养层组织和母体子宫蜕膜组成的临时性器官，借此建立了母体-胎儿交互式循环，胎儿依靠胎盘从母体吸收营养维持其正常活动和生长发育需要（Cross，2005）。猪与单胎动物的胎盘结构和宫内环境不同，猪胎盘属于上皮绒毛膜胎盘，其中滋养层细胞是实现母猪-胎儿之间物质交换的关键位点（Patel et al.，2007）。由此可见，尽管 PI3K/AKT 信号通路是调控肝脏、肌肉和脂肪组织葡萄糖稳态的重要分子机制，但猪原代胎盘滋养层细胞葡萄糖稳态的调控机制还有待于进一步确

认，且造成不同类型胎盘 PI3K/AKT 信号通路活性差异的原因也有待深入研究和解析。

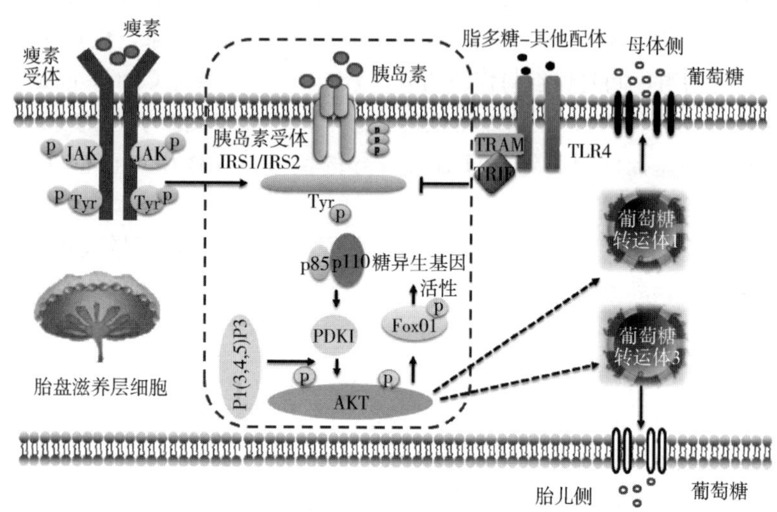

图 4-6　胰岛素受体信号通路对胎盘葡萄糖稳态的调控

二、磷酸戊糖代谢对猪宫内发育迟缓的调控作用

IUGR 胎儿的胎盘与正常胎儿的胎盘相比较，糖代谢和氧化还原平衡相关蛋白的表达差异较大。而联系糖代谢和氧化还原平衡最重要的代谢通路是磷酸戊糖途径（pentose phosphate pathway，PPP）。

PPP 是生物体内葡萄糖分解的一种机制，该途径将葡萄糖代谢与还原型烟酰胺腺嘌呤二核苷酸（nicotinamide adenine dinucleotide phosphate，NADPH）的产生和核苷酸前体合成相联系。葡萄糖进入细胞后，首先被己糖激酶磷酸化生成 6-磷酸葡萄糖（glucose-6-phosphate，G6P）。G6P 可以通过糖酵解途径产生 ATP 及其他中间代谢产物，也可以通过 PPP 进行代谢。PPP 途径能够为核酸合成提供戊糖并为生物合成提供 NADPH，后者在消除细胞活

性氧与还原生物合成中起关键作用（在氧化应激过程中）。因此，PPP的适应性改变直接关系到细胞的增殖和存活（张梦雅等，2017）。PPP有三个重要功能：以NADPH形式产生还原性等价物；生成核苷酸生物合成所必需的戊糖磷酸盐；以及作为戊糖进入糖酵解途径（Özer et al.，2001）。猪胎盘在妊娠期间面临着高强度的生长、发育和分化，需要由PPP产生的NADPH和五碳糖，为高速生长的细胞提供合成底物。

PPP是联系糖代谢和氧化还原平衡的重要纽带。研究表明氧化性和非氧化性PPP中的代谢路径在稳定氧化还原平衡和清除活性氧方面具有重要的生理作用（Kuehne et al.，2015）。若胎儿胎盘的PPP紊乱，会影响其氧化应激状态，扰乱胎盘组织的氧化还原，阻碍葡萄糖转变为NADPH和五碳糖，无法为胎儿提供生长发育所需的能量底物。反之，在氧化应激情况下，糖酵解通过激活G6PD，转变为氧化PPP和嘌呤代谢，使氧化PPP中的糖磷酸盐通量最大化，再潜在地通过多次循环，从而立即产生NADPH，为胎儿提供生长发育所需的能量底物（Kuehne et al.，2015）。相关研究表明，猪滋养层中存在较高的磷酸戊糖循环活性，大约10%～20%的葡萄糖通过PPP合成核糖及ATP。人足月滋养层和足月绒毛组织中的滋养细胞的戊糖循环活动，都是葡萄糖代谢的次要组成部分（Wamelink et al.，2008）。滋养层是胎盘发育的重要细胞。滋养层包括合体滋养层细胞和细胞滋养层细胞两种，二者构成绒毛结构，运输营养物质给胎儿，所以滋养层更是母胎物质交换的重要组成部分（黄今和马海英，2015）。因此，若胎儿胎盘的PPP紊乱，则会对胎盘滋养层细胞中活性较高的PPP产生不良影响，这将阻碍母体营养向胎儿的输送。上述情况都会阻碍胎儿的营养吸收，使其吸收的营养无法满足自身生长发育的需要，导致部分胎儿宫内发育迟缓。

在啮齿动物和人体内，植入的囊胚将侵入子宫内膜和子宫基质细胞，并经历蜕膜化过程（Fu et al.，2019）。适当的胚胎植入是妊娠成功的关键因素，这个过程取决于胚胎和子宫内膜的联系程度。在成功的胚胎植入中，子宫内膜上皮细胞和滋养层细胞上的胚泡持续侵入，直到胚泡到达子宫内膜基质（endometrial stroma cells，ESC），将胚胎牢固地锚定在子宫壁中。蜕膜化过程是指人子宫内膜在妊娠期蜕膜形成的过程，以及排卵后重塑的过程（李慧等，2017）。蜕膜化减少使胚胎植入不完全，从而导致妊娠丢失。有研究报道，PPP 是决定体内 ESC 蜕膜化程度的必需途径，阻断 PPP 就会导致体内蜕膜化减少（Frolova et al.，2011）。人原发性 ESCs 的蜕膜化促进葡萄糖转运蛋白 GLUT1 的表达、葡萄糖摄取以及通过戊糖磷酸途径对葡萄糖的利用显著增加（Tsai et al.，2013）。胎盘中 PPP 发生紊乱，引起蜕膜化减少，使胚胎植入不完全，易导致胎儿无法正常吸收胎盘中葡萄糖等营养素，进而产生 IUGR 仔猪。

三、果糖代谢对仔猪宫内发育迟缓的调控作用

果糖是胎儿血液、尿囊液和羊水中主要的糖类物质（Kim et al.，2012），并不是新生仔猪的能量物质。胎儿血液中的果糖并不是母体血液中的果糖，而是由母体血液中的葡萄糖通过胎盘转化而来的，并且胎盘能否连续产生果糖与母体或胎儿中的葡萄糖浓度大小无关（Kim et al.，2012）。此外，由于果糖在体内不能转化为葡萄糖，所以这两种血糖不会相互转化（Bazer et al.，2018）。果糖代谢的独特性可能在于：果糖是由胎盘产生的，并且果糖会被隔离在胎儿血液和胎儿体液中，通过己糖胺途径与谷氨酰胺一起代谢。这一途径可以合成糖胺聚糖，如透明质酸，对细胞功能和组织功能的发挥至关重要。孕酮可以刺激猪子宫腔透明质酸和透明质酸酶的分泌，透明质酸和透明质酸酶在孕酮作用下可能刺激胎盘的血管生成及胎盘的形态生成和组织重塑（Bazer et al.，2018）。脐带是一个含有大量透明质酸的支持结构。透明质酸在大多数哺乳动物的胎盘中积累，主要分布在脐带，但也有少量分布在胎盘血管中（Bazer et al.，2018）。胎盘血管生成完好对胚胎发育是至关重要的，果糖在胎儿血液和胎儿体液中通过己糖胺途径与谷氨酰胺一起合成透

明质酸，该物质在血管生成和细胞功能的发挥中起重要作用，尤其是在妊娠早期的胎盘中（Kim et al.，2012）。

果糖和葡萄糖均可通过刺激 mTOR 信号传导途径，诱导胎盘滋养层细胞增殖。mTOR 是滋养层信号通路的关键组成部分，整合来自营养素和生长因子的促有丝分裂信号，以调节滋养层的增殖。葡糖胺作为营养信号激活 mTOR 诱导滋养层增殖，且葡糖胺诱导的滋养层增殖的程度远大于葡萄糖。而葡糖胺是由果糖通过已糖胺生物合成途径中的谷氨酰胺-果糖-6-磷酸转氨酶 1 代谢生成的，并刺激 mTOR 细胞信号传导途径以增加滋养层的增殖和 mRNA 翻译（Kim et al.，2012；Bazer et al.，2018）。因此，果糖通过激活 mTOR 细胞信号通路，刺激滋养层增殖，且与葡萄糖相比，果糖诱导滋养层增殖的倍数更多（Kim et al.，2012）。Asghar 等（2016）的研究表明，高果糖喂养的小鼠与正常喂养的小鼠相比，胎盘中尿酸的含量显著升高。过量的果糖通过增加腺苷脱氨酶（AMP deaminase，AMPD）和黄嘌呤氧化酶活性诱导胎盘中尿酸的产生。此外，由于尿酸酶在肝脏中表达，在胎盘中表达缺乏，摄入过量果糖将在胎盘中累积大量尿酸（Asghar et al.，2016）。当细胞外的尿酸过多时，一方面会导致氧化应激和细胞功能失调；另一方面会导致新生脂肪增加，从而引起脂肪毒性，导致氧化应激和炎症（Asghar et al.，2016）。氧化应激相关指标在胎儿发育迟缓的孕妇血清及胎盘滋养层中高度表达。氧化应激会导致胎盘滋养层显著凋亡老化，进而对滋养细胞的合体化、向浸润方向的分化和子宫螺旋动脉重塑产生影响，使胎盘缺氧状态加剧，形成恶性循环，从而导致胎盘氧化损伤，胎盘效率降低（国林林等，2019）。高果糖喂养的小鼠胎盘中甘油三酯含量显著高于正常喂养的小鼠，细胞中甘油三酯的积累会导致氧化应激（Aon et al.，2014）。果糖可以依赖尿酸在肝细胞中进行脂质的积累，而过多的脂质沉积会使胎盘处于脂质毒性环境中，从而引起胎盘抗氧化能力降低，胎盘氧化应激和炎症反应增强，这些情况的出现均不利于胎儿的生长（Saben et al.，2014；徐涛等，2017）。结合 Asghar 等（2016）的研究可知，过多的果糖会导致胎盘出现氧化应激和脂质沉积的现象，导致胎盘效率降低，从而对胎儿的生长发育产生不良影响。

就胎盘结构而言，高果糖饲喂母鼠所生的小鼠与正常饲养母鼠所生的小鼠相比较，小鼠体重较轻、平均胎盘重较重，所以高果糖喂养小鼠的胎儿与胎重量比显著下降。有些学者建议将胎儿与胎重量比作为衡量胎盘效率的广泛指标（Vallet et al.，2015）。而且高果糖喂养小鼠的胎盘直径较大，且母源性蜕膜面积增大，迷路层（主要负责母胎交换）面积减小。由此推测：过量的果糖会阻碍母胎物质交换、降低胎盘效率，从而导致 IUGR（Asghar et al.，2016）。综上所述，果糖在滋养层增殖、血管生成和细胞功能的发挥中起重要作用，适当的果糖将有利于胎儿的代谢活动和生长发育。而过量的果糖会引起胎盘氧化应激和脂质沉积，阻碍胎儿和母体之间物质交换，胎盘效率降低，导致仔猪 IUGR。

第四节　高能饲喂加剧胎盘氧化应激并损伤血管生成致仔猪初生重降低

一、高能饲喂加剧胎盘氧化应激和损伤血管生成

母猪分娩时背膘过厚会加剧胎盘氧化应激（Mele et al.，2014）。IUGR 猪的胎盘中，氧化应激明显增加，这表明氧化应激可能导致出生体重降低（Mert et al.，2012；Wu et al.，2016）。然而，这种联系的分子机制仍然不清楚。在猪中，分娩时背膘过厚的母猪 IUGR 发生率很高（Gonzalez et al.，2017；Zhou et al.，2018）。Hu 等（2019）研究发现，妊娠期饲喂高能量饲料的母猪在妊娠第 110 天的背膘厚度、体重指数和体重，以及在分娩日的血清甘油三酯、葡萄糖和胰岛素均显著增加，表明高能组的母猪比其他组的母猪在分娩时脂肪沉积更高。氧化应激被认为是自由基产生与抗氧化防御系统清除自由基能力之间的不平衡。该研究结果证

实，母猪分娩时背膘过厚会导致胎盘内氧化应激增加，胎盘活性氧（reactive oxygen species，ROS）水平升高（Hu et al.，2019），这与先前的研究一致，即母猪肥胖会增加胎盘 ROS 水平（Mele et al.，2014）。过量的 ROS 积累主要通过脂质和蛋白质过氧化反应对脂质和蛋白质造成氧化损伤（Zhou et al.，2018）。胎盘中丙二醛、蛋白羰基和线粒体 4-羟基酮（mitochondrial 4-hydroxynonena，4-HNE）的含量增加，表明肥胖母猪胎盘中的脂质和蛋白过氧化作用越大，这与 ROS 含量的增加是一致的（图 4-7）。此外，高能组还显示内质网应激标记物（glucose-regulated protein 78，GRP78）和（activating transcription factor 6，ATF6）的 mRNA 和蛋白表达水平增加（图 4-7）。这些结果进一步证实，来自肥胖母猪的胎盘受到更高的氧化应激。胎盘氧化应激增加与宫内生长受限的发生有关（Takagi et al.，2004），在该研究中，高能组的出生体重较小。此外，母猪肥胖会导致过量脂肪酸在胎盘中积聚，导致胎盘环境脂质中毒。脂肪毒性能够影响胎盘功能，提示过量脂肪酸的积累可能与母亲肥胖和胎盘相关的不良妊娠有关。先前的一项研究表明，升高的游离脂肪酸可以刺激 ROS 的产生（Furukawa et al.，2004）。因此，在肥胖母猪的胎盘中观察到过量的 ROS 生成并不奇怪。

ROS 的形成是分子氧单电子还原的第一步。呼吸链中的线粒体复合物Ⅰ（complexⅠ）和复合物Ⅲ（complex Ⅲ）被认为是主要的 ROS 生成位点，4%的氧可还原为超氧阴离子并产生氧化应激（Nishikawa et al.，2007）。大多数自由基氧化物是由复合物Ⅰ产生的，线粒体复合物Ⅰ的缺乏导致超氧化物自由基的产生增加（Pitkanen and Robinson，1996）。肥胖母猪胎盘复合体Ⅰ和Ⅲ的活性最低，提示线粒体功能可能随着母体肥胖的增加而受损（Hu et al.，2019）。ROS 也被证明是通过 NADPH 氧化酶［nicotinamide adenine dinucleotide phosphate（NADPH）oxidase，NOX）］激活产生的（Furukawa et al.，2004）。NOX2 和 NOX4 是吞噬细胞 NADPH 氧化酶的主要催化亚基和细胞色素亚基（Bedard ETAL.，

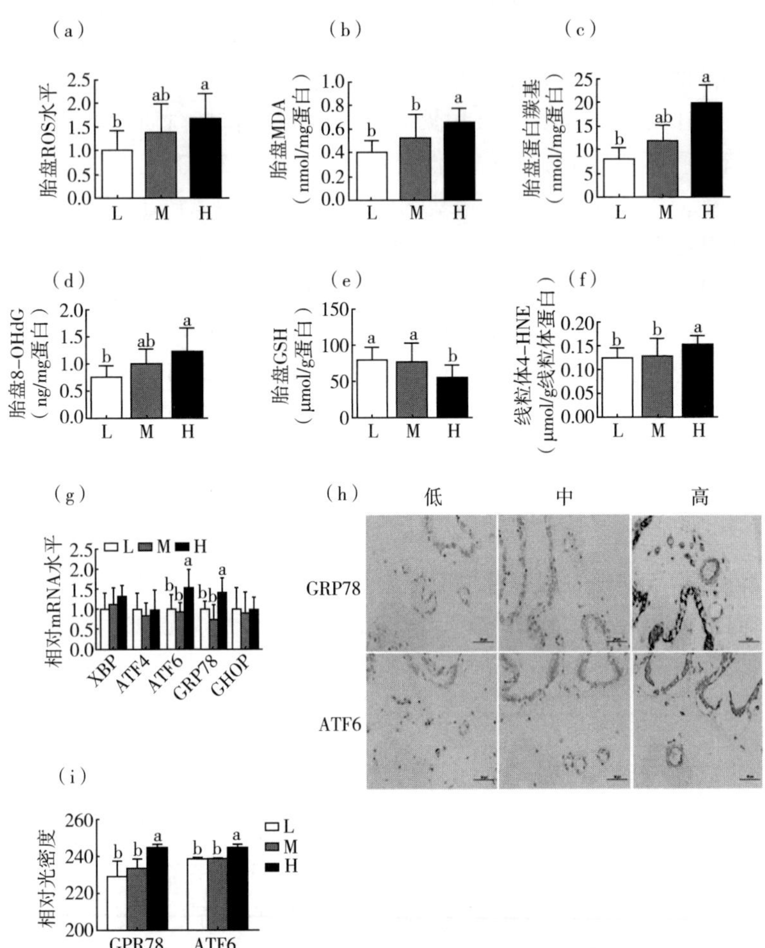

图 4-7 母猪高能饲喂加剧胎盘氧化应激水平 (Hu et al., 2019)

[胎盘 ROS (a)、MDA (b)、蛋白羰基 (c)、8-OHdG (d)、GSH (e) 和线粒体 4-HNE (f) 水平；(g) 内质网应激标志物的 mRNA 表达水平；(h)、(i) 分别为胎盘的 ATF6 和 GRP78 的免疫组化图（放大 400 倍，bar＝50μm）。数值为平均值±标准差 (＝8～11)；不同字母表示有显著性差异 ($P<0.05$)；H、M、L 分别为母猪饲喂高能量 (DE＝13：42MJ/kg)、中能量 (DE＝12：41MJ/kg) 和低能量日粮 (DE＝11：50MJ/kg)]

2007；Hernandes et al.，2014）。需要提醒的是，高能量日粮组的母猪胎盘中的 NOX2 的 mRNA 和蛋白质含量增加，而 NOX4 的 mRNA 和蛋白质含量没有明显变化。胎盘中 NOX2 的 mRNA 表达高于 NOX4，提示 NOX2 是胎盘 NADPH 氧化酶的主要亚型。抑制或缺失 NOX2 可防止氧化应激和线粒体异常（Parajuli et al.，2014）。

Hu 等（2021）以广东小耳花猪为模型，阐明了信号传导及转录激活因子 3（signal transducer and activator of transcription 3，STAT3）介导 NOX2 调控血管内皮生长因子 A（vascular endothelial growth factor A，VEGF-A）表达对胎盘血管新生的作用机制，率先解析了不同仔猪体重差异形成机制（Hu et al.，2020）（图 4-8）。

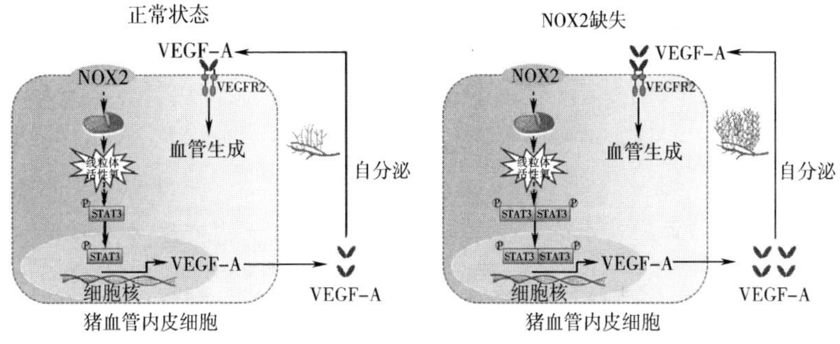

图 4-8 NOX2 调控猪胎盘血管生成的作用机制（Hu et al.，2020）

（NOX2 是抑制猪血管内皮细胞血管生成的关键调控因子，其分子机制是：NOX2 生成线粒体 ROS，降低细胞核内 STAT3 的磷酸化水平，进而下调 VEGF-A 的转录活性，最终抑制猪内皮细胞血管生成）

胎盘血管生成异常可导致胎儿生长受限（Torry et al.，2004）。分娩时背膘过厚母猪的胎盘血管密度降低。世界卫生组织报告说，日粮诱导的肥胖降低了小鼠胎盘血管的数量（Stuart et al.，2018）。血小板内皮细胞黏附分子-1（platelet endothelial cell adhesion molecule-1，CD31）是小血管内皮细胞常用的生物标记物（Bergström et al.，2014）。VE-cadherin 是内皮细胞中唯一表达的连接黏附分子，其作用是促进血管生成（Bach et al.，1998）。胎盘 VE-cadherin 蛋白丰度和 CD31 免疫荧光染色结果进一步证实高能饲喂诱导胎盘血管减少（Hu et al.，2019）。VEGF 在血管生成中起着重要作用，血管内皮生长因子受体 2（vascular endothelial growth factor receptor，VEGFR2）负责下游 VEGF 信号和血管生成的主要信号转导（Liu et al.，2018）。肥胖母猪胎盘中 VEGF 和 p-VEGFR2 蛋白水平显著降低。这些数据表明，高能量日粮诱导的妊娠母猪肥胖可通过抑制 VEGF/VEGFR2 信号通路调节胎盘血管生成（图 4-9）。

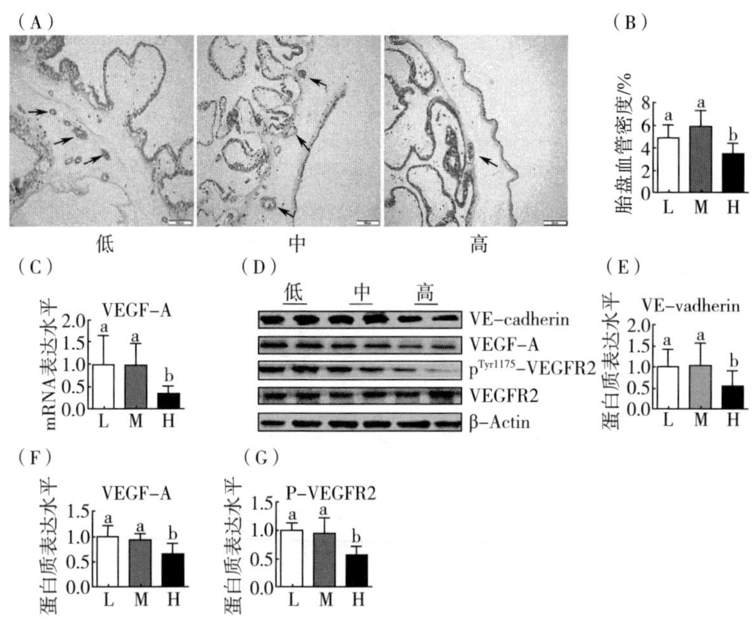

图 4-9　妊娠母猪高能日粮饲喂降低胎盘血管生成

［胎盘组织中的血管用苏木精（H&E）染色（放大 200 倍，bar=100μm）。（A）中箭头表示胎盘血管。（B）表示胎盘组织单位面积血管数量。qPCR 和 Western blot 分别检测 VEGF-A 的 mRNA（C）和蛋白（D）表达水平。数值为平均值±标准差（n=11）。不同字母表示有显著性差异（P<0.05）。H、M、L 分别为母猪饲喂高能量（DE=13：42MJ/kg）、中能量（DE=12：41MJ/kg）和低能量日粮（DE=11：50MJ/kg）］

ROS是血管系统中的一把双刃剑。高水平的ROS对内皮细胞有害，而低水平的ROS可以激活信号通路并促进血管生成（Kim et al.，2012；Xia et al.，2019）。vWF是血管炎症的标志物（Chen et al.，2018），在肥胖母猪的胎盘中增加，这与观察到的ROS水平增加一致，表明氧化应激增加导致血管内皮功能障碍（Wu et al.，2017）。一些研究表明NOX2参与了动脉张力和人类动脉粥样硬化疾病的调节，其缺乏可导致动脉粥样硬化负荷减少（Violi et al.，2013），这意味着NOX2可能在血管损伤中发挥重要作用。此外，NOX2也可能在血管生成中发挥重要作用。如前所述，NOX2缺乏可降低缺血组织中的氧化应激水平，并增加老年动物的血管密度（Haddad et al.，2011）。在血管紧张素Ⅱ诱导的氧化应激模型中观察到ROS的过度积累和导管形成能力的降低，以及NOX2的上调和p-VEGFR2/VEGFR2的降低（Liu et al.，2018）。此外，NOX2释放的超氧化物会导致日粮性肥胖的血管功能障碍（Lynch et al.，2013）。这些报道都可解释肥胖母猪胎盘中NOX2蛋白水平升高和血管密度降低的原因。根据这些报道和该研究的结果，肥胖母猪胎盘血管生成减少可能与NOX2表达上调有关。

二、母猪高能饲喂导致新生仔猪糖耐受不良并诱导糖酵解肌纤维的形成

越来越多的证据表明，孕期母体的日粮能量在其后代的葡萄糖代谢中起着重要作用。Hu等（2020）探讨妊娠期母猪高能日粮对后代糖耐量、骨骼肌纤维类型转变及线粒体生物合成的影响。将妊娠第60天的66头妊娠母猪（广东小耳花猪）随机分为对照组（消化能11.50MJ/kg）和高能组（消化能13.42MJ/kg）。研究发现，母猪高能日粮可降低后代糖耐量（图4-10），下调比目鱼肌慢肌纤维肌球蛋白重链Ⅰ（slow-twitch fiber myosin heavy chain Ⅰ，MyHCⅠ）蛋白水平，上调快肌肌球蛋白重链Ⅱb（MyHCⅡb）和Ⅱx（MyHCⅡx）蛋白水平，并最终降低了产仔数和活产仔数为10～

11 或 12～13 区间的仔猪初生重（图 4-11，图 4-12）。

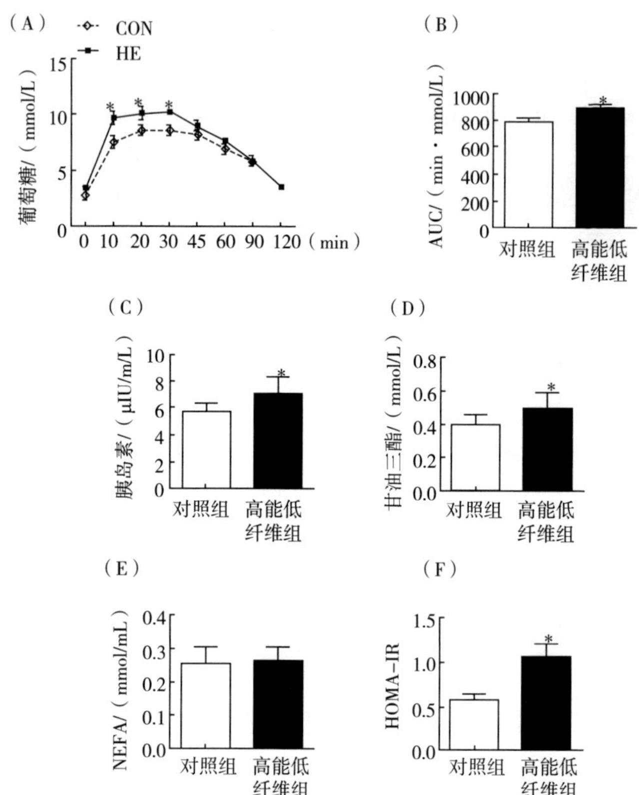

图 4-10　母猪高能饲喂降低后代葡萄糖耐受量（Hu et al.，2020）

［仔猪腹腔注射 1mg/kg 葡萄糖后的 GTT 曲线（A）和 AUC（B）。（C）～（E）为仔猪血清中胰岛素、甘油三酯和 NEFA 水平。（F）为胰岛素抵抗指数（HOMA-IR）＝空腹胰岛素（μIU/ml）×空腹葡萄糖（mmol/L）/22.5。数值为平均值±标准误，n＝（7～8）/组。用 t 检验分析两种方法的差异。＊表示 P＜0.05（差异显著）］

骨骼肌消耗将近 80％的葡萄糖，肝脏调节糖原储存、葡萄糖摄取和输出，提示骨骼肌和肝脏在葡萄糖稳态中起重要作用。当胰岛素信号途径在肝脏和肌肉中被抑制时，葡萄糖稳态被破坏

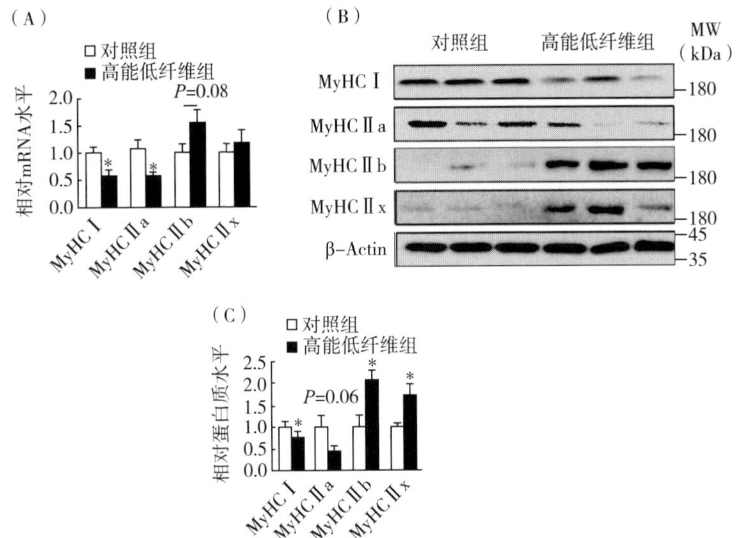

图 4-11 母猪高能饲喂诱导骨骼肌纤维类型转变（Hu et al.，2021）

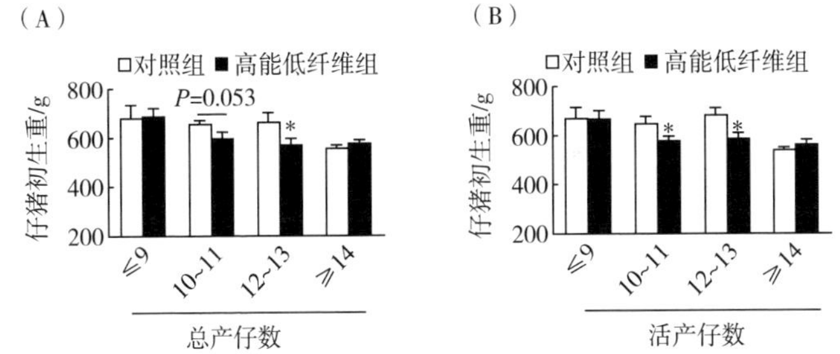

图 4-12 母猪高能饲喂对不同产仔性能的仔猪初生重的影响（Hu et al.，2020）

（Song et al.，2018）。母猪高能饲喂的后代的肝脏和肌肉中，p-IRS1 和 p-AKT 蛋白水平下降，提示胰岛素信号通路受损（Hu et al.，2020）。脂肪毒性的特征是脂质在非脂肪组织（包括肝脏和肌肉）中过度积聚，导致细胞功能障碍。肌肉中过多的甘油三酯积累是导致肥胖和胰岛素抵抗的重要因素，也是胰岛素抵抗的标志物（Qi et al.，2016）。母猪高能组子代肝脏和肌肉中甘油三酯含量的增加进一步证实了高能饲喂母猪不利于子代的葡萄糖稳态。此外，该研究中还观察到肝脏和肌肉中的糖原含量下降，以及肌肉中糖原合酶的含量下降（Hu et al.，2020）。糖原合酶是与全身胰岛素敏感性相关的关键酶。先前的研究表明，肝或肌肉糖原合成酶敲除小鼠的糖耐量和代谢受损（Irimia et al.，2010）。因此，该研究推测抑制肝脏和肌肉中的胰岛素信号通路可能导致葡萄糖利用率降低，从而降低母体高能日粮处理下后代的葡萄糖耐量。

骨骼肌纤维类型，包括 MyHCⅠ、MyHCⅡa、MyHCⅡb 和 MyHCⅡx，在葡萄糖稳态中起作用。慢肌纤维比快肌纤维对胰岛素刺激更敏感（Pataky et al.，2019），在维持胰岛素对葡萄糖的稳态反应中发挥更重要的作用（Albers et al.，2015），而 MyHC-Ⅱx 纤维对葡萄糖摄取有负面影响（Olsson et al.，2011）。在母体高能日粮处理下，与Ⅱ型纤维（MyHC-Ⅱb 和 MyHC-Ⅱx）的蛋白水平上调相反，子代的Ⅰ型纤维（MyHC-Ⅰ）和 MyHC-Ⅱa 的蛋白水平下调。根据先前和该研究结果可知，高能日粮饲喂诱发的后代的糖耐量受损可能是由于慢肌纤维的蛋白水平降低所致（Hu et al.，2020）。

线粒体功能在能量代谢中起着重要作用。先前的研究表明，在 2 型糖尿病、肥胖和胰岛素抵抗病理状态下，机体线粒体功能和生物合成在肝脏和肌肉中都受到损害（Hesselink et al.，2016；Choudhury et al.，2011）。过氧化物酶体增殖物激活受体 γ 共激活因子 1α（peroxisome proliferator-activated receptorγcoactivator-1α，PGC-1α）是一种转录因子协同激活因子，通过激活包括核呼吸因子 1（nuclear respiratory factor 1，NRF1）在内的多种转录因子来促进线粒体的生物合成（Geng et al.，2019）。Ⅰ型肌纤维比Ⅱ型肌纤维具有更多的线粒体和更活跃的氧化代谢（Schiaffino et al.，2011）。PGC-1α 高表达小鼠的Ⅰ型肌纤维明显增多（Lin et al.，2002）。随着Ⅰ型肌纤维含量的增加，母猪高能饲喂的子代肌肉和肝脏 PGC-1α 和 NRF1 蛋白水平下调。此外，还观察到高能饲喂的子代肝脏和肌肉中 ATP 含量降低（Hu et al.，2020）。据报

道，线粒体的生物合成和功能受损会导致ATP的产生减少（Marin et al.，2017）。上述结果表明，母猪高能日粮对子代肝脏和肌肉中的线粒体生物发生有损害，这一点与先前的研究相一致（Zhou et al.，2017）。苹果酸脱氢酶（malic dehydrogenase，MDH）和琥珀酸脱氢酶（succinate dehydrogenase，SDH）是呼吸酶，在线粒体功能中起着重要作用，高能饲喂组SDH和MDH活性的降低进一步支持了母体高能日粮对后代肝脏和肌肉线粒体生物合成的损害（Hu et al.，2020）。

综上，母猪妊娠中后期饲喂高能量水平引起母猪分娩时背膘过厚，形成胎盘脂质毒性环境，增加胎盘氧化损伤，并损害线粒体功能和血管生成。同时，诱发子代肌肉中慢肌纤维含量降低和线粒体功能下降，出现新生仔猪葡萄糖耐受不良现象，最终降低了仔猪初生重（图4-13）。

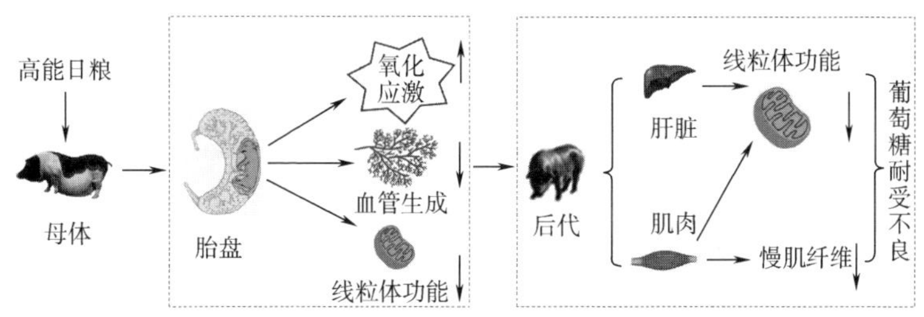

图4-13 母猪高能饲喂对胎盘功能和后代糖耐受不良的作用

（Hu et al.，2019；2020）

第五节 脯氨酸或多胺对猪胎盘功能及胎儿发育的影响

一、妊娠母猪胎盘脯氨酸代谢特征

脯氨酸不仅是蛋白质的组成成分，也是哺乳动物体内合成精氨酸、谷氨酸和多胺的含氮底物。特别的是，多胺（例如腐胺、亚精胺和精胺）是哺乳动物（包括猪）小肠和胎盘的DNA和蛋白质合成、细胞增殖与分化的关键调节因子（Wu et al.，2017)。此外，动物研究中的有力证据表明，在自然发生或营养不良导致的生长迟缓的妊娠障碍中，胎盘和胎儿生长减少与胎盘脯氨酸转运减少有关（Wu et al.，2008)。在妊娠后期，减少日粮蛋白质水平可能导致母体日粮中蛋白质摄入量不足，胎儿获得的氨基酸减少（尤其是脯氨酸)，从而阻碍胎儿的生长。在猪妊娠期间血浆氨基酸组成中，从妊娠第60～114天，甘氨酸和羟脯氨酸显著增加，其他氨基酸减少（Wu et al.，2017)。而猪胎盘中脯氨酸的转运、降解和合成多胺（腐胺、亚精胺和精胺）从妊娠20～40d显著增加，之后出现下降直至妊娠110d（表4-2～表4-4)。同时脯氨酸氧化酶、鸟氨酸转氨酶（aminotransferase，OAT）和鸟氨酸脱羧酶（decarboxylase，ODC）的活性在妊娠20～40d内显著增加，在妊娠40～90d减少，并且从妊娠110d起维持在较低的水平（表4-5)。这些结果表明，妊娠早期脯氨酸摄入量不足，Gonzalez等（2017）的研究很好地支持了这一观点，该文报道：早期妊娠添加L-脯氨酸对窝产仔数和初生重的影响极大地受到母体特征（例如胎次和繁殖力）的调节，并且这种添加对能量平衡受损的母猪（例如第二胎次母猪和高繁殖力的初产母猪）的管理更为合理（Gonzalez et al.，2017)。最近的研究也表明，母体添加L-脯氨酸可以通过增强母体的胎盘营养运输、血管生成和蛋白质合成，并且增加后代小鼠胎盘组织中的多胺浓度，从而改善胎盘发育和胎儿存活（Liu et al.，2019)。

表4-2 猪胎盘中脯氨酸的转运（Wu et al.，2005)

外源脯氨酸浓度/（mol/L）	妊娠日龄									SEM
	20	30	35	40	45	50	60	90	110	
0.5[a]	6.2[f]	8.5[e]	13.9[c]	18.3[b]	14.2[c]	11.2[d]	11.6[d]	8.7[e]	8.1[e]	0.21

续表

外源脯氨酸浓度/(mol/L)	妊娠日龄									SEM
	20	30	35	40	45	50	60	90	110	
2[a]	16.8[f]	22.4[e]	39.6[c]	51.0[b]	39.2[c]	31.1[d]	32.0[d]	21.9[e]	22.8[e]	0.65

a—数据是各妊娠天数六头母猪的平均值。在各妊娠天数，2.0mmol/L 脯氨酸的转运速率均高于 0.5mmol/L（$P<0.01$）。

b~f—在同一行中具有不同上标字母代表显著差异（$P<0.01$），表 4-3~表 4-5 同表 4-2。

表 4-3 猪胎盘中脯氨酸的降解（Wu et al.，2005）

产物	妊娠日龄									SEM
	20	30	35	40	45	50	60	90	110	
0.5mmol/L 脯氨酸										
净 P5C	0.46[f]	0.67[e]	0.89[c]	1.20[b]	0.88[c]	0.77[d]	0.76[d]	0.44[f]	0.42[f]	0.03
鸟氨酸	0.57[f]	0.78[e]	1.05[c]	1.32[b]	1.08[c]	0.89[d]	0.90[d]	0.54[f]	0.53[f]	0.02
总 P5C	1.03[f]	1.45[e]	1.94[c]	2.51[b]	1.97[c]	1.66[d]	1.67[d]	0.98[f]	0.95[f]	0.04
2.0mmol/L 脯氨酸										
净 P5C	1.02[f]	1.39[e]	1.91[c]	2.54[b]	2.04[c]	1.71[d]	1.69[d]	1.06[f]	0.98[f]	0.07
鸟氨酸	1.28[f]	1.50[e]	2.21[c]	2.91[b]	2.24[c]	1.86[d]	1.84[d]	1.20[f]	1.16[f]	0.08
总 P5C	2.31[f]	2.89[e]	4.12[c]	5.44[b]	4.28[c]	3.57[d]	3.54d	2.26[f]	2.14[f]	0.12

表 4-4 在猪胎盘中从脯氨酸合成多胺（Wu et al.，2005）

多胺	妊娠日龄									SEM
	20	30	35	40	45	50	60	90	110	
0.5mmol/L 脯氨酸										

续表

多胺	妊娠日龄									SEM
	20	30	35	40	45	50	60	90	110	
腐胺	145[f]	188[e]	269[c]	294[b]	261[c]	227[d]	215[d]	160[f]	153[f]	12
亚精胺	249[f]	304[e]	446[c]	639[b]	437[c]	360[d]	352[d]	258[f]	250[f]	19
精胺	220[f]	286[e]	401[c]	598[b]	388[c]	344[d]	318[d]	224[f]	217[f]	16
总	616[f]	778[e]	1115[c]	1532[b]	1087[c]	930[d]	887[d]	640[f]	620[f]	43
2.0mmol/L 脯氨酸										
腐胺	322[f]	471[e]	655[c]	751[b]	662[c]	572[d]	559[d]	366[f]	351[f]	31
亚精胺	580[f]	733[e]	1104[c]	1561[b]	1215[c]	953[d]	921[d]	632[f]	624[f]	56
精胺	517[f]	675[e]	987[c]	1395[b]	951[c]	802[d]	783[d]	561[f]	535[f]	553
总	1421[f]	1879[e]	2746[c]	3706[b]	2830[c]	2326[d]	2265[d]	1561[f]	1510[f]	97

表 4-5　猪胎盘中的脯氨酸氧化酶，OAT 和 ODC 活性（Wu et al.，2005）

酶	妊娠日龄									SEM
	20	30	35	40	45	50	60	90	110	
脯氨酸氧化酶	0.44[f]	0.63[e]	0.83[c]	1.02[b]	0.85[c]	0.74[d]	0.72[d]	0.50[f]	0.47[f]	0.02
OAT	0.93[f]	1.17[e]	1.88[c]	2.31[b]	1.97[c]	1.65[d]	1.53[d]	0.91[f]	0.89[f]	0.03
ODC	0.10[f]	0.15[e]	0.26[c]	0.34[b]	0.27[c]	0.21[d]	0.20[d]	0.11[f]	0.11[f]	0.03

注：OAT 为鸟氨酸转氨酶，ODC 为鸟氨酸脱羧酶。

二、脯氨酸作为缺氧微环境的代谢底物

宫内生长受限胎儿的胎盘血管生成异常，无法提供足够养分满

足胎猪正常生长发育的需要是其发生的重要原因，特别是氧气供应不足。因此，宫内生长受限胎儿的胎盘常常伴随着慢性缺氧的表型。在临床研究中，低氧能够诱导内皮细胞代谢重编程进而促进其存活、增殖、血管生成和转移，尤其是脯氨酸的代谢发生了明显变化。具体来讲，低氧促进脯氨酸的生物合成和羟脯氨酸的产生，随后降低羟脯氨酸氧化酶（hydroxy proline oxidase，H-POX）活性导致羟脯氨酸积累，以及稳定 HIF1α 水平以支持异体移植肿瘤中的血管生成和细胞生长（Tang et al.，2018）。而顺式-4-羟脯氨酸（Cis-4-Hydroxy-D-proline）是一种非生理性的反式-4-羟脯氨酸异构体，通过非 Caspase 依赖性抑制肿瘤细胞的生长。例如，在大鼠胰腺癌细胞系 DSL6A 中，Cis-4-Hydroxy-D-proline 可诱导内质网应激、粘着斑激酶的蛋白水解切割和细胞黏附性丧失，进而抑制细胞增殖（Phang et al.，2008）。同样，胰腺肿瘤模型小鼠腹膜内注射 Cis-4-Hydroxy-D-proline 可以减少肿瘤的生长（Sturm et al.，2010）。相反地，也有报道 Cis-4-Hydroxy-D-proline 在体外和体内可刺激大鼠乳腺癌细胞的生长（Buck et al.，2000）。不同种类的肿瘤对羟脯氨酸或脯氨酸代谢变化的反应可能不同。尽管已知 Cis-4-Hydroxy-D-proline 可抑制脯氨酸氧化（胎盘多胺合成的限速反应）（Klein et al.，1994），这种亚氨基酸还可能具有其他功能，包括抑制胶原蛋白积累的能力诱导毛细血管退化（Ingber and Folkman，1988）。但是，以上已在癌细胞中报道的脯氨酸和羟脯氨酸支持肿瘤生长和血管生成的机制在宫内生长受限胎盘中是否适用仍不清楚。黄双波等（2021）采用转录组和代谢组测序发现：不同体重藏猪胎猪对应胎盘中脯氨酸-4-羟化酶 α 多肽 Ⅰ（prolyl 4-hydroxylase subunit alpha 1，P4HA1）的表达量随妊娠进展呈上调趋势，而该基因编码的 P4HA1 诱导脯氨酸的羟基化和胶原蛋白的成熟，对于内皮细胞的迁移和新血管的生长至关重要。脯氨酸经 P4HA1 羟基化的代谢产物为 4-羟基脯氨酸，羟脯氨酸是动物体内一种重要的结构和生理学意义上的亚氨基酸，由饲料中和内源性合成的羟脯氨酸可以转化为甘氨酸以促进谷胱甘肽、DNA、血红素和蛋白质的生成，而羟脯氨酸氧化酶氧化羟脯氨酸在细胞抗氧化反应、生存和体内平衡中起着重要作用，提示脯氨酸经 P4HAs 催化下形成的羟脯氨酸以及调节胶原蛋白的成熟和分泌的过程对血管生成具有潜在的调控作用，但在胎盘血管发育上未见报道。重要的是，低体重胎猪胎盘中脯氨酸的消耗加快和 Cis-4-Hydroxy-D-proline 的积累可能暗示了脯氨酸作为缺氧微环境代谢底物。黄双波（2021）在体外使用 200μmol/L $CoCl_2$ 构建化学缺氧模型下，脯氨酸的添加能够显著促进猪内皮血管细胞的成管能力，并显著提高血管生成相关因子的表达量（黄双波等，2021，未发表数据）。

血管内皮细胞的代谢特征是以葡萄糖为底物的糖酵解途径，前文提及 IUGR 胎盘葡萄糖利用性降低可能进一步损害了胎盘血管生成过程，而脯氨酸的代谢则提供了一种替代供能途径。目前已证实脯氨酸的代谢在营养胁迫中尤为重要，一方面，脯氨酸可从细胞外基质的分解中获得；另一方面，脯氨酸在线粒体中经脯氨酸氧化酶（proline oxidase，POX）的降解启动脯氨酸在循环系统中产生 ATP（Phang，1985）。葡萄糖缺乏或 mTOR 信号抑制能够诱导 POX 的激活，戊糖磷酸途径被激活，并导致脯氨酸降解的增加（Pandhare et al.，2009）。POX 的激活不仅通过向三羧酸循环提供碳来增强生物能的产生，而且通过脯氨酸循环连接的戊糖磷酸途径来补充生物能（Pandhare et al.，2009）。提示，脯氨酸的降解可在胎盘营养供应不足时作为一种替代的供能途径以部分缓解 mTOR 信号削弱和生长抑制，特别是在胎盘和胎儿快速生长的时期。黄双波等（2021）在体外构建葡萄糖剥夺模型下，脯氨酸的添加能够显著促进猪内皮血管细胞的成管能力，并显著提高血管生成相关因子的表达量（黄双波等，2021，未发表数据）。

三、脯氨酸或多胺对胎盘功能及胎儿发育的调控作用

上述事实表明，脯氨酸及多胺具有多种重要功能。尽管如此，但目前关于日粮添加脯氨酸对母猪繁殖性能的影响鲜有报道。其原因之一是脯氨酸作为非必需氨基酸没有引起足够重视，就妊娠母猪

而言，在NRC（2012）推荐中并未显示。Wu等（2013）指出妊娠母猪日粮脯氨酸需要量为1.03%～1.53%。然而，目前无论是玉米豆粕型还是小麦豆粕型妊娠日粮所含的脯氨酸量均低于0.7%（谭成全，未发表数据）。因此，妊娠母猪对脯氨酸的需要量还需进一步明确。

关于脯氨酸及多胺对猪胎盘功能的调节作用，本节重点关注其在血管生成、氧化应激、蛋白质合成和凋亡中的功能，进而影响胎儿发育。必须强调的一点是，猪胎盘缺乏精氨酸酶和精氨酸脱羧酶，因此不能通过精氨酸合成鸟氨酸（多胺合成的前体）（Wu et al.，2005）。在对猪胎盘多胺合成底物的研究中，Wu等（2005）发现脯氨酸氧化酶是胎盘合成多胺的一种限速酶，它将脯氨酸转化为吡咯啉-5-羧酸盐，这是鸟氨酸和多胺的前体。实际上，脯氨酸提供了腐胺、亚精胺和精胺中的大部分碳骨架和氮（Wu et al.，2017）。

脯氨酸和多胺在猪胎盘血管中扮演重要角色。由于多胺可以刺激包括胎盘在内的组织生长，因此研究开发了一种不可逆的鸟氨酸脱羧酶抑制剂（ornithine decarboxylase，ODC1）（α-二氟甲基鸟氨酸：DFMO），从而在细胞水平上减少多胺的合成（Jasnis et al.，1994）。已经证实母猪在妊娠后期和哺乳期增加的代谢负担容易引起该阶段的系统氧化应激升高（Tan et al.，2015）。多胺是一种具有细胞保护作用的有效抗氧化剂，可以控制细胞代谢过程中产生的自由基，例如通过阻止自由基结合来防止DNA的结构和功能损伤（Rider et al.，2007）。同样，多胺可以抑制细胞膜中的脂质过氧化反应，从而保护细胞膜中脂质的功能和结构。然而，多胺在清除自由基中的作用仍然不清楚。

先前的研究表明：补充腐胺能通过激活mTOR信号通路来增加蛋白质合成，从而促进猪滋养外胚层细胞的增殖。然而，很少有研究集中探索腐胺对后备母猪或经产母猪繁殖性能的影响（Kong et al.，2014）。Kong等（2014）认为日粮添加或静脉注射腐胺可能是改善猪的胚胎/胎儿存活和生长的一种潜在的新的有效策略。此外，在猪的孤雌生殖体胚胎中，三种多胺（腐胺、亚精胺和精胺）的联合添加可以增加细胞总数和囊胚形成率，并通过减少部分凋亡基因的表达来抑制凋亡（Fenelon Jane et al.，2016）。腐胺的这些效应似乎是通过 mTOR 信号来传导的，因为用雷帕霉素抑制 mTOR 可以阻止猪的上述效应（图 4-14），并且降低腐胺诱导的绵羊胚胎干扰素-T 的水平（Kong et al.，2014；Wang et al.，2010）。

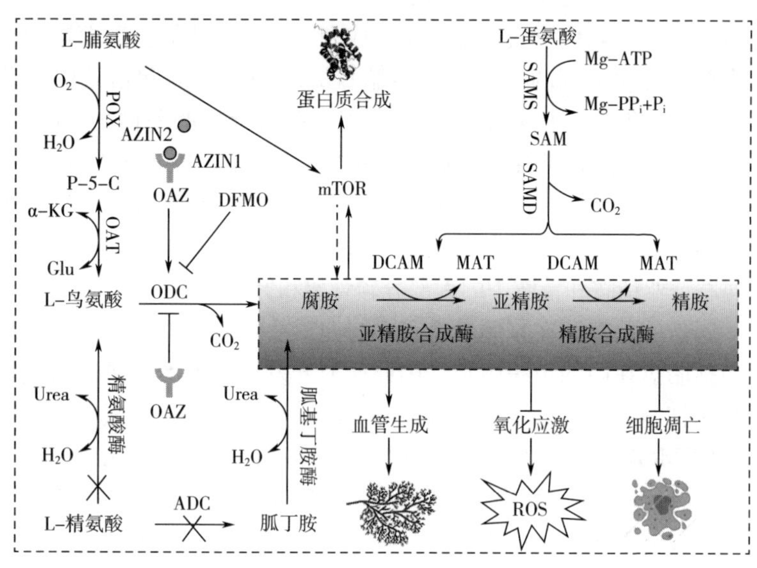

图 4-14　脯氨酸合成多胺及其在猪胎盘中的作用

[大多数其他哺乳动物组织通过精氨酸酶和鸟氨酸脱羧酶将精氨酸转化为多胺，值得注意的是，猪胎盘缺乏精氨酸酶活性，因此不能从精氨酸合成鸟氨酸。ODC 的降解是通过与 ODC 结合的 OAZ 来调节的，AZIN 是一种与 ODC 结构相似但没有活性的蛋白质，可以更高的亲和力与 OAZ 结合，从而阻止 ODC 降解。OAZ 有三种亚型（OAZ1、OAZ2 和 OAZ3），AZIN 有两种亚型（AZIN1 和 AZIN2）。DFMO 是 ODC 的抑制剂。对于猪胎盘，多胺主要参与血管生成、氧化应激、蛋白质合成和细胞凋亡。黑色实心箭头表示直接激活，虚线黑色箭头表示间接激活。ADC—精氨酸脱羧酶；α-KG—α-酮戊二酸；AZIN—抗酶抑制剂；DCAM—脱羧 S-腺苷蛋氨酸；DFMO—二氟甲基鸟氨酸；MTA—甲硫腺苷；mTOR—雷帕霉素作用靶点；OAT—鸟氨酸转氨酶；OAZ—抗酶蛋白；ODC—鸟氨酸脱羧酶；P-5-C—Δ^1-L-吡咯啉-5-羧酸盐；POX—脯氨酸氧化酶；PP_i—无机焦磷酸盐；ROS—活性氧；SAM—S-腺苷蛋氨酸；SAMD—S-腺苷蛋氨酸脱羧酶；SAMS—S-腺苷蛋氨酸合成酶]

主要参考文献

[1] 董书圣，田亮，颜培实．猪胎盘绒毛滋养层细胞体外原代培养．畜牧兽医学报，2017，48（1）：75-82.

[2] 韩思杨，秦欣然，薛春然，等．胎盘发育机制的研究进展．国际妇产科学杂志，2019，46（3）：283-288.

[3] 李莹．Igf-i 对大鼠胎盘滋养层细胞增殖和 gluts mrna 表达的影响．华南农业大学，2010.

[4] 李绮琪，隋承融，杜令菲，等．胎盘糖代谢对猪宫内发育迟缓的调控作用．中国畜牧兽医，2020，47（7）：2122-2132.

[5] 林刚．宫内生长受限猪胎盘磷酸戊糖途径受损及其营养调控的研究．中国农业大学，2014.

[6] 施魁，唐燕妮，刘炀，等．亮氨酸对猪胎盘滋养层细胞增殖及氨基酸转运的影响．中国畜牧杂志，2019，55：75-79＋98.

[7] 张莉莉，王远孝，孔一力，等．精氨酸对子宫内发育迟缓仔猪抗氧化功能和精氨酸代谢的影响．南京农业大学学报，2017，6：1111-1118.

[8] 张梦雅，孙艳娣，骆严．磷酸戊糖途径重编程与肿瘤生长策略．生命的化学，2017，37（5）：726-732.

[9] Alvarenga A，Chiarinigarcia H，Cardeal P C，et al. Intra-uterine growth retardation affects birthweight and postnatal development in pigs，impairing muscle accretion，duodenal mucosa morphology and carcass traits. Reproduction Fertility & Development，2013，25：387-395.

[10] Amdi C，Krogh U，Flummer，et al. Intrauterine growth restricted piglets defined by their head shape ingest insufficient amounts of colostrum. Journal of Animal Science，2013，91（12）：5605-5613.

[11] Ashdown R R，Marrable A W. Adherence and fusion between the extremities of adjacent embryonic sacs in the pig. Journal of anatomy，1967，101：269-275.

[12] Augustin R. The protein family of glucose transport facilitators：It's not only about glucose after all. IUBMB Life，2010，62.

[13] Bauer R，Gedrange T，Bauer K，et al. Intrauterine growth restriction induces increased capillary density and accelerated type i fiber maturation in

newborn pig skeletal muscles. Journal of Perinatal Medicine, 2006, 34: 235-242.

[14] Bauer R, Walter B, Hoppe A, et al. Body weight distribution and organ size in newborn swine (sus scrofa domestica) — a study describing an animal model for asymmetrical intrauterine growth retardation. Experimental & Toxicologic pathology, 1998, 50: 59-65.

[15] Baxter E M, Jarvis S, D'Eath R B, et al. Investigating the behavioural and physiological indicators of neonatal survival in pigs. Theriogenology, 2008, 69: 773-783.

[16] Bazer F W, Burghardt R C, Johnson G A, et al. Mechanisms for the establishment and maintenance of pregnancy: Synergies from scientific collaborations. Biology of Reproduction, 2018, 1: 225.

[17] Beck F. Comparative placental morphology and function. Environmental Health Perspectives, 1977, 18: 5-12.

[18] Boulot S, Quesnel H, Quiniou N. Management of high prolificacy in french herds: Can we alleviate side effects on piglet survival? 2008, 19: 213.

[19] Brett K, Ferraro Z, Yockell-Lelievre J, et al. Maternal - fetal nutrient transport in pregnancy pathologies: The role of the placenta. International Journal of Molecular Sciences, 2014, 15: 16153-16185.

[20] Carter A M, Enders A C. The evolution of epitheliochorial placentation. Annual Review of Animal Biosciences, 2013, 1: 443-467.

[21] Costa M A. The endocrine function of human placenta: An overview. Reproductive biomedicine online, 2016, 32.

[22] Cross J C. How to make a placenta: Mechanisms of trophoblast cell differentiation in mice--a review. Placenta, 2005, 26: S3-S9.

[23] Da Silva-Buttkus P, Van dH R, Te Velde E, et al. Ovarian development in intrauterine growth-retarded and normally developed piglets originating from the same litter. Reproduction, 2003, 126: 249-258.

[24] Enders A, Blankenship T N. Comparative placental structure. Advanced Drug Delivery Reviews, 1999, 38: 3.

[25] Furukawa, Shigetada, Fujita, et al. Increased oxidative stress in obesity and its impact on metabolic syndrome. Journal of Clinical Investigation, 2004, 114: 1752-1761.

[26] Geng J, Wei M, Yuan X, et al. Tigar regulates mitochondrial functions through sirt1-pgc1α pathway and translocation of tigar into mitochondria in skeletal muscle. The FASEB Journal, 2019, 33 (5): 6082-6098.

[27] Gonzalez A, Over P, Gonzalez-Bulnes A. Maternal age modulates the effects of early-pregnancy l-proline supplementation on the birth-weight of piglets. Animal Reproduction Science, 2017, 181: 63-68.

[28] Gootwine E, Rozov A, Bor A, et al. Carrying the fecb (booroola) mutation is associated with lower birth weight and slower post-weaning growth rate for lambs, as well as a lighter mature bodyweight for ewes. Reproduction Fertility & Development, 2006, 18: 433-437.

[29] Hales J, Moustsen V A, Nielsen M B F. Hansen. Individual physical characteristics of neonatal piglets affect preweaning survival of piglets born in a noncrated system. Journal of Animal Science, 2013, 91 (10): 4991-5003.

[30] Hesselink M, Schrauwen-Hinderling V, Schrauwen P. Skeletal muscle mitochondria as a target to prevent or treat type 2 diabetes mellitus. Nature Reviews Endocrinology, 2016, 12 (11): 633-645.

[31] Hojlund, Kurt, Kristensen, et al. Human muscle fiber type-specific insulin signaling: Impact of obesity and type 2 diabetes. Diabetes: A Journal of the American Diabetes Association, 2015, 64 (2): 485-497.

[32] Hu C, Yang Y, Deng M, et al. Placentae for low birth weight piglets are vulnerable to oxidative stress, mitochondrial dysfunction, and impaired angiogenesis. Oxidative Medicine and Cellular Longevity, 2020, 2020: 1-12.

[33] Hu C, Yang Y, Li J, et al. Maternal diet-induced obesity compromises oxidative stress status and angiogenesis in the porcine placenta by upregulating nox2 expression. Oxidative Medicine and Cellular Longevity, 2019, 2019: 1-13.

[34] Hua L, Wang J, Chen Y, et al. Npc-exs alleviate endothelial oxidative stress and dysfunction through the mir-210 downstream nox2 and vegfr2 pathways. Oxidative Medicine & Cellular Longevity, 2017, 2017: 9397631.

[35] Huting A, Sakkas P, Wellock I, et al. Once small always small? To what extent morphometric characteristics and post-weaning starter regime affect pig lifetime growth performance. Porcine Health Management, 2018, 4: 21.

[36] Illsley N P, Baumann M U. Human placental glucose transport in fe-

toplacental growth and metabolism. Biochimica et Biophysica Acta (BBA) -Molecular Basis of Disease，2018，1866.

[37] Jourquin J，Morales C D. Bokenkroger 073 impact of piglet birth weight increase on survivability and days to market，a simulation model. Journal of Animal Science，2016，94：34-34.

[38] James-Allan L B，Arbet J，Teal S B，et al. Insulin stimulates glut4 trafficking to the syncytiotrophoblast basal plasma membrane in the human placenta. Journal of Clinical Endocrinology & Metabolism，2019，104.

[39] Jordi G，Edouard H，Shiro Y，et al. Tracing the origin of adult intestinal stem cells. Nature，2020，7759：107-111.

[40] Kim J，Song G，Wu G，et al. Functional roles of fructose. Proceedings of the National Academy of Sciences of the United States of America，2012，109：9680-9681.

[41] Kuehne A，Emmert H，Soehle J，et al. Acute activation of oxidative pentose phosphate pathway as first-line response to oxidative stress in human skin cells. Molecular Cell，2015，59：359-371.

[42] Li B，Wei L，Hussain A，et al. Effects of choline on meat quality and intramuscular fat in intrauterine growth retardation pigs. Plos One，2015，10：e0129109.

[43] Limesand S W，Rozance P J，Smith D，et al. Increased insulin sensitivity and maintenance of glucose utilization rates in fetal sheep with placental insufficiency and intrauterine growth restriction. American Journal of Physiology Endocrinology & Metabolism，2007，293：1716-1725.

[44] Liu N，Dai Z，Zhang Y，et al. Maternal l-proline supplementation enhances fetal survival，placental development and nutrient transport in mice. Biology of Reproduction，2018：4.

[45] Liu N，Dai Z，Zhang Y，et al. Maternal l -proline supplementation during gestation alters amino acid and polyamine metabolism in the first generation female offspring of c57bl/6j mice. Amino Acids，2019，51：805-811.

[46] Marie-Christine P，Michel E. Uterine blood flow in sows：Effects of pregnancy stage and litter size. Reprod Nutr Dev，2000，40：369-382.

[47] Marin T L，Gongol B，Zhang F，et al. Ampk promotes mitochondrial biogenesis and function by phosphorylating the epigenetic factors dnmt1，

rbbp7, and hat1. Science Signaling, 2017, 10: eaaf7478.

[48] Matheson S M, Walling G A, Edwards S A. Genetic selection against intrauterine growth retardation in piglets: A problem at the piglet level with a solution at the sow level. Genetics Selection Evolution, 2018, 50.

[49] Mele J, Muralimanoharan S, et al. Impaired mitochondrial function in human placenta with increased maternal adiposity. American Journal of Physiology: Endocrinology & Metabolism, 2014, 307: E419-E425.

[50] Niu Y, He J, Zhao Y, et al. Effect of curcumin on growth performance, inflammation, insulin level, and lipid metabolism in weaned piglets with iugr. Animals: an Open Access Journal from MDPI, 2019, 9.

[51] Père M C. Materno-foetal exchanges and utilisation of nutrients by the foetus: Comparison between species. Reproduction Nutrition Development, 2003, 43: 1.

[52] Pérez-Pérez A, Guadix P, Maymó J, et al. Insulin and leptin signaling in placenta from gestational diabetic subjects. Hormone and Metabolic Research, 2015, 48: 62-69.

[53] Parajuli N, Patel V B, Wang W, et al. Loss of nox2 (gp91phox) prevents oxidative stress and progression to advanced heart failure. Clinical Science, 2014, 127: 331-340.

[54] Pataky M W, Yu C S, Nie Y, et al. Skeletal muscle fiber type-selective effects of acute exercise on insulin-stimulated glucose uptake in insulin resistant, high fat-fed rats. AJP Endocrinology and Metabolism, 2019, 316: E695-E706.

[55] Perazzolo S, Hirschmugl B, Wadsack C, et al. The influence of placental metabolism on fatty acid transfer to the fetus. Journal of Lipid Research, 2016, 58: jlr. P072355.

[56] Père M C. Maternal and fetal blood levels of glucose, lactate, fructose, and insulin in the conscious pig. Journal of Animal Science, 1995, 73: 2994-2999.

[57] Quesnel H, Brossard L, Valancogne A, et al. Influence of some sow characteristics on within-litter variation of piglet birth weight. Animal, 2008, 2: 1842-1849.

[58] Quiniou N, Dagorn J, Gaudré D. Variation of piglets' birth weight and consequences on subsequent performance. Livestock Production Science,

2002，78：63-70.

［59］Rehfeldt C，Kuhn G. Consequences of birth weight for postnatal performance and carcass quality in pigs as related to myogenesis. Journal of Animal Science，2006，84 Suppl：E113-123.

［60］Silva P D，Aitken R，Rhind S，et al. Impact of maternal nutrition during pregnancy on pituitary gonadotrophin gene expression and ovarian development in growth-restricted and normally grown late gestation sheep fetuses. Reproduction，2002，123：769.

［61］Song C，Liu D，Yang S，et al. Sericin enhances the insulin-pi3k/akt signaling pathway in the liver of a type 2 diabetes rat model. Experimental and Therapeutic Medicine，2018，16：3345-3352.

［62］Sterzl J，Rejnek J，Trávnícek J. Impermeability of pig placenta for antibodies. Folia Microbiologica，1966，11：7-10.

［63］Stuart T J，Kathleen O N，David C，et al. Diet-induced obesity alters the maternal metabolome and early placenta transcriptome and decreases placenta vascularity in the mouse. Biology of Reproduction，2018，6.

［64］Vallet J L，Mcneel A K，Miles J R，et al. Placental accommodations for transport and metabolism during intra-uterine crowding in pigs. Journal of Animal Science and Biotechnology，2015，5：55.

［65］Violi F，Pignatelli P，Pignata C，et al. Reduced atherosclerotic burden in subjects with genetically determined low oxidative stress. Arteriosclerosis Thrombosis and Vascular Biology，2013，33：406.

［66］Wang X，Wu W，Lin G，et al. Temporal proteomic analysis reveals continuous impairment of intestinal development in neonatal piglets with intrauterine growth restriction. Journal of Proteome Research，2010，9：924-935.

［67］Wang X，Zhu Y，Feng C，et al. Innate differences and colostrum-induced alterations of jejunal mucosal proteins in piglets with intra-uterine growth restriction. British Journal of Nutrition，2018，119：734-747.

［68］Wooding F，Fowden A L. Nutrient transfer across the equine placenta：Correlation of structure and function. Equine Veterinary Journal，2010，38.

［69］Wu G. Polyamine synthesis from proline in the developing porcine placenta. Biology of Reproduction，2005，72：842.

［70］Wu G. Principles of animal nutrition. Boca Raton：CRC Press，2018.

[71] Wu G, Bazer F W, Datta S, et al. Proline metabolism in the conceptus: Implications for fetal growth and development. Amino Acids, 2008, 35: 691-702.

[72] Wu G, Bazer F W, Johnson G A, et al. Functional amino acids in the development of the pig placenta. Molecular Reproduction & Development, 2017, 84: 870-882.

[73] Wu G, Bazer F W, Wallace J M, et al. Intrauterine growth retardation: Implications for the animal sciences. Journal of Animal Science, 2006, 9.

[74] Xia M, Pan Y, Guo L L, et al. Effect of gestation dietary methionine/lysine ratio on placental angiogenesis and reproductive performance of sows. Journal of Animal Science, 2019, 97.

[75] Yao H, Han X, Han X. The cardioprotection of the insulin-mediated pi3k/akt/mtor signaling pathway. American Journal of Cardiovascular Drugs, 2014, 14: 433-442.

[76] Yu X, Shen N, Zhang M L, et al. Egr-1 decreases adipocyte insulin sensitivity by tilting pi3k/akt and mapk signal balance in mice. Embo Journal, 2011, 30: 3754-3765.

[77] Kong X, Wang X, Yin Y, et al. Putrescine stimulates the mtor signaling pathway and protein synthesis in porcine trophectoderm cells. Biology of Reproduction Offical Journal of the Society for the Study of Reproduction, 2014, 91: 106.

[78] Zhang B, Sun L, Zheng Y, et al. Expression and correlation of sex hormone-binding globulin, insulin signal transduction and glucose transporter proteins in the gestational diabetes mellitus placental tissue. Journal of China Medical University, 2017, 46: 97-102.

[79] Zhang W, Ma C, Xie P, et al. Gut microbiota of newborn piglets with intrauterine growth restriction have lower diversity and different taxonomic abundances. Journal of Applied Microbiology, 2019, 127.

[80] Zhou X, He L, Zuo S, et al. Serine prevented high-fat diet-induced oxidative stress by activating ampk and epigenetically modulating the expression of glutathione synthesis-related genes. Biochim Biophys Acta, 2017, 1864: 488-498.

[81] Zhou Y F, Xu T, Cai A L, et al. Excessive backfat of sows at 109d of gestation induces lipotoxic placental environment and is associated with declining reproductive performance. Journal of Animal Science, 2018, 96: 250-257.

第五章 母猪的乳腺发育和泌乳力及其关键营养调控技术

母乳不仅是哺乳仔猪重要的能量和营养物质来源，还是主动获取免疫力和其他促生长因子的直接来源。母乳对乳仔猪的成活率和生长发育起决定性作用。母猪泌乳力的大小和乳汁质量与其乳腺组织的生长发育密切相关。乳腺的发育与母猪自身生理阶段、激素和营养素密切相关，是衡量泌乳能力并确保哺乳仔猪生长的关键因素。乳腺发育始于早期胚胎直至性成熟的哺乳期。本章首先基于乳腺生理结构，重点阐述了乳腺发育的窗口期及激素调控对乳腺发育的作用。随后，系统分析了泌乳量及乳成分（常规乳成分和功能性小分子物质）对哺乳仔猪生长的决定性作用。最后从脂类、功能性氨基酸和核苷酸三方面综述了其对母猪乳腺发育和泌乳性能的影响。

第一节　乳腺发育与激素调控

一、乳腺结构特征和乳房发育

（一）乳腺的结构特征

母猪的乳腺位于胸廓与腹股沟之间，在腹壁中线两侧平行排列。每头母猪乳腺数目有4～9对不等。乳腺通过脂肪组织和结缔组织附着在腹壁上（Farmer and Sørensen，2001）。如图5-1所示，每个乳头都有独立的乳腺分泌组织，不同乳头之间的乳腺相互独

立，每个乳头上有2个输乳管道，其前端与乳泡腔相连，并最终与乳泡连接，共同组成乳泡小叶组织。乳泡由单层的乳腺细胞组成，可从血液中摄入合成乳汁所必需的营养物质，乳汁合成后通过乳泡小叶组织分泌至乳泡腔。当仔猪吮吸时，乳泡周围的细胞组织收缩促使母乳通过乳泡进入输乳管，并最终到达乳头的前段，所以每个乳头都有自己的储存管道和分泌系统（Farmer and Huley，2015；Rezaei et al.，2016）。需要指出的是，母猪的乳房结构不同于反刍动物，没有乳池结构，只有乳腺。因此，乳汁是在哺乳仔猪的物理刺激下分泌的，不可贮存。

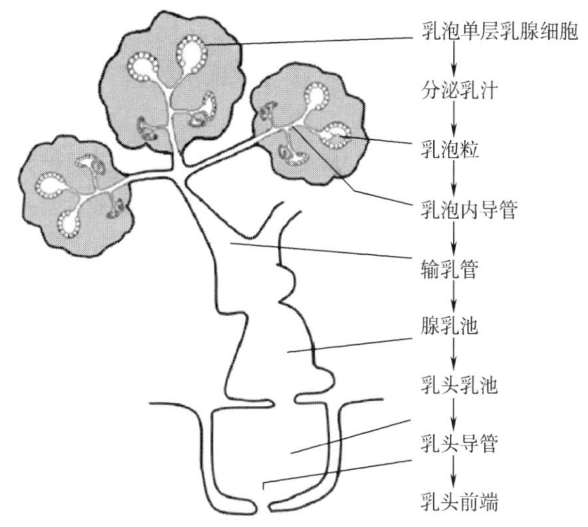

图5-1 母猪乳腺内部结构（修自于Rezaei et al.，2016）

（二）乳腺发育窗口期

1. 胎儿期

前人已经对小鼠和兔乳腺的分娩前形态发生进行了广泛研究，并且可以相对精确地进行描述（Propper et al.，2013）。关于猪乳腺在胚胎和胎儿发育时期的细节研究报道相当少。现有文献表明，仔猪的乳腺经历了与小鼠相似的一系列形态变化。仔猪乳腺的形态发育是一个贯穿分娩前阶段的连续过程，从一个阶段到下一个阶段的过渡需要几天的时间。因此，在每个发育阶段，不同妊娠阶段均有相当大的变化。

在胚胎期，发育中的乳腺被称为乳腺原基（mammary primordium），也叫 mammary anlage 或 mammary rudiment（Propper et al.，2013）。乳腺发育序列中第一个可识别的结构是乳腺线，其特征是单层外胚层细胞增厚，位于从前肢底部延伸至腹股沟区的腹中线外侧（Turner，1952）。乳腺线在大约妊娠 20～25d 时首先被识别（Turner，1952；Marrable，1971）。单个乳腺原基（称为基板），在小鼠体内被认为是乳腺线单层外胚层内的椭圆形假分层多层结构（Propper et al.，2013）。在仔猪胚胎中的基板还没有被具体证实，尽管在妊娠 26d 左右，在乳腺线上发现类似的结构为一系列相连的上皮斑块（Marrable，1971）。

随着细胞团继续向中胚层深处扩张，外胚层细胞被拉入扩张的乳腺原基，形成短暂的半球形小丘阶段。外胚层细胞团持续进入中胚层，导致在妊娠 28～45d 观察到的乳腺芽的外胚层细胞形成球形或细长球形团。乳腺芽期标志着乳腺发育的一个临界点。例如，乳腺芽周围的中胚层细胞开始组织形成与芽相邻的同心层，在小鼠中被称为初级乳腺间质（Propper et al.，2013），仔猪乳腺芽的早期形成还包括发育为乳腺芽相邻的间质细胞（Turner，1952）。当外胚层细胞的核心进一步下沉到中胚层时就到了小鼠乳腺发育的下一个阶段，形成一个有狭窄颈部的被称为灯泡结构的球状结构（Propper et al.，2013）。然而，在猪胚胎乳腺发育的形态学描述中，虽然暂不能明确地划分一个类似于小鼠乳腺发育的灯泡结构，但发育中的猪腺体仍有可能经历如同小鼠中观察到的那样一个类似的阶段。

大约在妊娠 36d 时，胎儿主体系统在结构上已经分化，并且在雌雄两性外表上是明显的（Marrable，1971）。妊娠 36～55d 被认为是一个异速发育阶段，此时腺体的发育速度比整个胎儿都要快。这一阶段乳腺原基逐渐向腹侧运动，直到它们到达胎儿两侧的腹中线（Marrable，1971）。猪乳腺发育的下一个阶段与这种异速生长

相一致，包括芽或灯泡结构发出形成初生芽和乳头。这些阶段同时发生在大约妊娠 40～60d（Turner，1952）。初生芽远端延伸，并进一步深入下面的间质。乳头是由球颈部周围的间质向外生长形成的。然后，两个新芽从初级芽分支出来，并向间质深处生长（Turner，1952）。如此形成两个输乳管，每个最终形成一个单独的产乳腺体（Hughes and Varley，1980）。当芽开始分支形成导管树时，乳头继续形成。初生芽的管道化（管腔形成）开始于妊娠约 85d，并开始形成导管树和输乳管的管腔。乳腺结构在妊娠期的剩余时间里继续生长。除了分泌性的小叶腺组织外，乳腺的主要结构成分是在仔猪出生时形成的。

2. 初情期前期

出生时，仔猪的每个乳腺由乳头组成，包括乳头的厚结缔组织基部、由脂肪小叶和结缔组织组成的脂肪垫、两个输乳管和几个分支到脂肪垫的导管。这些结构在出生后，直至初情期前期继续生长。在此期间，实质组织的生长受到一些因素影响，包括乳腺发育相关激素和营养。这种组织反应是调控猪初情期前乳腺发育的基础。

在围产期，乳腺组织似乎对乳腺发育相关激素有反应。例如，妊娠期间饲喂玉米赤霉烯酮的母猪所产的小母猪在出生后 1 周就有雌激素分泌过多的迹象，发生外阴肿胀和乳腺的早期发育（Chang et al.，1979）。玉米赤霉烯酮是一种具有强雌激素活性的真菌毒素。从该研究中还不清楚早熟的乳腺发育是发生在仔猪出生前还是在经日粮处理后的母猪哺乳期。有趣的是，Sørensen 等（2002）观察到 5 日龄的母猪有高比例的分裂的乳腺上皮细胞。值得关注的是，猪在断奶前早期经历的生理环境可能影响其后期的腺体发育。

直到大约 90 日龄，在没有外部刺激的情况下，乳腺和脂肪垫的生长实质大多是缓慢的（Sørensen et al.，2002）。此后，组织生长迅速增加，直至初情期。与 90 日龄前相比，90 日龄后乳腺湿重累积率增加了 5 倍以上，每个腺体的 DNA 增加了近 4 倍（图 5-2）。70 日龄后乳腺快速生长，同时血液循环中的雌激素增加，伴随着卵巢湿重和卵泡数量及大小的增加，这一现象持续到初情期（Dyck and Swierstra，1983）。在大约96～154日龄间，尿液排出的雌二醇量增加，然后达到一个平稳期，直到第一次发情前不久才降低（Camous et al.，1985）。

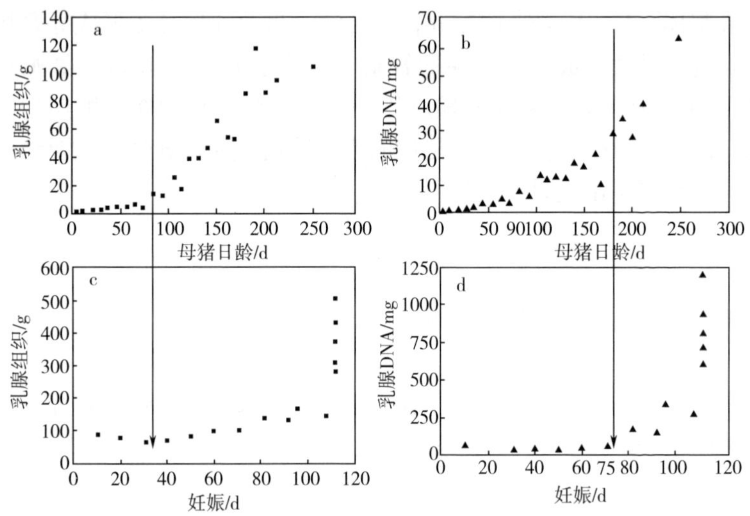

图 5-2 后备母猪和妊娠母猪乳腺发育拐点（修自于 Sørensen et al.，2002）

3. *初情期后期*

在初情期后，随着生殖周期相关的激素水平的变化，特别是雌激素的增加，使得脂肪垫内腺体持续生长，导管系统继续伸长和产生分支。与初情期前阶段的研究相比，母猪初情期后乳腺发育阶段的研究较为有限。大多数用于繁殖目的的母猪在到达初情期后不久就繁殖了。因此，它们只经历有限次数的发情周期。对比屠宰时的黄体表明，处于发情周期的母猪确实比非发情周期的母猪有更多的乳腺总DNA和RNA（实质组织加上实质外组织），这一观察结果与雌激素刺激下导管生长并伸长于乳腺脂肪垫相一致（Sørensen et al.，2006）。已有报道，发情期的母猪体内正在分裂的腺体细胞比例高于处于发情间期母猪（Sørensen et al.，2002）。

4. 妊娠期

在妊娠的前2/3阶段，乳腺的生长受到限制。乳腺组织重量和DNA含量在第二个发情周期和妊娠早期之间是没有区别的（Sørensen et al.，2002），在此期间导管发育进展缓慢（Kensinger et al.，1986）。据估计，乳腺组织的生长率的拐点大约发生在妊娠的第74天（Ji et al.，2006）。在第75天之后，乳腺泡小叶发育显著增加（Kensinger et al.，1986）。在妊娠第75～105天，实质组织的DNA增加了4倍，总的实质DNA增加了9倍（图5-2）（Weldon et al.，1991）。实质组织重量增加超过200%，而实质脂质减少近70%，表明实质组织中的脂肪细胞减少，而实质则变大，上皮结构密度增加。在此期间，实质外组织也增加了近170%（Weldon et al.，1991）。妊娠第75天以后的组织蛋白增长速率是第75天以前的13倍（Ji et al.，2006）（图5-3）。乳腺实质横截面积在第80～100天增加了近4倍，然后在第100～110天又增加了大约30%（Hurley et al.，1991）。单个乳腺的生长速率根据乳腺线上的位置而变化，其中中间腺体（腺体3、4和5）组织重量最大，其次是前部腺体（腺体1和2）和后部腺体（腺体6、7和8）生长最慢（Ji et al.，2006）。

在妊娠第90天，乳腺上皮细胞相对未分化（Kensinger et al.，1986），这是实质组织快速生长的时期（Ji et al.，2006）。上皮细胞分化在第105天开始，在第112天进一步分化，表现为细胞内乳脂滴增加和粗面内质网扩张（Kensinger et al.，1986）。在最后一头仔猪出生后的几个小时，上皮细胞已经达到了分泌组织的典型细胞极性。此外，乳腺泡腔似乎含有乳汁，但不是初乳。仔猪去除乳腺分泌物会导致分娩后其分泌物成分快速变化（Hurley，2015），这可解释观察到有乳汁在肺泡腔但不是初乳的现象。泌乳第4天，上皮细胞的超微结构分化完成（Kensinger et al.，1986）。

与妊娠期正常饲喂日粮相比，妊娠早期至第70天期间减少饲喂以及随后在妊娠剩余时间内过量饲喂的母猪，其妊娠第110天的乳腺的总实质组织和部分脂肪组织的DNA和RNA含量较少

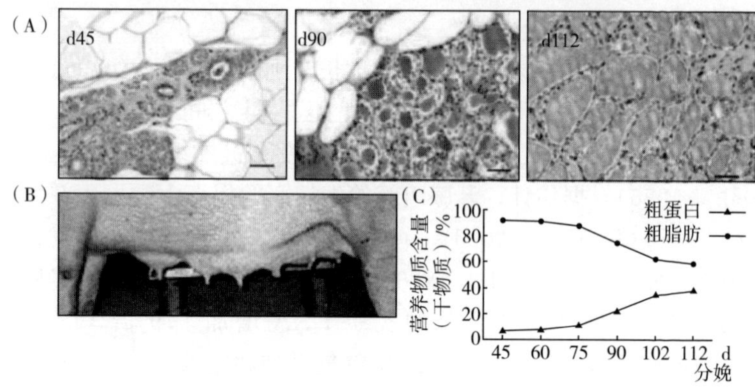

图 5-3　母猪妊娠阶段乳腺发育 (Ji et al.，2006)（见彩插）

(A)—乳腺细胞。随着妊娠进程，乳腺细胞逐渐增多（红色），脂肪细胞逐渐减少（白色）；(B)—母猪乳房；(C)—乳腺粗蛋白和粗脂肪含量变化

（从妊娠 75 天开始，乳腺组织在组织雪上变化非常显著，乳腺中的脂肪组织和基质组织开始逐渐被乳泡小叶所取代，乳腺组织的脂肪含量降低，蛋白含量快速增加）

(Farmer and Hurley，2015)，说明妊娠期采食量会影响乳腺实质发育。尽管如此，也有报道发现，妊娠期日粮蛋白质水平不会显著影响初产母猪的乳腺实质发育（Farmer，2013；Farmer and Hurley，2015)。研究证实妊娠期日粮能量水平也会影响乳腺发育，饲喂适宜能量水平的母猪的实质组织重量较饲喂高能量水平母猪的重，且前者比后者总腺体实质的 DNA、RNA 和蛋白质含量更高 (Farmer et al.，2016)。初产母猪的体况与妊娠末期乳腺发育程度相关。妊娠末期乳腺实质组织中的 DNA 和 RNA 浓度随着背膘厚度的增加而降低。妊娠末期，高背膘母猪的外实质组织比低背膘母猪多。高背膘母猪乳腺组织中细胞增殖的比例高于低背膘母猪 (Farmer et al.，2016b)。妊娠末期低背膘母猪的乳腺发育受负面影响，而中高背膘（P＞26mm）母猪的乳腺发育不受影响。背膘的厚度在整个妊娠期间保持不变，也会影响乳腺的发育。另外，交配时较瘦的母猪比妊娠第 110 天较重的母猪有更高的乳腺实质 DNA 和 RNA 浓度（Farmer et al.，2016b)。

5. 泌乳早期

随着初乳的形成和泌乳的两个阶段，乳腺在分娩前后经历了显著的功能分化（Pang and Hartmann，2007）。初始阶段是分泌分化阶段，发生在妊娠晚期，此时乳腺上皮细胞分化而具有合成独特乳成分的能力。根据乳腺细胞结构和代谢的变化（Kensinger et al.，1986），以及尿液中乳糖浓度的增加（Hartmann et al.，1984），表明母猪在分娩前8～10d进入分泌分化阶段。分泌激活是第二阶段，这时大量的乳汁开始分泌。分泌激活与许多乳汁成分浓度的快速变化有关。早期研究表明，分泌活动开始于分娩前2d或3d（Kensinger et al.，1986）。然而，仔细评估仔猪在分娩后最初几个小时内的生长情况，发现仔猪的体重变化分为两个阶段，最初的增长在分娩后20h左右达到稳定，随后在第3小时左右开始持续增长（Theil et al.，2014）。后者的变化与分娩后大约一天半开始分泌大量乳汁的情况是相符合的。

猪的乳腺在泌乳期间快速生长（Kim et al.，1999）。例如，在分娩当天至泌乳第21天，总腺体DNA增加了82%（Kim et al.，2001）。泌乳期间腺体的生长受乳汁排出的刺激（Farmer and Hurley，2015）。泌乳期间的乳汁合成和乳腺组织生长都与系统激素和局部乳腺排乳的反应有关。泌乳期间乳腺发育的程度取决于排乳所需的程度，也称为泌乳强度（King，2000；Hurley，2001）。这种强度是由一些因素决定的，如乳汁排出的频率和完全性、其哺乳的后代数量和大小，以及乳腺刺激所释放的激素浓度（Kim et al.，2000；Hurley，2001）。某些品种（约克夏×长白猪杂交品种）母猪在分娩后不久就建立了仔猪强烈的乳头偏好和协调的哺乳模式。以上因素决定了仔猪的生长与仔猪吮乳的单个腺体的生长密切相关（Kim et al.，2000；Nielsen et al.，2001）。

分娩时腺体的大小部分取决于在母体腹部表面的位置。根据仔猪的大小和腺体的位置，在分娩后和泌乳期的最初几天，单个腺体可能会出现不同的发育模式。将泌乳第5天乳腺组织的平均DNA含量（Kim et al.，1999）与分娩当天乳腺组织的平均DNA含量

(Kim et al.，2000) 进行比较，得出了泌乳最初几天乳腺生长的图像。产仔数和仔猪出生重（1.34～1.49kg）的标准化为母猪各乳腺部位提供了相对应的泌乳强度。分娩时总DNA最少的乳腺（1号、6号和7号乳腺）在泌乳的最初5天内迅速生长，与其他乳腺部位接受相同的泌乳强度，尽管这些乳腺在第5天平均仍是最小的。2号和3号腺体在分娩时处于总DNA的中间位置，且在第5天之前几乎不生长。最后，哺乳直到第5天，相对于其他腺体分娩时最大的腺体即4号和5号，可能具有过剩的产奶能力，且腺体可能在分娩后第5天经历退化。哺乳诱导的所有腺体的乳腺生长发生在泌乳第5天之后，一直持续到泌乳高峰期（Kim et al.，1999)。在产后最初的几天里，个别腺体可能会根据仔猪的需求生长或短暂退化。腺体大小与分娩后几天所受泌乳强度之间的关系目前还没有得到充分的研究。而通过内分泌、营养或任何其他方式增加分娩时的腺体大小，只有在分娩早期增加泌乳强度时才有显著的效果。在泌乳早期将日龄较大的仔猪由母猪哺乳确实会在这段时间内产生更多的乳汁（Farmer and Hurley，2015)。

综上所述，母猪的乳腺从胚胎早期开始经历一系列发育阶段（图5-4和图5-5)。尚未能完全描述胚胎和胎儿乳腺形态发生的特征。此外，关于控制乳腺发育的因素的研究报道还较有限。新生猪乳腺经历的激素和代谢环境对其后续发育和泌乳功能的影响尚未被报道。在出生后最初的3个月里，乳腺是等体积生长的，随后是异常快速生长期，直到初情期。初情期前期乳腺发育的后阶段有机会通过激素或营养手段从外部促进乳腺生长。关于初情期后期乳腺发育时期的研究报道也是有限的，部分原因是能繁母猪只在经历很短的发情周期后就开始繁殖。怀孕后，在妊娠的前2/3时期，腺体生长缓慢。大约在妊娠75～80d，受几种激素的刺激腺体开始快速生长，包括雌激素、松弛素和催乳素。抑制这些激素会损害妊娠晚期的乳腺发育。虽然乳腺的发育对成功泌乳至关重要，但即使是在妊娠晚期发育不良的乳腺也可能在吮乳刺激下成功分泌乳汁。这强调了吮乳和排乳在刺激产后乳腺发育中的重要作用。

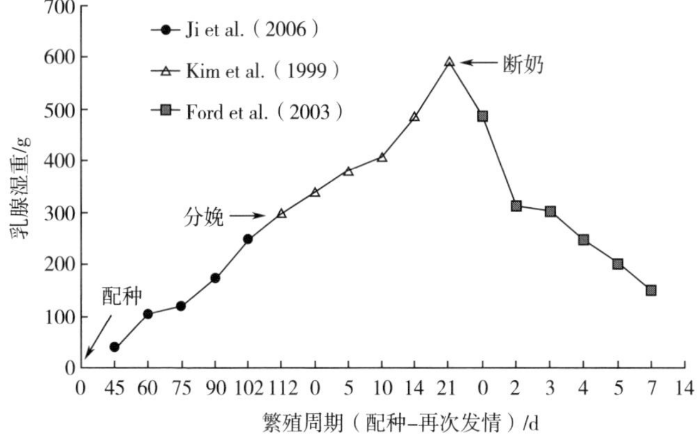

图 5-4 繁殖周期母猪乳腺发育

（修自于 Kim et al.，1999；Ford et al.，2003；Ji et al.，2006）

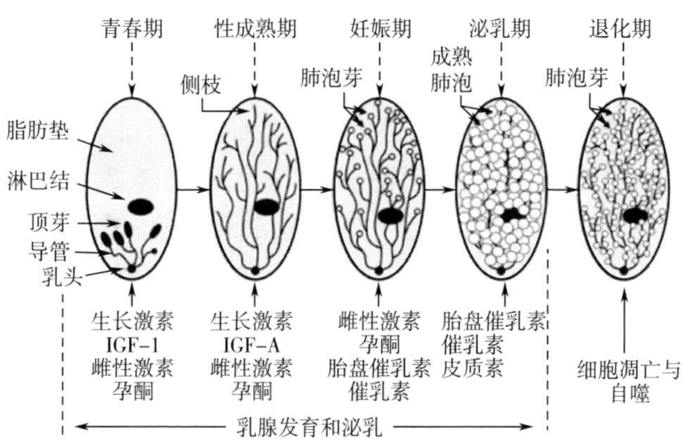

图 5-5 哺乳动物的乳腺发育窗口期（修自于 Rezaei et al.，2016）

[乳房发育始于胎儿发育早期。出生后，乳腺导管通过细胞增殖而伸长。在青春期开始时，血浆中高浓度的生长激素与胰岛素样生长因子刺激乳腺导管增殖，在导管尖端形成顶芽（TEBs）。在雌激素的影响下，TEBs 活跃增殖，形成导管分支，充盈乳腺脂肪垫。在这一阶段后，顶芽退化。妊娠期，孕酮和催乳素促进小叶肺泡发育形成肺泡芽。在泌乳开始时，形成能够产生和分泌乳汁的成熟肺泡。新生儿吮吸乳头会导致肺泡周围的肌上皮细胞收缩，促进乳汁通过导管喷射到乳头内。断奶后，泌乳停止，乳腺通过细胞凋亡和自噬退化至非泌乳状态]

二、乳腺发育的激素调控

母猪性成熟以后，许多激素与乳腺发育有关，如雌激素、催乳素、胎盘催乳素和松弛素等。激素对乳腺发育不是单一作用，而是协同作用于乳腺从而促进其发育。

催乳素可影响初情期前乳腺发育。血浆催乳素浓度在分娩后的最初一个月内升高，在断奶后下降，然后在初情期前的剩余时间内缓慢升高至恒定水平（13～15ng/ml；Camous et al.，1985）。将重组猪催乳素应用于初情期前约 141～170 日龄（75kg 体重）的母猪发现，血液循环中的催乳素水平呈剂量依赖性增加（Farmer and Palin，2005）。初情期前期催乳素的变化与该时期乳腺组织生长速度的变化相重合（Sørensen 等，2002），这提示乳腺发育受催乳素处理刺激，组织学上表现为乳腺泡腔和导管腔扩张，腔内存在分泌内容物（McLaughlin et al.，1997）。母猪催乳素处理后，170 日龄时乳腺实质重量、实质蛋白和 DNA 百分比、总蛋白质和 DNA 含量均增加，脂肪含量降低（Farmer and Palin，2005）。此外，乳腺实质组织和垂体前叶催乳素的 mRNA 水平均降低（Farmer and Palin，2005）。然而，垂体前叶中催乳素受体的 mRNA 水平不受催乳素处理的影响，但乳腺实质催乳素受体 mRNA 水平增加。另外，催乳素处理的母猪乳腺组织中信号转导子和信号转导激活子 5A 和 5B 的 mRNA 水平显著增加，而外周实质组织不受催乳素处理的影响（Farmer and Palin，2005）。这些关于外源性催乳素的研究都没有观察到催乳素剂量的不同效应，这表明即使是低剂量的催乳素也足以促进该阶段的乳腺发育。

为了促进乳房发育和泌乳，在妊娠后期添加或注射催乳素的实验取得了不同结果。有研究报道，从妊娠第 107 天到哺乳第 2 天，注射猪催乳素对经产母猪哺乳性能没有影响（Crenshaw et al.，1989）。另外水飞蓟素是乳蓟的一种提取物，服用后会导致妊娠后期催乳素浓度在短期增加，但这种对催乳素的效应也并不对乳腺发育有积极影响（Farmer et al.，2014）。另外，不同报道结果发现，

从妊娠第 102 天到泌乳结束，给母猪注射猪催乳素对产奶量有负面影响（King et al.，1996）。妊娠后期外源性催乳素可能导致过早泌乳，破坏产仔与乳汁开始分泌的正常同步。另一方面，用催乳素处理泌乳母猪并不能提高产奶量，可能是因为催乳素受体已经被内源催乳素最大限度地特异性结合（Farmer et al.，1999）。

雌激素是另外一个促进乳腺发育的重要激素。对 5 个月大的青年母猪用雌激素或孕酮处理 3d，发现其对末端导管小叶单位（terminal ductal lobular units，TDLU）的组织学密度和其发育的相对阶段没有影响（Horigan et al.，2009）。雌激素的使用确实增加了乳腺组织中顶芽的出现。顶芽是在伸长导管末端观察到的带帽结构，或者是在 TDLU 内导管末端的盲端结构（Horigan et al.，2009）。此外，大量研究使用了被认为具有雌激素活性的植物来源成分，以促进初情期前母猪的乳腺发育（Farmer，2013；Farmer and Hurle，2015）。例如，亚麻籽富含亚麻木酚素，具有雌激素活性。从 88 日龄到初情期，给母猪喂亚麻籽会导致脂肪酸组成的变化，但对雌二醇或催乳素的循环没有影响，对乳腺发育也没有任何影响。亚麻籽处理也不影响几个主要上皮细胞增殖相关基因的表达。有趣的是，在妊娠后期和哺乳期饲喂添加亚麻籽的日粮的初情期母猪乳腺具有更高的实质蛋白和更大的实质重量。在 90～183 日龄，日粮中添加大豆植物雌激素（phytoestrogen）和染料木素（genistein），可使乳腺实质 DNA 增加，但对乳腺生长因子受体基因的表达或催乳素、雌二醇、孕酮或 IGF-1 的循环浓度没有影响。总的来说，在初情期前给母猪喂这些弱雌激素在促进乳腺生长方面取得的成效有限。

生长激素在猪妊娠期乳腺发育中的作用中没有像催乳素那样受到重视。从妊娠第 108 天开始并持续到泌乳第 24 天，给母猪注射生长激素对产奶量或断奶重没有影响（Cromwell et al.，1992）。有趣的是，只有当循环催乳素也减少时，才能观察到降低循环中生长激素对泌乳大鼠的影响（Flint et al.，1992），这提示生长激素发挥对猪乳腺发育和泌乳的作用可能需要同时抑制催乳素的分泌。

松弛素在妊娠母猪乳腺发育中的作用已通过卵巢切除的妊娠母猪实验模型得到证实（Hurley et al.，1991）。松弛素由猪的黄体分泌，这种激素需要同时或预先接触雌激素才能显示其效果。松弛素缺乏的母猪妊娠后期乳腺发育迟缓（Hurley et al.，1991）。试验中常将妊娠第80天切除卵巢并在第80～113天注射孕酮的妊娠母猪用于评估松弛素缺乏对随后泌乳性能的影响（Zaleski et al.，1996）。与富含松弛素的母猪相比，对松弛素缺乏的母猪剖宫产发现，乳腺发育明显减少，这与早期研究的观察结果一致（Hurley et al.，1991）。松弛素缺乏对仔猪吮乳时间、仔猪死亡率、乳成分、第28天乳腺横截面积或泌乳期间母猪体重变化没有显著影响。

激素之间调控乳腺发育的相互作用具有协同效应。Winn等（1994）单独将孕酮、雌激素和/或松弛素或其相互的组合处理去卵巢的初情母猪10天发现：没有激素处理或只用孕酮处理的母猪对乳腺发育没有影响，表明在没有其他激素的作用下，孕酮并不影响乳腺发育；接受雌激素或雌激素加孕酮处理的母猪乳腺发育效果也非常有限；仅接受松弛素处理的母猪乳腺发育甚至比仅接受雌激素处理的母猪更加有限，这表明松弛素单独处理对乳腺发育也没有显著影响；但用松弛素加孕酮处理较只接受松弛素处理的乳腺发育稍好；值得注意的是，在接受雌激素加松弛素或雌激素加松弛素和孕酮处理的母猪中，激素对乳腺生长的协同作用是明显的，致使乳腺组织的发育与分娩前的相似。

第二节　乳质和泌乳量对哺乳仔猪生长的决定性作用

一、泌乳量和常规乳成分对哺乳仔猪生长的影响

母猪的泌乳力和乳汁质量很大程度决定了所哺育仔猪的生长速度与成活率，间接影响仔猪断奶后的生长。相较于40年前，由于母猪每窝产仔数增加，现在的母猪带仔数更多。因此，母猪需要更

大的泌乳量才能满足仔猪的生长需要，事实上，从1935～2010年，母猪的泌乳量增加了4倍。相同地，据统计现代猪场优良母猪（2012年）每天产奶量高达9.2kg/d，这比过去的母猪仅为6.9kg/d的产奶量高出34%（表5-1）。但由于品种筛选，目前的母猪大多为高瘦型，从而导致其采食量不高（Tribout et al.，2003）。这说明目前的乳腺组织已适应了母猪的泌乳需要，但如果不进行合适的营养调整及管理，将使母猪处于严重的分解代谢状态，会影响母猪的繁殖及泌乳性能。母猪的繁殖性能，是决定断奶仔猪数及仔猪断奶重的关键因素。仔猪的断奶重，是影响其终身生长性能的关键因素，对养殖产业的经济效益意义重大。

表5-1　1985—2012年母猪生产性能和乳成分的变化（Rosero et al.，2016）

项目	1985年	2012年	
	平均水平	平均水平	优秀
总产仔数/头	11.2	13.4	15.1
断奶仔猪/头	8.6	10.3	11.5
窝增重/（kg/d）	1.60	2.09	2.35
泌乳量/（kg/d）	6.9	8.2	9.2
养分输出/（g/d）			
乳糖	385	458	512
乳蛋白	379	450	501
乳脂肪	526	626	699

乳蛋白主要包括酪蛋白、乳清蛋白、β-乳球蛋白、乳铁蛋白、免疫球蛋白和血清白蛋白。相对于人和其他家畜，母猪乳中的乳清蛋白、β-乳球蛋白和免疫球蛋白含量比较高，分别占到了20g/L和9.5g/L（表5-2）。就母猪而言，酪蛋白中α-S1含量最高，达到了71.4%，初乳中免疫球蛋白G含量高达62～94g/L，常乳中免疫球

蛋白A最高（3.4～5.6g/L）（表5-3）。在仔猪刚出生的最初几个小时内初乳的数量和质量，对仔猪的生存及其随后的发展和保证猪场生产利润至关重要。实际上，在泌乳过程中损失的仔猪有2/3是在出生后的前三天内死亡的（压死、低血糖和虚弱）。在哺乳期剩下的时间里，其余30%的损失仔猪中有1/3是由于败血症造成的。

表5-2 哺乳动物常乳中蛋白质的组成 单位：g/L乳汁

蛋白质	牛	猪	绵羊	山羊	马	人
酪蛋白	28.0	28.0	46.0	29.0	13.6	4.4
α-S1	10.6	20.0	16.6	4.3	2.4	0.5
α-S2	3.4	2.4	6.4	5.8	0.2	0.0
β	10.1	2.3	18.3	11.2	10.7	2.8
K	3.9	3.3	4.5	7.7	0.2	1.0
乳清蛋白	6.0	20.0	10.0	5.0	8.3	6.6
α-乳白蛋白	1.2	3.0	2.4	0.9	2.4	2.8
α-乳球蛋白	3.2	9.5	6.4	2.3	2.6	0.0
乳铁蛋白	0.02～0.2	0.1～0.25	0.1	0.02～0.2	0.6	3～4
转移蛋白	0.02～0.2	0.02～0.2	0.1	0.02～0.2	0.1	0.02～0.03
免疫球蛋白	1.1	6.6	0.4	0.4	1.6	1.2
血清白蛋白	0.4	0.5	0.5	0.6	0.4	0.5

注：改编自Park and Haenlein，2006；Gallagher et al.，1997。

表5-3 母乳中免疫球蛋白的组成 单位：g/L乳汁

物种	母乳种类	免疫球蛋白A	免疫球蛋白G	免疫球蛋白M
母牛	初乳	3.9	50.5	4.2
	常乳	0.2	0.8	0.05

续表

物种	母乳种类	免疫球蛋白 A	免疫球蛋白 G	免疫球蛋白 M
山羊	初乳	0.9～2.4	50～60	1.6～5.2
	常乳	0.03～0.08	0.1～0.4	0.01～0.04
绵羊	初乳	2	61	4.1
	常乳	0.06	0.3	0.03
母猪	初乳	10.0～26	62～94	3.0～10.0
	常乳	3.4～5.6	1～1.9	1.2～1.4
人	初乳	17.4	0.43	1.6
	常乳	1	0.04	0.1

注：改编自 Park and Haenlein，2006；Gallagher et al.，1997。

母猪的胎盘是上皮绒毛膜胎盘，不会通过胎盘转移免疫成分，因此新生仔猪要依靠食用初乳来获得被动免疫（Wang et al.，2017）。初乳是乳腺的第一种分泌物，也是母体免疫球蛋白的来源，此外还提供其他具有免疫调节作用的可溶性免疫成分、细胞因子和白细胞。初乳还提供高消化率的营养物质及能量来源（乳糖和脂肪），并含有有助于仔猪重要器官和肠道正常发育的天然生长因子。初乳中的高 IgG 含量定义了被动的系统免疫。出生第 3 天，血浆 IgG 含量低于 10mg/ml 的仔猪的死亡率是高于 10mg/ml 的仔猪的三倍（Cabrera et al.，2013）。IgA 水平有助于保护肠黏膜免受消化病原体的侵袭。对应地，仔猪出生的第一天到第三天，胃的重量增加了 26%～54%，而体重增加了 7.5%～23%。小肠的重量增加了 70%，长度增加了 24%，直径增加了 15%，绒毛高度增加了 33%，而酶活性在上述时间内也增加了 80%～200%（Wang et al.，2014）。

二、乳中功能性小分子物质对哺乳仔猪生长的影响

对多种哺乳动物而言，乳汁是其哺乳仔代的唯一营养来源，乳中的乳脂、乳糖、生长因子、免疫球蛋白、矿物质成分及其他各种营养成分在维持仔代生长发育、机体免疫等方面发挥关键作用。仔猪在娩出后，环境温度远低于宫内温度，初生仔猪的体脂含量极少，初乳中较高含量的乳脂及乳糖为仔猪提供了能量，提高了机体的新陈代谢率，以及在维持机体的体内温度平衡中发挥关键作用，可有效提高仔猪活力，降低了仔猪哺乳初期的死亡率（Muns et al.，2016）。初乳中也含有较高浓度的生长因子及免疫球蛋白。仔猪在哺乳两周内，肠道组织迅速发育成熟，肠道的变化在哺乳第1天尤为显著，而表皮生长因子（epidermal growth factor，EGF）、类胰岛素生长因子-1（insulin growth factor-1，IGF-1）、生长因子-β（growth factor- β，TGF-β）、胰岛素和瘦素等在其中发挥关键作用（Xu et al.，2002）。由于初生仔猪的免疫系统未发育完全，其免疫能力极度依赖于从母乳中摄入的免疫球蛋白及乳铁蛋白等物质提供的被动免疫，这些乳汁中的免疫成分为哺乳仔猪提供抵御病原菌和病毒侵袭的能力（Rooke and Bland，2002）。在分娩24h内产生的母乳为初乳，在此之后乳成分逐渐稳定，成为常乳。常乳的主要作用是为仔猪提供营养需要，相比于初乳，常乳中含有更多的乳糖及乳脂，从而满足仔猪的能量需要（Szyndler-Nędza et al.，2013）。乳汁中的一些其他营养成分对仔猪生长也有重要调控作用，乳糖不仅可调控仔猪肠道菌群成熟，对其肠道中短链脂肪酸（short-chain fatty acids，SCFA）和乳酸等物质的含量也有显著影响，此外乳汁中的Ca、Mg、K、Na等矿物质成分在仔猪的肠道菌群定植及成熟过程中也发挥重要作用（Szyndler-Nędza et al.，2013）。

目前，国内外对猪乳的功能研究主要集中于其中含有的主要营养成分、生长因子及免疫球蛋白等物质，而在人类及奶牛中的研究发现，乳汁中多种微量营养物质对哺乳仔代的生长也发挥着关键作

用（Eriksen et al.，2018）。另外，人类乳汁中含有的多种寡糖成分，在促进婴儿肠道菌群及机体免疫系统成熟中发挥重要作用。如唾液酸化寡糖，其可通过重塑哺乳仔代的肠道菌群结构，促进生长发育迟缓儿童的生长（Charbonneau et al.，2016）。除营养物质外，非健康状态的母体乳汁内还可能含有污染物，对哺乳仔代的生长产生负面效应。肠道病原菌产生的神经毒素β-N-甲氨基-L-丙氨酸（β-N-methylamino-L-alanine，L-BMAA）便可通过母体代谢进入乳汁，最终导致哺乳仔代的大脑发育受损（Oskar et al.，2013）。最近的研究表明：环境中存在的污染物如二噁英、全氟辛酸等物质，也可通过母乳抑制仔代的生长发育及肠道菌群成熟（Iszatt et al.，2019）。但目前母猪乳源寡糖的生理功能，以及猪乳中的毒害物质对哺乳仔猪生长的影响鲜有报道。因此有效利用高通量的代谢组学技术，探究猪乳中小分子代谢物的功能对提高母猪泌乳性能有重要生产意义。

Tan 等（2018）在母猪胎次、背膘、寄养后仔猪数、窝重、均重等条件一致的情况下，基于仔猪断奶窝重的差异，筛选 66 头母猪构建高（H，断奶窝重＞57.01kg）和低（L，断奶窝重＜46.15kg）泌乳性能模型，测定并分析母猪氧化应激、常规乳成分、乳汁小分子代谢物。结果表明：低泌乳性能母猪分娩当天的氧化应激水平较高，断奶当天的氧化应激水平有增加的趋势（Wang et al.，2018）。有趣的是，低泌乳性能母猪初乳中的乳脂含量有降低的趋势，且常乳中的乳糖含量显著降低（表 5-4）（Tan et al.，2018）。乳脂和乳糖是仔猪生长发育的主要可消化能量来源。对于新生仔猪而言，初乳中的脂肪是预防新生仔猪死亡的主要能量来源，大约提供了所需能量的 50%。相比之下，常乳中的乳糖是哺乳仔猪的主要能量来源（McNamara et al.，2002；Kim et al.，2013）。以上研究意味着无论是初乳还是常乳，高泌乳性能组的母猪乳汁中在不同阶段主要能量来源浓度较高。母猪乳汁中脂肪含量在产后 24h 内增加，说明仔猪在出生后第一天对脂肪的需求量较大。不同的是，乳糖的浓度在整个哺乳期都会增加（Theil et al.，

2014)，这表明仔猪对乳糖的需求量在不断增加。初乳中的高脂肪和常乳中的高乳糖有利于仔猪的生长，这表明开发功能性仔猪饲料添加剂具有潜在的应用前景。

表 5-4　不同泌乳性能母猪乳中常规乳成分含量 (Tan et al.，2018)

乳种类	项目	乳脂/%	乳蛋白/%	乳糖/%	总干物质/%
初乳	LL	4.65	19.06	4.26	34.92
	HL	5.66	18.98	4.30	35.71
	SEM	0.50	1.21	0.20	1.29
	P-Value	0.05	0.95	0.84	0.55
常乳	LL	8.24	6.14	6.80	28.16
	HL	7.59	5.94	7.13	28.90
	SEM	0.4	0.16	0.1	0.44
	P-Value	0.12	0.23	<0.05	0.10

注：LL—低泌乳性能母猪，HL—高泌乳性能母猪，SEM—标准误。

乳汁代谢组学的研究结果还发现：高低泌乳性能母猪乳汁中，碳水化合物代谢物及氨基酸代谢物含量均存在显著差异，有 13 个碳水化合物代谢物存在显著差异，18 个氨基酸代谢物存在显著差异。其中，高泌乳性能母猪常乳中谷氨酸及谷氨酰胺含量显著高于低泌乳性能母猪 (Tan et al.，2018)。谷氨酸及谷氨酰胺是肠道细胞的主要能量来源，谷氨酸可通过转化为 α-酮戊二酸，氧化生成 ATP 产生能量，从而维持细胞增殖 (Csibi et al.，2013；Woods and Chapes，1994)。谷氨酸及谷氨酰胺对仔猪的肠道发育也至关重要 (Peng et al.，2013)。在初乳代谢组中也发现：低泌乳性能组的甘露醇明显高于高泌乳性能组。甘露醇是植物、藻类、真菌和地衣内含有的最常见的糖醇之一，但哺乳动物不含甘露醇 (Bonin et al.，2015)。乳甘露醇可能来自饲料或肠道微生物群，被认为是

肠道通透性的标志物（Miki et al.，1996）。上述结果表明低泌乳性能组母猪可能存在着肠道屏障损伤、潜在的乳腺炎或细菌感染（Tan et al.，2018）。该研究还发现高泌乳性能组的葡萄糖醛酸内酯显著高于低泌乳性能组。葡萄糖醛酸内酯是一种重要的代谢产物，参与尿苷二磷酸的葡萄糖代谢，是哺乳动物代谢药物、免疫调节和造血的必需物质（Rowland et al.，2015；Csibi et al.，2013），这暗示在高泌乳性能组较高浓度的葡萄糖醛酸内酯可能有利于仔猪肝脏健康和抗感染。

三、影响初乳或常乳生产的因素

（一）母猪泌乳力的个体差异

每头母猪平均每天初乳产量在 1.5～5.5kg（Quesnel et al.，2019），估计平均每头母猪 3.5kg。而 Craig 等报道母猪初乳产量从 0.65kg/d 到 9.42kg/d（Craig et al.，2019）之间变化，个体差异巨大。母猪体重、胎次（最佳胎次为 2～4 胎）、体况和分娩情况都会影响每头母猪初乳差异范围。分娩前的应激因素（Merlot et al.，2019）及其怀孕期间的福利条件（Oliveira et al.，2014）也已被证明对初乳的生产有直接影响。

（二）窝产仔数和仔猪初生重

体型越大，每头仔猪的初乳利用率就越低。初乳的摄入量不受仔猪出生顺序的影响，但仔猪的活力确实会影响初乳的生产能力（Declerck et al.，2017）。当死胎的百分比增加时，初乳产量降低（Quesnel et al.，2019）。

据估计，每增加 100g 仔猪活重额外消耗 27g 初乳（Strathe et al.，2017）。而将最小的和中等的仔猪放在一起能刺激母猪提供更多初乳。仔猪之间的体重差异越大，每头仔猪的个体采食量差异也越大。

（三）环境因素

寒冷和潮湿会减少初乳的摄入量。例如，出生温度为 32℃ 比出生温度为20℃的仔猪，平均多消耗36%的初乳（假设出生时温度为39℃，低于适温区每降低1℃，就会减少3%）。激活体温调节机制以保证恒温对仔猪的生存至关重要。

（四）仔猪的活力及母猪的健康状况

活力是由宫内发育、围产期管理、分娩时间和产房环境条件等因素决定的。出生时低活力的仔猪限制了它们快速接触母猪乳房的能力。此外，母猪的任何传染性疾病都可能在产量和质量上干扰初乳的分泌（Person et al.，1996），说明母猪的健康状况对于初乳或常乳分泌极其重要。

第三节　脂类营养对哺乳仔猪生长的影响

一、日粮脂类对哺乳母猪性能的影响

（一）不同来源脂类量化成消化能的预测

脂类，通常被称为脂或油，是在植物和动物组织中发现的一种物质，不溶于水，但溶于非极性溶剂。在营养方面，脂类被认为是猪的一种高度可消化的能量来源；然而，由于不同的化学成分、质量和过氧化状态，不同的脂质来源在营养作用上可能会有所不同（Freeman et al.，1968；Wiseman et al.，1990）。商业上可获得的脂类来源通常是混合产品，主要是餐馆副产品和加工脂肪。加工过的脂质（如脂质副产品）可能会受到过氧化作用的影响，这会对养分的消化率、肠道的吸收能力和断奶-发情的间隔及胃肠道健康状况产生负面影响（Kerr et al.，2015；Rosero et al.，2015）。考虑到影响脂类消化和吸收率的不同因素，准确确定日粮配方中脂类来源的能量值是很有必要的。

Powles等（1995）阐述了一个预测方程，许多营养学家使用它来估算不同游离脂肪酸（free fatty acid，FFA）水平和不饱和脂

肪酸与饱和脂肪酸比值（U∶S）的脂类消化能（digestible energy，DE）含量。使用类似的方法，Rosero 等（2015）最近测定了不同 FFA 水平和 U∶S 比值的泌乳母猪的表观脂质消化率，并建立了一个更准确的估计母猪配方中脂质所含 DE 的预测方程。

$$\mathrm{DE(kcal/kg)} = 8381 - (81\times \mathrm{FFA}) + (0.4\times \mathrm{FFA}^2) + (249\times \mathrm{U:S}) - (28\times \mathrm{U:S}^2) + (12.8\times \mathrm{FFA}\times \mathrm{U:S});R^2 = 0.741$$

式中，FFA 是脂质中游离脂肪酸的浓度（%），U∶S 是不饱和脂肪酸与饱和脂肪酸的比例。

应用该预测方程所产生的预测误差相对较小（残差除以预测值；误差范围为－4.7%～2.0%）。与 Powles 等（1995）描述的方式相似，Rosero 等（2015）使用化学成分参数准确地估计了脂质的 DE；然而需要利用影响脂类消化和吸收的其他因素（如过氧化状态、内源性损失的校正）来进一步改进该方程。

（二）日粮添加脂质对母猪泌乳性能的影响

1. 日粮添加脂质对母乳的影响

添加脂类可以增加乳脂量，同时节约母猪体内相对较高的脂肪酸从头合成的能量成本（Boyd and Kensinger，1998）。Boyd 等（1995）对乳中营养物质分泌的重要决定因素进行了详尽的描述，得出结论：乳中营养物质的分泌受养分摄入和内分泌刺激的影响。Tokach 等（1992）支持了这一假设：发现泌乳母猪的能量摄入对乳汁合成有很大影响。利用 7 项已发表的研究（Schoenherr et al.，1989；Tilton et al.，1999；Lauridsen et al.，2004；Farmer et al.，2014；Rosero et al.，2015）调查了添加脂类对母猪产奶量和成分的影响。因为这些研究对产奶量采用了不同的估计方法，包括称重-吮乳-称重和回归方程（Lewis et al.，1978），所以在所有研究中，使用 Hansen 等（2012）导出的预测方程对母猪产奶量和养分产量进行了重新估计（Hansen et al.，2012）：产奶量平均为 8.4kg/d（6.7～9.8kg/d），乳脂量平均为 591g/d（401～814g/d）。当在日粮中添加脂类时，可提高产奶量 250g/d，且研究结果较为一致（15 个积极影响和 3 个负面影响）。尽管如此，以上研究添加脂类均没有达到显著提高水平。当在泌乳日粮中添加脂类时，乳脂量更高（加权平均值为 83.2g/d）且效果更一致（所有研究均报道积极影响，且 4 项有显著差异）（Rosero et al.，2016）。

乳脂量也可能受到母猪胎龄、环境温度、脂类添加水平等因素的影响。Averette 等（1999）观察到，添加脂类改善了经产母猪（第 3～5 胎）泌乳第 2 和第 3 天的乳脂量，但在初产母猪中则没有发生。Schoenherr 等（1989）得出结论：在高环境温度（32°C；90g/d 增加）时，补充脂肪对乳脂量的影响大于适温（20°C；60g/d）时的影响。图 5-6 显示了在不同研究的泌乳日粮中，随着脂类水平的增加，分泌的乳脂量也增加（Schoenherr et al.，1989；Tilton et al.，1999；Lauridsen et al.，2004；Farmer et al.，2005；Rosero et al.，2015）。总之，泌乳期日粮添加脂类改善了每日能量摄入（average daily energy intake，ADEI），母猪能

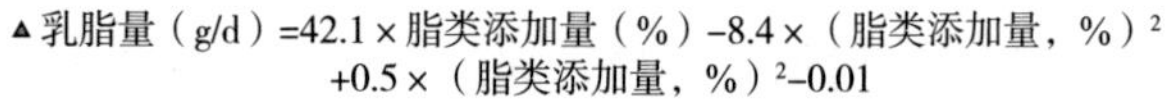

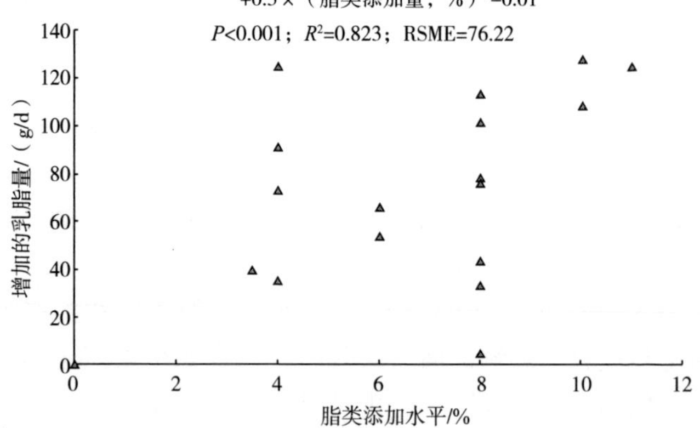

图 5-6　泌乳日粮中增加脂类补充与不添加脂类相比对乳脂量增加的影响

（修自于 Rosero et al.，2016）（总结从 1989—2015 年发表的 7 项研究结果发现：与日粮未添加脂肪相比，添加脂类对乳脂量结果确有提高。效应值大于平均值 2 个标准偏差的观察值被视为异常值被排除在外）

量摄入量似乎更倾向于分配于泌乳功能，表现在更高的乳脂量和仔猪生长速率上。母乳中较高的乳脂量对哺乳仔猪的生长有积极的影响。

2. 日粮添加脂类对母猪泌乳性能的影响

脂类作为能量和必需脂肪酸的来源被广泛应用于猪的日粮中。虽然脂类可以供能是已知的，但作为必需脂肪酸的补充及其对母猪的作用还有待进一步评估。在过去的 30 年里，学者已经广泛研究了日粮脂类对泌乳母猪及其后代的潜在益处，但是研究结果并不一致，对泌乳母猪的有利影响需要更明确。利用 1989—2012 年发表的 12 篇参考文献，总结了添加脂类对母猪和仔猪性能的影响，主要关注平均 ADEI、母猪体重变化和仔猪日增重（表 5-5）。在这项分析中，ADEI 平均代谢能（ME）为 15.9Mcal，范围为 10.4～24.3Mcal ME/d。在 12 项研究中，除了 3 项研究外，添加脂质都提高了母猪 ADEI。提高的能量摄入估计为 6.9%（考虑研究样本大小差异的加权平均值）或 1.10Mcal ME/d，这与 Pettigrew 和 Moser 早期研究中报道提高日粮脂类所增加的能量为 1.24Mcal ME/d 非常一致（Pettigrew and Moser，1991）。对 ADEI 的这种积极影响因添加脂质水平、脂质来源和环境条件而异。该调查中的研究使用了范围从 2%到 11%的脂类添加水平，只有两项研究以剂量依赖的方式调查添加脂质对热量摄入的影响（Rosero et al.，2012 a；2012b）。在哺乳期日粮中添加脂肪时，ADEI 的变化用 ΔADEI 来描述，ΔADEI（%）＝［−0.46＋（添加脂质（%）×4.5＋（添加脂质（%）^{2}×（−0.34））；$P<0.001$；$R^2=0.871$；RSME＝18.2］。虽然该综述中的研究总共使用了 13 种不同的脂质来源，但只有 3 项研究比较了不同脂质来源（Schoenherr et al.，1989；Neal et al.，1999；van den Brand et al.，2000）的影响且这些研究中没有一项报道了不同来源之间关于 ADEI 的显著差异。此外，由于与脂类的消化和代谢相关的热增量较低，预期当母猪经受热应激时会发现更大的益处。Schoenherr 等（1989）进行的研究支持这一假设。

表 5-5 日粮添加脂类对母猪泌乳性能影响的研究概况（Rosero et al.，2016）

序号	参考文献	母猪数（n）	来源	添加水平/%	ADEI/%	母猪体重变化/kg	仔猪日增重/（g/d）
1	Schoenherr et al.，1989（20℃）	10	精选白油脂	11	0.0	0.6	100
2	Schoenherr et al.，1989（32℃）	10	精选白油脂	11	19.3	−0.4	150
3	Shurson et al.，1992	112	玉米油	10	7.0	4.0	−10
4	Tilton et al.，1999	15	牛脂	10	8.8	0.1	90
5	Neal et al.，1999	40	动植物混合油	3		−0.3	−10
				6		0.5	−40
				9		0.1	−50
6	Averette et al.，1999	12	精选白油脂	10	8.6	−3.9	30
7	van den Brand et al.，2000	12	牛脂	8	−9.1	−2.5	−100
8	McNamara et al.，2002	18	动物脂肪	7	9.3	4.0	−18
9	Averette et al.，1999	160	中链脂肪酸	10	0.7	−0.2	79
			精选白油脂	10	2.8	0.2	85
10	Lauridsen et al.，2004	25	动物脂肪	8	8.2	0.3	386
			菜籽油	8	7.6	2.6	211
			鱼油	8	7.5	4.0	50
			椰子油	8	7.8	2.1	300
			棕榈油	8	9.1	3.2	304
			葵花油	8	7.8	−4.3	386

续表

序号	参考文献	母猪数（n）	来源	添加水平/%	ADEI/%	母猪体重变化/kg	仔猪日增重/（g/d）
11	Quiniou et al.，2008		大豆油	36	2.2	−2.0	140
12	Rosero et al.，2012	84	动植物混合	2	5.6	−0.7	90
				4	15.2	0.9	20
				6	15.9	−0.6	50
13	Rosero et al.，2012	55	动植物混合	2	6.8	1.9	28
				4	13.2	0.5	−31
				6	15.4	2.0	67
			精选白油脂	2	6.6	1.9	139
				4	9.9	3.3	33
				6	9.8	6.2	31
加权平均数					6.9	1.0	70.1

由表5-5可知，饲喂脂类的母猪摄入的能量较高，会略微减少母猪在泌乳期间的体重损失，加权平均值为1.0kg。然而以上研究结果并不一致（19个积极影响和9个负面影响），且只有3项研究报道了显著的改善（Shurson et al.，1992；McNamara et al.，2002；Rosero et al.，2012）。这种对母猪体重损失的积极影响取决于品种（长白猪，不是杜洛克母猪）（Shurson et al.，1992）和脂质来源（添加精选白油脂，不添加动植物混合物）（Rosero et al.，2012）。正如1991年Pettigrew和Moser的综述所提出：日粮添加脂类使断奶时的窝重提高了1.65kg（假设泌乳时间为21天，则为80g/d）。在该综述中，添加脂类持续（10篇文献报道有显著积极影响）促进了仔猪日增重的增长，加权平均值为70.1g/d（Rosero et al.，2016)。Lauridsen 等（2004）报道对仔猪日增重的加权平均值有很大贡献。在后来的研究（2000 年及以后）中，添加脂肪对窝重增加的积极作用更为显著。

二、必需脂肪酸对哺乳母猪性能的影响

（一）必需脂肪酸营养与代谢

由于动物体内缺乏十八碳烯酸 C10 位双键的去饱和酶，动物体内的亚油酸和 α-亚麻酸就显得尤为重要，为此，母畜在哺乳期间会在乳汁中分泌大量的 EFA；已知脂肪酸对仔猪的生长发育至关重要（Odle et al.，2014)。最近的研究提出：现代泌乳母猪动员身体脂肪储备在乳汁中分泌 EFA（Rosero et al.，2015)。尽管如此，从某种程度上而言，母猪日粮和动员体脂产生的 EFA 可能还是不能满足母猪本身或哺乳仔猪需要，导致繁殖泌乳性能降低。需要指出的是，这可通过专门日粮添加缺乏的 EFA 来改善。在人类研究中，EFA 参与生殖过程表明，潜在的 EFA 缺乏可能与女性不育有关，这已被证明是正确的（Rosero et al.，2016)。

脂肪酸的两个基本家族是“ω-3”（或 *n*-3）和“ω-6”（或 *n*-6)。动物可以通过微粒体的去饱和酶和延伸酶将日粮中的十八碳烯酸（亲本脂肪酸：亚油酸和 α-亚麻酸）转化为长链多不饱和脂肪酸（long chain polyunsaturated fatty acids，LC-PUFA）（图 5-7）（Sprecher，2000；Jacobi et al.，2011)。在 *n*-6 族中，亚油酸可以转化为 γ-亚麻酸［18：(3*n*-6)］、二氢-γ-亚麻酸［20：(3*n*-6)］、花生四烯酸［20：(4*n*-6)］和其他脂肪酸。在 *n*-3 家族中，α-亚麻酸［18：(3*n*-3)］可以转化为二十碳四烯酸［20：(4*n*-3)］、二十碳五烯酸［20：5（*n*-3)］、二十二碳六烯酸［22：(6*n*-3)］和其他重要的 LC-PUFA（Palmquist，2009)。十八碳烯酸向 LC-PUFA 的转化是由 *n*-3 和 *n*-6 脂肪酸共有的酶介导的，这些酶对 *n*-3 脂肪酸的亲和力大于 *n*-6 脂肪酸。因此，通过增加 *n*-3 脂肪酸的利用率［降低（*n*-6)：(*n*-3）脂肪酸的比例］，*n*-6 脂肪酸向 LC-PUFA 的转化会减少。*n*-3 和 *n*-6 脂肪酸（二高-γ-亚麻酸、花生四

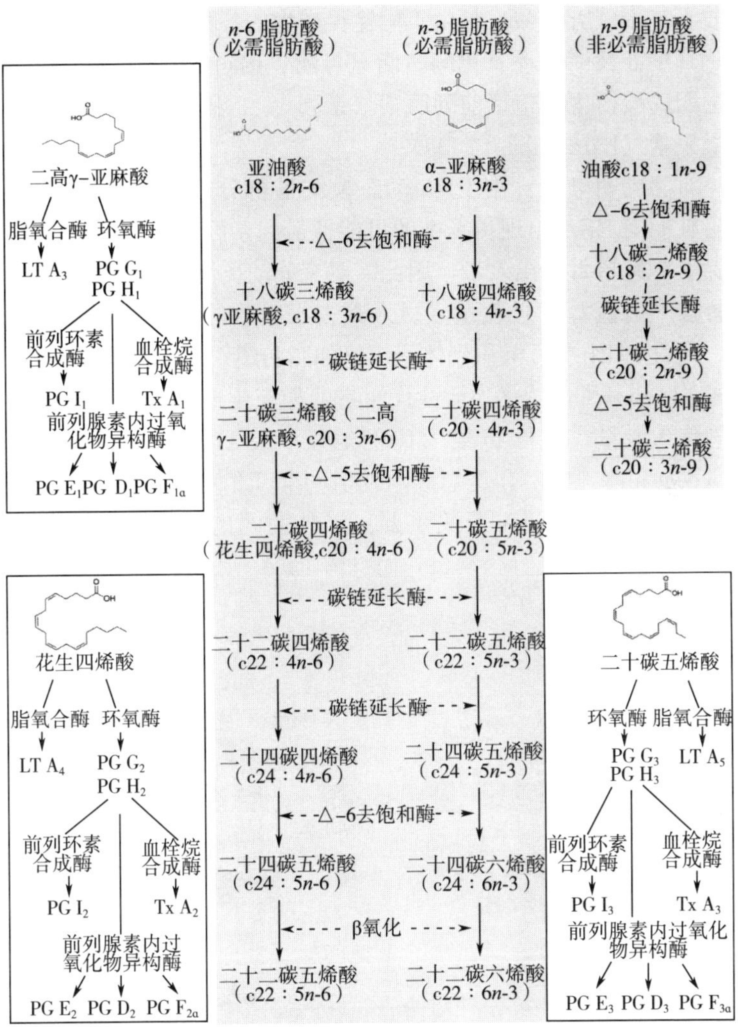

n-6 脂肪酸（必需脂肪酸）
n-3 脂肪酸（必需脂肪酸）
n-9 脂肪酸（非必需脂肪酸）

亚油酸 c18：2*n*-6
α-亚麻酸 c18：3*n*-3
油酸c18：1*n*-9

Δ-6去饱和酶

十八碳三烯酸（γ亚麻酸，c18：3*n*-6）
十八碳四烯酸（c18：4*n*-3）

碳链延长酶

二十碳三烯酸（二高γ-亚麻酸，c20：3*n*-6）
二十碳四烯酸（c20：4*n*-3）

Δ-5去饱和酶

二十碳四烯酸（花生四烯酸，c20：4*n*-6）
二十碳五烯酸（c20：5*n*-3）

碳链延长酶

二十二碳四烯酸（c22：4*n*-6）
二十二碳五烯酸（c22：5*n*-3）

碳链延长酶

二十四碳四烯酸（c24：4*n*-6）
二十四碳五烯酸（c24：5*n*-3）

Δ-6去饱和酶

二十四碳五烯酸（c24：5*n*-6）
二十四碳六烯酸（c24：6*n*-3）

β氧化

二十二碳五烯酸（c22：5*n*-6）
二十二碳六烯酸（c22：6*n*-3）

油酸c18：1*n*-9 → Δ-6去饱和酶 → 十八碳二烯酸（c18：2*n*-9）→ 碳链延长酶 → 二十碳二烯酸（c20：2*n*-9）→ Δ-5去饱和酶 → 二十碳三烯酸（c20：3*n*-9）

二高γ-亚麻酸
脂氧合酶 → LT A_3
环氧酶 → PG G_1 PG H_1
前列环素合成酶 → PG I_1
血栓烷合成酶 → Tx A_1
前列腺素内过氧化物异构酶 → PG E_1 PG D_1 PG $F_{1α}$

花生四烯酸
脂氧合酶 → LT A_4
环氧酶 → PG G_2 PG H_2
前列环素合成酶 → PG I_2
血栓烷合成酶 → Tx A_2
前列腺素内过氧化物异构酶 → PG E_2 PG D_2 PG $F_{2α}$

二十碳五烯酸
环氧酶 → PG G_3 PG H_3
脂氧合酶 → LT A_5
前列环素合成酶 → PG I_3
血栓烷合成酶 → Tx A_3
前列腺素内过氧化物异构酶 → PG E_3 PG D_3 PG $F_{3α}$

图 5-7 亲本必需脂肪酸（亚油酸和 α-亚麻酸）

转化为 LC-PUFA 和转变为类花生酸示意图（修自于 Rosero et al.，2016）

[日粮中十八碳烯酸通过微粒体去饱和酶和延长酶被转化为 LC-PUFA 成为 *n*-3 或 *n*-6 家族脂肪酸。*n*-3 和 *n*-6 脂肪酸（二高-γ-亚麻酸、花生四烯酸和二十碳五烯酸）是由不同途径产生的各种二十碳五烯酸的前体，其中涉及诸如环氧化酶、脂氧合酶、内过氧化物异构酶等。LC-PUFA 为长链多不饱和脂肪酸]

烯酸和二十碳五烯酸）是由不同途径产生的各种二十碳五烯酸的前体，其中涉及诸如环氧化酶、脂氧合酶、内过氧化物异构酶等酶。花生四烯酸衍生物包括前列腺素（系列 1、2 和 3）、白三烯和血小板凝集素（Palmquist，2009）。

对泌乳期母猪乳中 EFA 动态模式进行分析并推测（图 5-8）：在泌乳期间 EFA 出现负平衡的可能性最大，因为此时乳中的 EFA 分泌量要远超每日摄入量，因此需要充分动员体组织。泌乳期间的脂肪酸平衡值等于吸收量（摄入减去未吸收的脂肪酸）减去排出量。吸收的 EFA 可沉积到体组织（如脂肪组织、细胞膜等），延长生成 LC-PUFA，转化为活性代谢物（如花生四烯酸及其衍生物），或氧化为能量。乳腺将最大比例地吸收脂肪酸并分泌到乳汁中（Boyd et al.，1998），这意味着泌乳母猪 EFA 的平衡对于确定是否在泌乳期缺乏 EFA 至关重要。泌乳期间的 EFA 负平衡表明：EFA 从体组织中进行净动员，而身体 EFA 池的逐渐减少则最终可能影响母猪的繁殖力。

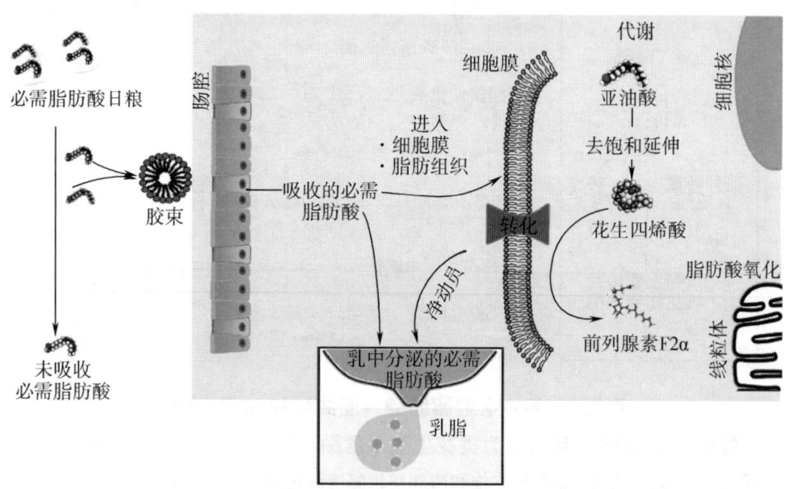

图 5-8　日粮中必需脂肪酸（亚油酸和 α-亚麻酸）转化与净平衡总结图

（修自于 Rosero et al.，2016）

Rosero 等（2015）发现对于饲喂不添加脂类日粮的母猪，乳汁中分泌的 EFA 量（90g/d 的亚油酸和 4g/d 的 α-亚麻酸）大于整个泌乳期 EFA 的估计摄入量（78g/d 的亚油酸和 4g/d 的 α-亚麻酸），由此估计这些母猪体内亚油酸达到负平衡（低至 12g/d）。由于无法估计 EFA 转化和内源性 EFA 的损失，这种明显负平衡结果的推测是保守估算的。基于 6 个已发表的研究提供了关于脂肪酸组成（日粮和乳中）、日粮摄入和产仔生长性能的充足数据进一步分析发现（Kruse et al.，1977；Stahly et al.，1981；Seerley et al.，1981；Lauridsen et al.，2004；Eastwood et al.，2014；Rosero et al.，2015）：饲喂不含亚油酸日粮的母猪泌乳期间亚油酸的表观负平衡为−25.49g/d。同样，当母猪饲喂不添加 α-亚麻酸的日粮时，α-亚麻酸的负平衡为−2.75g/d。增加额外的 EFA 可显著增加亚油酸（Rosero et al.，2016）。

尽管在泌乳期间必需脂肪酸很重要，但目前对母猪的日粮建议只规定了亚油酸的最低要求（占 0.1%的日粮或 6g/d，假设日粮摄入量为 6.28kg/d），并且没有规定 α-亚麻酸的最低或最高估测需求（NRC，2012）。与饲喂未添加 EFA（90g/d）日粮的母猪乳汁中分泌的大量亚油酸相比（Rosero et al.，2015），目前推荐的 6g/d 估计值似乎太低了。根据乳中分泌的亚油酸的最低量，建议每天至少提供 100g 亚油酸，以确保足够的摄入量来预防泌乳期间潜在的负平衡。

（二）必需脂肪酸对哺乳母猪性能的影响

饲喂添加有 *n*-6 和 *n*-3 脂肪酸的母猪日粮有望增加新生仔猪组织中 LC-PUFA 的浓度。这些脂肪酸的潜在益处包括增强神经发育、改善免疫反应和增强肠道保护功能（Liu et al.，2012；Jacobi et al.，2012）。事实上，Farmer 等（2005）和 Yao 等（2013）证明：在泌乳母猪日粮中添加 *n*-3 脂肪酸（亚麻籽粉或油）可增强哺乳仔猪的免疫应答，提高仔猪存活率。泌乳期亚油酸摄入明显不足，而普通日粮中这些脂肪酸含量缺乏，因此在母猪日粮中添加 *n*-3 脂肪酸很有意义。有力的证据表明 *n*-3- LC-PUFA 在认知和神经发育中发挥重要作用，并可能有益于仔猪的健康（Odle et al.，2014）。尽管泌乳动物体内 α-亚麻酸向 LC-PUFA 的转化似乎有限（Jacobi et al.，2011），但一些研究报道称，将富含 α-亚麻酸的亚麻籽油添加到泌乳母猪日粮中，使仔猪脑中 n-3- LC-PUFA 浓度增加（Gunnarsson et al.，2009）。但仍有其他研究得出的结果不一致（Tanghe et al.，2013），因此添加 α-亚麻酸对母猪产仔性能的潜在益处仍有争议。

增加日粮 α-亚麻酸相对浓度［降低（n-6）∶（n-3）脂肪酸比例］会减少亚油酸向 LC-PUFA 的转化，并增加 α-亚麻酸向其衍生物的转化率。这些 EFA 是去饱和酶（Δ6）的竞争底物，对 α-亚麻酸具有更大的亲和力（Sprecher，2000）。Yao 等（2013）发现：改变泌乳母猪日粮中（n-6）∶（n-3）脂肪酸比例会影响母猪初乳和仔猪血浆中免疫球蛋白的浓度，该文还推测了增加 n-3 脂肪酸的可利用性，可降低花生四烯酸衍生的类花生酸（如前列腺素 E2）的产量，这对免疫球蛋白的产生有负面影响。该研究表明泌乳（n-6）∶（n-3）脂肪酸比例非常重要，需要进一步研究，尤其是影响泌乳期母猪和仔猪的免疫应答方面。

第四节　功能性氨基酸对母猪乳腺发育和泌乳性能的影响

一、泌乳母猪氨基酸平衡模式

响应合成乳蛋白的 mTOR 信号通路是氨基酸合成乳蛋白的主要途径。亮氨酸、精氨酸、甘氨酸、谷氨酰胺和色氨酸可激活 mTORC1 从而促进乳腺上皮细胞乳蛋白的合成（图 5-9）。

泌乳期母猪需要利用氨基酸以确保泌乳和乳腺实质组织生长。自由采食量受限的情况下，主要由蛋白质和脂肪构成的母体组织被动员，以满足产乳和乳腺实质组织生长的氨基酸需要（Kim et al.，2003）。当来源于饲粮蛋白质和体组织动员的氨基酸比例与整个机

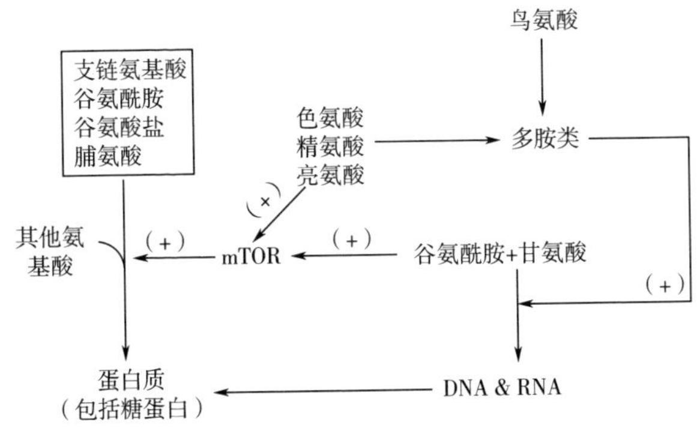

图 5-9 氨基酸在乳腺上皮细胞合成乳蛋白中的途径

(修自于 Rezaei et al.，2016)

[氨基酸是核酸的前体，也是乳腺上皮细胞蛋白质的组成部分。此外，某些氨基酸可以潜在地激活 mTOR 信号（mRNA 翻译的主调节器），并且是合成聚胺类（DNA 和蛋白质合成所必需的物质）的底物]

体蛋白质合成需要量相符时，蛋白质合成可以得到改善，从而最大限度地降低过量氨基酸的氧化。不管泌乳母猪体况如何，目前泌乳母猪饲粮氨基酸的推荐比例（NRC，2012）是一个固定值。然而，研究表明：泌乳期绝大多数玉米-豆粕型日粮不能为母猪提供理想的氨基酸模式（Kim et al.，2001）。Kim 等（2001）通过比较泌乳期母体组织动员的氨基酸与用于乳腺实质组织生长和产乳的单体氨基酸之间的差异量，得出泌乳母猪理想饲粮氨基酸模式。泌乳母猪乳腺生长模式的结果表明（Kim et al.，1999）：带仔数为 10 头的母猪乳腺实质组织吸收 1.0g/d 赖氨酸（或 7.0g/d 必需氨基酸）。然而，未被吮吸的乳腺在泌乳期 7～10 天严重退化（Kim et al.，2001），这可能会提供一部分氨基酸满足其他乳腺所需。在泌乳期，乳腺摄入、乳中乳蛋白和沉积在乳腺的必需氨基酸数量分别为 188.5、139.5 和 49g/d（Trottier et al.，1997）。因此，在 49.0g/d 沉积的必需氨基酸中，7.0g/d（占 14%）形成乳腺组织成分，余下的 86%转化为其他非必需氨基酸和含氮物质或者被氧化供能

(Richert et al.，1997)。Kim 等 (2004) 发现使用理想蛋白质概念在哺乳期饲喂初产母猪 ($n=12$) 时，仔猪窝增重得到改善，但哺乳期母猪体损失和采食量未发生变化。相反地，Ji 等 (2004) 指出，利用理想蛋白质概念饲喂 2～3 胎次母猪 ($n=16$) 不影响仔猪窝增重，但第 2 胎母猪体重损伤减少。

相对而言，适度限制饲粮蛋白质摄入不会对泌乳力产生负面影响。因为母猪能够通过动员体蛋白以满足乳蛋白合成对氨基酸的需要 (Revll et al.，1998)。然而，泌乳期蛋白质摄入严重不足将会降低乳蛋白的分泌。有趣的是，Pluske 等 (1998) 发现，通过强饲增加泌乳母猪蛋白质摄入，但其泌乳量并未增加，母体组织损失却有所降低。这意味着母体蛋白动员对饲料蛋白质供给改变反应敏感，而泌乳量相对稳定。

Kim 等 (2001) 提出泌乳母猪的体组织蛋白、乳蛋白和饲粮蛋白质需要不同的氨基酸模式。这些相关组成组分将影响哺乳期母猪所需的最终饲粮氨基酸模式。乳蛋白中一些必需氨基酸浓度比体内组织动员的和普通玉米-豆粕型基础饲粮提供的更高。乳腺生长所需的氨基酸也可能影响饲粮理想氨基酸模式。考虑到这些因素，泌乳母猪的饲粮氨基酸模式可能随泌乳期母体蛋白预期损失量而发生动态变化。母猪体况和氨基酸动员水平是重要的影响因素，设计泌乳母猪日粮时必须考虑。要深入了解这其中的动态理想蛋白质，就要对哺乳母猪的氨基酸需要作出更精准的评估。Kim 等 (2001) 发现：从不同自由采食量和组织动员状况的角度分析时，赖氨酸是母猪最主要的限制性氨基酸；而对于自由采食量低而泌乳期引起组织大量动员的母猪 (1～2 胎次)，苏氨酸是一种关键的限制性氨基酸；对于自由采食量高而体组织动员量有限的母猪 (经产母猪)，缬氨酸在泌乳期的重要性增加。为了运用这个动态理想蛋白质模式，可以根据哺乳期体组织动员的预期水平来为母猪设计日粮，这也与胎次密切相关。然而，在当前实际生产中分胎次饲喂似乎还不太实际，常见的母猪舍不具备分胎次饲喂的条件。通过特异性添加某种功能性氨基酸可能是处理分胎次饲喂等复杂问题的一个可选方法。

二、支链氨基酸对母猪泌乳性能的影响

（一）乳腺中 BCAA 代谢途径

氨基酸是合成蛋白质的基本单元，进而调节代谢途径以实现全身内环境稳态。泌乳哺乳动物需要大量的氨基酸来支持乳腺的乳汁合成（Boyd et al.，1995）。近年来，必需氨基酸中的支链氨基酸（branched-chain amino acid，BCAA）受到了广泛关注（Lei et al.，2012；Li et al.，2009）。例如，母猪乳腺对 BCAA 的吸收量远远高于其在乳汁中的产出量，而谷氨酸则恰恰相反（表 5-6）（Li et al.，2009；Rezaei et al.，2011）。已有研究证明，BCAA 在泌乳乳腺组织中被广泛分解，为其他氨基酸的生物合成提供氨基，如谷氨酸和谷氨酰胺（Li et al.，2009），这是新生仔猪生长和消化道成熟所必需的（Lei et al.，2012）。近年来的研究表明 BCAA 在乳腺代谢调节中起着重要作用。例如，亮氨酸通过激活 mTOR 细胞信号通路增加乳腺上皮细胞中的蛋白质合成（Wu，2013）。

表 5-6 母猪泌乳 14 天乳腺对氨基酸的吸收及产出① 单位：g/d

氨基酸	被泌乳乳腺吸收②	乳汁中的产出	差值
精氨酸	31	6	+25
脯氨酸	26	40	−24
支链氨基酸	76	46	+30
谷氨酸	16	36	−20

①改编自 Li et al.，2009；Lei et al.，2012；Trottier et al.，1997。

②指所有乳腺的总和。

泌乳母猪的乳腺 BCAA 分解代谢的总体途径如图 5-10 所示。乳腺和乳腺上皮细胞的 BCAA 分解代谢是由 BCAA 转氨酶在 α-酮戊二酸存在下启动，形成分支链 α-酮酸（branched-chain α-ketoacids，BCKA）和谷氨酸盐（Li et al.，2009）。因此，乳汁中BCKA的浓度可能相对较高，其可作为哺乳期新生仔猪小肠的能量底物。BCAA转氨酶以线粒体和胞质异构体的形式存在。这两种亚型都在乳腺上皮细胞中表达，并被一种中链脂肪酸辛酸盐激活（Lei et al.，2012）。在研究BCAA的转氨作用时，因为这种酶在热力学平衡下工作，所以需要测量它们通过BCAA转氨酶的净流量（Lei et al.，2012）。

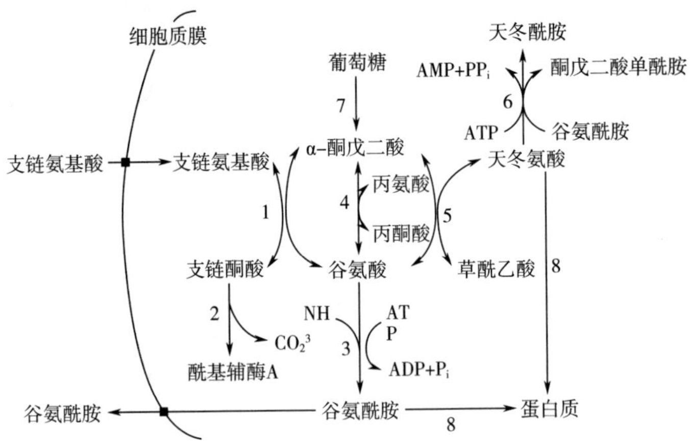

图5-10　泌乳母猪乳腺组织中BCAA分解代谢和AA合成的途径（Li et al.，2009）
（催化指示反应的酶有：1—BCAT＝支链转氨酶；2—BCKAD＝支链α-酮酸脱氢酶；3—GS＝谷氨酰胺合成酶；4—GOT＝谷氨酸-草酰乙酸转氨酶；5—GPT＝谷氨酸-丙酮酸转氨酶；6—AS＝天冬酰胺合成酶；7—葡萄糖的糖酵解代谢和克雷布斯循环；8—谷氨酰胺、天冬氨酸、丙氨酸、天冬酰胺、支链氨基酸和其他氨基酸的合成蛋白质。亮氨酸、异亮氨酸和缬氨酸对应的α-酮酸分别为α-酮异己酸、α-酮-β-甲基戊酸和α-酮异戊酸。乳腺组织吸收BCAA并通过质膜上的特殊转运体释放谷氨酰胺）

BCAA衍生的BCKA通过线粒体BCKA脱氢酶复合物（BCKA dehydrogenase complex，BCKAD）进行氧化脱羧（Wu，2013）。这种酶复合物由BCKA脱羧酶、二氢脂酰胺酰基转移酶和二氢脂酰胺脱氢酶组成。BCKAD E1有两个亚基：E1a和E1b。

BCKAD 在细胞中受磷酸化和去磷酸化的调控。亮氨酸可提高支链转氨酶和 BCKAD E1α 的蛋白质水平以及 BCKAD E1α 的去磷酸化程度。将乳腺上皮细胞外亮氨酸浓度从 0.5mmol/L 增加到 2mmol/L 时发现，线粒体 BCAA 转氨酶和总 BCKAD E1α 的蛋白质水平分别提高 39%和 42%，同时使培养的乳腺上皮细胞中磷酸化 BCKAD E1α 的丰度降低 33%，使得磷酸化的 BCKAD E1α 与总 BCKAD E1α 的比例（PE1α/总 E1α 值）降低了 51%（Lei et al.，2012)。哺乳可使大鼠乳腺组织支链转氨酶活性提高 10 倍，并使 BCKAD 复合物处于完全激活状态（Lei et al.，2012)。相比之下，在非哺乳期大鼠的乳腺组织中，只有 20%的 BCKAD 处于活跃状态（DeSantiago et al.，2001)。体外（Li et al.，2009）和体内（Trottier et al.，1997）的研究结果表明：乳腺是哺乳期 BCAA 分解代谢的重要部位。

BCAA 衍生的谷氨酸可酰胺化形成谷氨酰胺，也可与丙酮酸（或草酰乙酸）转氨酶生成动物细胞中的丙氨酸（或天冬氨酸）（Li et al.，2009）（图 5-10)。当细胞外亮氨酸浓度从 0 增加到 5mmol/L 时，乳腺上皮细胞中从 BCAA 合成丙氨酸、天冬氨酸、天冬酰胺、谷氨酸和谷氨酰胺的速率提高，其中谷氨酰胺的值最高，其次是谷氨酸、天冬氨酸、丙氨酸和天冬酰胺（Lei et al.，2012)。谷氨酰胺合成酶和磷酸依赖性谷氨酰胺酶是大多数动物细胞中分别参与谷氨酰胺合成和降解的两种关键酶（Wu et al.，2013)。有趣的是，在哺乳期的乳腺中没有谷氨酰胺酶的出现，因此，乳腺上皮细胞最大限度地促进谷氨酰胺的产生和释放（Li et al.，2009)。谷氨酸和谷氨酰胺的从头合成有助于解释在乳汁中以游离和肽结合形式存在的这两种氨基酸具有高丰度的原因（Wu et al.，2013)。因此，BCAA 可能在乳腺上皮细胞合成乳汁中起重要作用。例如，大约 30g/d 的 BCAA 在泌乳母猪的乳腺中被降解成 20g/d 的谷氨酰胺（表 5-6)。

（二）泌乳母猪日粮中添加 BCAA 对哺乳仔猪生长的影响

泌乳母猪日粮添加 BCAA 对其泌乳性能的影响总结于表 5-7。

表 5-7 泌乳母猪日粮中添加 BCAA 对哺乳仔猪生长的影响（Rezaei et al.，2016）

基础日粮中支链氨基酸、赖氨酸和粗蛋白质含量/%					支链氨基酸添加量/%			补充饲料中支链氨基酸总量/%			产奶量	仔猪窝增重	参考
亮氨酸	异亮氨酸	缬氨酸	赖氨酸	粗蛋白	亮氨酸	异亮氨酸	缬氨酸	亮氨酸	异亮氨酸	缬氨酸			
1.36	0.5	0.72	0.9	14.5	0	0.35～0.7	0	1.36	0.85～1.2	0.72	↑	↑	Bequette et al.，1998
1.36	0.5	0.72	0.9	14.5	0	0	0.35～0.7	1.36	0.5	1.07～1.42	↑	↑	Bequette et al.，1998
0.95	0.58	0.61	0.8	14.2	0	0	0.26～0.37	0.95	0.58	0.77～0.98	x	NC①	Mateo et al.，2008
0.95	0.58	0.61	0.8	14.2	0	0	0.26～0.37	0.95	0.58	1.15	x	NC②	Mateo et al.，2008
0.95	0.58	0.61	0.8	14.2	0	0	0.26～0.37	0.95	0.58	1.15	x	↑③	Mateo et al.，2008
0.95	0.58	0.94	1.2	20.5	0	0	0.23～43	0.95	0.58	1.17～1.37	x	NC④	Mateo et al.，2008
0.95	0.58	0.94	1.2	20.5	0	0	0.23～43	0.95	0.58	1.17～1.37	x	NC⑤	Mateo et al.，2008

续表

基础日粮中支链氨基酸、赖氨酸和粗蛋白质含量/%					支链氨基酸添加量/%			补充饲料中支链氨基酸总量/%			产奶量	仔猪窝增重	参考
亮氨酸	异亮氨酸	缬氨酸	赖氨酸	粗蛋白	亮氨酸	异亮氨酸	缬氨酸	亮氨酸	异亮氨酸	缬氨酸			
0.95	0.58	0.94	1.2	20.5	0	0	0.23～43	0.95	0.58	1.17～1.37	x	↑[⑥]	Mateo et al.，2008
1.31	0.64	0.75	0.9	14.3	0	0	0.1～0.4	1.31	0.64	0.85～1.15	x	↑	Richert et al.，1997[①]
1.57	0.68	0.8	0.9	15.5	0.4	0.4	0	1.97	0.68	0.8	NC	NC	Richert et al.，1997[①]
1.57	0.68	0.8	0.9	15.5	0	0	0	1.97	1.08	0.8	NC	NC	Richert et al.，1997[①]
1.57	0.68	0.8	0.9	15.5	0	0	0.4	1.97	0.68	1.2	NC	↑	Richert et al.，1997[①]
1.18	0.65	0.45	1.01	15.5	0	0	0.1～1	1.18	0.65	0.55～1.45	↑	↑	Richert et al.，1997[②]

注：NC 表示无影响；↑表示增加；x 表示缺少数据。

① 平均断奶仔猪为 9.8～10.0 头的所有母猪。

② 平均断奶仔猪数为 8.61～8.91 头的母猪。

③ 平均断奶仔猪总数为 10.4～10.6 头的母猪。

④ 平均断奶仔猪为 9.95～10.0 头的全部母猪。

⑤ 平均断奶仔猪数/窝数为 8.7～8.91 头的所有母猪。

⑥ 平均断奶/窝仔猪为 10.5 头的所有母猪。

当泌乳母猪日粮蛋白含量为14.5%、基础日粮中亮氨酸为1.36%、分别添加异亮氨酸0.35%～0.7%或缬氨酸0.35%～0.7%时，可显著提高泌乳母猪的产奶量和仔猪窝增重（Bequette et al.，1998）。当泌乳日粮蛋白质含量为15.5%、基础日粮亮氨酸为1.18%时，添加0.1%～1%缬氨酸可以显著提高产奶量和仔猪窝增重（Richert et al.，1997），而当亮氨酸含量为1.97%时，其改善效果并未出现（Richert et al.，1997）。从以上结果可知：评估BCAA对泌乳母猪性能的影响，不仅需要考虑基础日粮的蛋白质和BCAA水平，还要考虑BCAA之间的平衡关系，避免相互之间的拮抗作用，从而发挥其提升泌乳力的最大潜能。

第五节　核苷酸对乳成分及泌乳母猪性能的影响

一、核苷酸的消化、吸收、合成和代谢

日粮中的核苷酸主要以核蛋白的形式存在，其消化吸收过程如图5-11所示。进入体内的核蛋白，在肠道蛋白水解酶的作用下转化为核酸（DNA和RNA）和小肽（Carver and Walker，1995），核酸又被胰核糖核酸酶进一步降解为单核苷酸、二磷酸核苷酸及三磷酸核苷酸的混合物，这些核苷酸混合物在各种酶的共同作用下，最终生成单核苷酸。单核苷酸被肠道内腔中的碱性磷酸酶和核苷酸酶水解为核苷和磷酸，部分核苷可在核苷酶的作用下被进一步降解为游离的嘌呤或嘧啶碱基（Sanderson and He，1994），供机体利用。

核苷酸的主要吸收部位在小肠上段，十二指肠对核苷酸及其消化产物具有较强的吸收能力（Bronk and Hastewell，1987）。由于核苷酸通过细胞膜的能力有限，所以日粮核苷酸主要以核苷的形式被机体吸收（Sanderson and He，1994），90%以上的核苷和碱基被吸收进入小肠上皮细胞（Sauer et al.，2011；Uauy，1994）。小

肠上皮细胞吸收核苷通过两种转运方式：协助扩散和依赖 Na^+ 的主动转运（Sanderson and He，1994）。

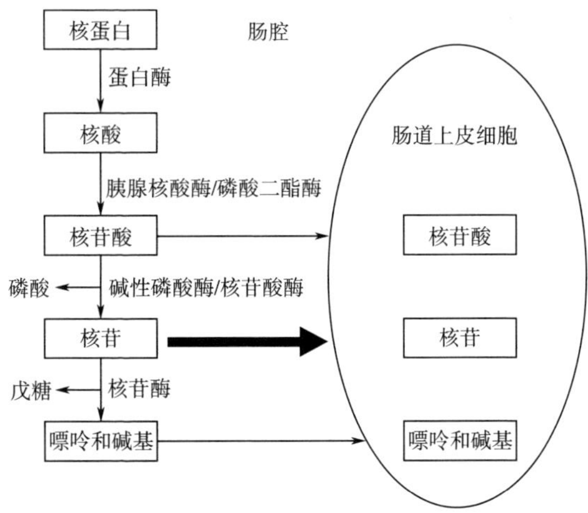

图 5-11　核苷酸的消化吸收（修自于 Quan et al.，1990）

日粮核苷酸和核苷降解之后形成的嘌呤和嘧啶碱基可进入肝门静脉，这些分子被携带到肝脏进一步代谢。嘌呤碱基被分解代谢为尿酸，嘧啶碱基最终降解代谢为 NH_3、CO_2、β-丙氨酸及 β-氨基异丁酸，均随尿液排出体外（Carver and Walker，1995；Rudolph，1994）。

内源合成核苷酸可以分为从头合成和补救合成两个途径。在从头合成途径中，机体利用天冬氨酸、甘氨酸、谷氨酰胺、四氢叶酸衍生物和 CO_2 这些简单的原料从头逐步连接形成核苷酸。从头合成途径主要发生在肝脏中，这一合成过程比较复杂，并需要大量的能量供应（Carver and Walker，1995）。补救合成途径是机体内的磷酸戊糖和外源核酸、核苷酸水解产生的自由碱基发生磷酸戊糖化从而形成核苷酸，并且补救合成比从头合成简单，消耗的能量少（Gil and Uauy，1995）。对于一些不能从头合成或从头合成能力有限的细胞（如肠道细胞、白细胞、淋巴细胞等）来说，补救合成是首选的途径。因此对于以上细胞而言，利用外源提供的核苷酸进行补救合成是重要的合成途径（Carver and Walker，1995）。

核苷酸的合成和分解代谢存在着动态平衡，对动物的示踪研究表明：有 2%～5%的核苷酸进入小肠、肝脏和骨骼肌的核苷酸代谢池中（Savaiano and Clifford，1978）。有研究报道，日粮核苷酸可以影响肠道细胞内核苷酸池的代谢调控（Quan and Barness，1990）。如图 5-12 所示，当提供了日粮核苷后，补救合成途径就会被加强［图 5-12（a）］，而当无日粮核苷酸提供的条件下，从头合成途径被加强［图 5-12（b）］。因肠道细胞从头合成核苷酸的能力有限，且耗能大，因此外源添加核苷酸以促进补救合成途径来满足肠道对核苷酸的需求就显得十分必要。

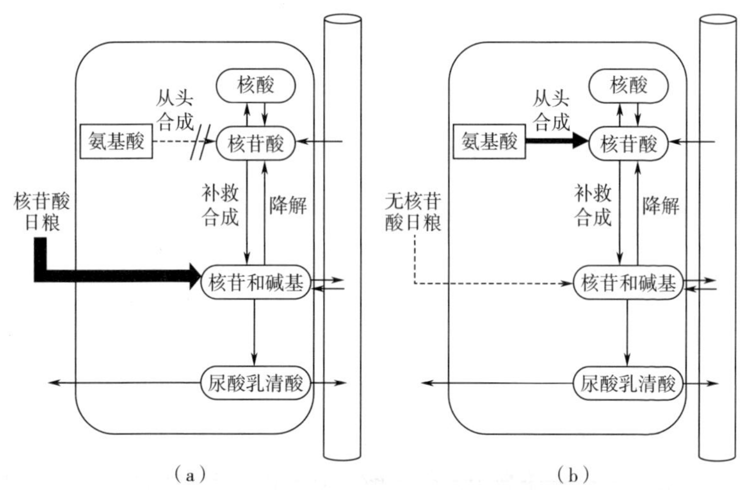

图 5-12　有无日粮核苷酸情况下，核苷酸池的代谢调节（Quan et al.，1990）

二、日粮核苷酸对泌乳母猪性能的影响

（一）母乳中核苷酸的变化

不同种类哺乳动物乳中的核苷酸含量存在差异，这表明不同动物对核苷酸的需要量也可能有所不同。Mateo 等（2004）通过试验

发现：泌乳母猪乳汁中的 5 种核苷酸［腺苷一磷酸（adenosine 5’-monophosphate，5′AMP）、胞苷一磷酸（cytidine 5’-monophosphate，5′CMP）、鸟苷一磷酸（guanosine 5’-monophosphate，5′GMP）、肌苷一磷酸（inosine 5’-monophosphate，5′IMP）和尿苷一磷酸（uridine 5’-monophosphate，5′UMP）］的含量随时间的推移而改变，这也暗示着母猪和仔猪对于核苷酸的需求存在着动态变化。该研究采集了母猪泌乳期开始时以及泌乳期第 3、7、14、21、28 天的乳汁，并对乳中的 5 种核苷酸含量进行了检测。结果显示：母猪初乳和常乳中含量最高的核苷酸为 UMP，约占初乳核苷酸总量的 98%，占常乳核苷酸总量的 86%～90%。UMP 的浓度从泌乳第 0～28 天依次下降。相比之下，AMP、CMP、GMP 和 IMP 的浓度低得多。这 4 种核苷酸从泌乳期第 0～3 天再到第 7 天浓度依次增加，然后在第 7～14 天之间下降，此后浓度保持恒定。

（二）常规饲料原料与母乳中核苷酸的比较

含有细胞成分的食品和饲料原料中都含有核苷酸，在动物内脏、海鲜以及豆类等富含蛋白质的食物中，核苷酸的含量较高（Clifford and Story，1976；Hess and Greenberg，2012），主要以核蛋白的结合形式存在，利用率较低（Schloerb，2001）。而酵母蛋白源，如啤酒酵母和面包酵母，含有较多易吸收的核苷酸（Tibbetts，2002）。表 5-8 中列举了常用饲料原料中核苷酸的含量（Mateo et al.，2004）。

表 5-8 常用饲料原料中核苷酸含量（Mateo et al.，2004）

单位：mg/kg

饲料原料	5′CMP	5′AMP	5′GMP	5′UMP	5′IMP	核苷酸总量
大麦	0.002	0.001	0.001	0.000	0.001	0.005
酪蛋白	0.001	0.000	0.000	0.000	0.000	0.001
玉米	0.003	0.002	0.003	0.000	0.001	0.009

续表

饲料原料	5′CMP	5′AMP	5′GMP	5′UMP	5′IMP	核苷酸总量
鱼粉	0.026	0.011	0.002	0.001	0.035	0.075
裸燕麦	0.003	0.003	0.003	0.001	0.001	0.011
喷雾干燥血浆蛋白	0.002	0.002	0.002	0.000	0.001	0.007
喷雾干燥红细胞	0.000	0.044	0.003	0.002	0.006	0.055
豆粕（CP44%）	0.016	0.008	0.003	0.009	0.002	0.038
大豆浓缩蛋白	0.000	0.001	0.002	0.000	0.001	0.004
干燥乳清粉	0.027	0.019	0.000	0.001	0.004	0.051

研究者对仔猪教槽料和母猪乳中核苷酸的含量进行了比较，发现二者核苷酸含量（表5-9）存在巨大差异。母猪乳汁中的核苷酸浓度代表着哺乳仔猪的需要量，这提示着断奶仔猪日粮更应注意外源核苷酸的补充以缓解仔猪断奶后的应激并促进其快速生长。

表5-9　仔猪日粮和母猪乳中核苷酸含量（Mateo et al.，2004）

单位：mg/kg

项目	CMP	AMP	GMP	UMP	IMP
教槽料	58.99	6.46	2.03	1.00	4.33
母猪乳汁	56.00	117.50	185.5	2334.50	23.5
差异	2.99	−111.04	−183.47	−2333.50	−19.17

（三）日粮核苷酸对母猪乳成分和泌乳期采食量的影响

核苷酸是条件性必需营养素；在机体处于免疫失衡、氧化应激、肠道损伤以及快速生长的情况下，体内从头合成的核苷酸不能满足需要，更依赖于外源核苷酸的添加（Sánchez-Pozo and Gil，2002）。母猪在妊娠后期及整个泌乳期都处于较高的氧化应激状态（Tan et al.，2018），并且在妊娠后期，胎儿处于快速生长发育阶段，根据以上核苷酸的特性，推测母猪在妊娠后期及泌乳期添加足够的核苷酸有利于缓解母猪氧化应激，促进胎儿发育以及哺乳仔猪肠道健康，进而提高母猪生产性能。尽管如此，目前泌乳日粮添加核苷酸对其性能的影响鲜有报道。纪勇成等（2019）研究表明：日粮添加纯核苷酸和酵母水解物核苷酸均显著提高了泌乳期采食量，并不同程度地提高了常乳中核苷酸的浓度（表 5-10），缓解了母仔猪氧化应激，从而促进了哺乳仔猪的生长（表 5-11）（Tan et al.，2018）。

表 5-10　日粮添加不同来源核苷酸对母猪乳中核苷酸的影响（纪勇成，2019）①

项目	CON	1%YE	1%YEWN	0.1%NTs
母猪数/头	8	8	8	8
初乳				
CMP 浓度/（μg/ml）	25.03±4.95	28.58±2.42	33.53±6.38	33.12±3.69
MMP 浓度/（μg/ml）	74.30±9.15	61.66±8.92	68.14±6.03	54.27±7.80
GMP 浓度/（μg/ml）	4.79±0.86	6.08±0.88	6.62±1.53	6.99±1.29
IMP 浓度/（μg/ml）	1.56±0.80	1.23±0.25	2.27±0.75	2.97±1.15
AMP 浓度/（μg/ml）	2.34±1.22	1.28±0.38	0.64±0.11	0.95±0.28
总核苷酸浓度/（μg/ml）	108.04±14.27	98.83±10.92	111.19±10.15	98.29±11.80
常乳				
CMP 浓度/（μg/ml）	5.33±1.10[b]	66.2±6.61[a]	2.52±0.25[b]	4.25±0.34[b]
MMP 浓度/（μg/ml）	2.65±0.29[b]	19.23±5.86[a]	23.08±6.72[a]	15.32±3.18[ab]
GMP 浓度/（μg/ml）	2.18±0.36	2.91±0.61	3.63±0.69	4.02±0.37
IMP 浓度/（μg/ml）	0±0[b]	1.06±0.21[a]	1.19±0.29[a]	0.68±0.08[a]
AMP 浓度/（μg/ml）	0.16±0.04	1.92±1.02	2.94±1.56	0.82±0.28
总核苷酸浓度/（μg/ml）	10.32±0.92[b]	91.2±12.79[a]	33.36±9.29[b]	25.10±3.95[b]

注：同行肩标字母不同表示差异显著。

①所有数据均以平均值±标准误表示，未特别说明的用单因素方差分析；对照组（CON）及对照组的基础上分别添加 1% 酵母水解物（含 10%核苷酸）（1%YE）、1%酵母水解物（不含核苷酸）（1%YEWN）和 0.1%纯核苷酸（0.1%NTs）。

表 5-11 日粮添加不同来源核苷酸对哺乳仔猪生长性能的影响 (Tan et al., 2018)[①]

项目	CON	1%YE	1%YEWN	0.1%NTs	*P* 值
母猪数/头	13	13	13	12	
胎次	2.55	2.50	2.55	2.55	
带仔数/头[②]					
L3d	11.23±0.28	11.46±0.22	11.46±0.24	11.17±0.24	0.85
L9d	10.38±0.29	10.85±0.32	10.38±0.37	10.33±0.31	0.80
L20d	9.38±0.37	10.15±0.44	9.69±0.36	9.58±0.23	0.37
个体重/kg					
L3d	1.99±0.08	1.96±0.10	2.06±0.09	1.97±0.10	0.87
L9d	3.39±0.05^{b}	3.58±0.05^{a}	3.35±0.05^{b}	3.52±0.05^{ab}	0.01
L20d	6.46±0.09	6.35±0.09	6.30±0.09	6.62±0.09	0.12
窝重/kg					
L3d	22.44±1.23	22.60±1.36	23.60±1.16	21.99±1.29	0.83
L9d	35.57±0.66^{ab}	37.70±0.67^{a}	35.07±0.67^{b}	37.06±0.69^{ab}	0.04
L20d	62.16±1.20	62.01±1.21	61.37±1.19	64.56±1.24	0.30
ADG/(g/d)					
L3d～L9d	231.01±8.53^{b}	263.81±8.66^{a}	224.02±8.58^{b}	253.44±8.90^{ab}	0.01
L9d～L20d	272.17±8.17	261.39±8.23	255.94±8.08	285.07±8.42	0.10
L3d～L20d	256.38±7.29^{ab}	265.5±7.37^{ab}	244.39±7.27^{b}	275.68±7.54^{a}	0.04
窝增重/kg					
L3d～L9d	13.13±0.58^{b}	16.01±0.59^{a}	13.27±0.59^{b}	14.96±0.61^{ab}	0.01
L9d～L20d	28.87±0.87	28.22±0.88	27.31±0.87	30.45±0.90	0.12

续表

项目	CON	1%YE	1%YEWN	0.1%NTs	*P* 值
L3d～L20d	42.15±1.22[ab]	44.25±1.23[ab]	40.34±1.21[b]	45.46±1.26[a]	0.04

注：同行肩标字母不同表示差异显著。

①所有数据均以平均值±标准误表示，未特别说明的用单因素方差分析。

②进行 Kruskal-wallis 检验。

主要参考文献

[1] Averette L A，Odle J，Monaco M H，et al. Dietary fat during pregnancy and lactation increases milk fat and insulin-like growth factor i concentrations and improves neonatal growth rates in swine. Journal of Nutrition，1999，129：2123-2129.

[2] Bequette B J，Ba Ckwell F，Crompton L A. Current concepts of amino acid and protein metabolism in the mammary gland of the lactating ruminant. Journal of Dairy Science，1998，81：2540.

[3] Brand H，Heetkamp M，Soede N M，et al. Energy balance of lactating primiparous sows as affected by feeding level and dietary energy source. Journal of Animal Science，2000，78：1520-1528.

[4] Camous S，Prunier A，Pelletier J. Plasma prolactin，lh，fsh and estrogen excretion patterns in gilts during sexual development. Journal of Animal，1985，60：1308-1317.

[5] Carver J D，Jane D. Dietary nucleotides：Cellular immune，intestinal and hepatic system effects. Journal of Nutrition，1994，124：144S.

[6] Carver J D，Walker W A. The role of nucleotides in human nutrition. Journal of Nutritional Biochemistry，1995，6：58-72.

[7] Cqta B，Jyl A，Ycj A，et al. Effects of dietary supplementation of different amounts of yeast extract on oxidative stress，milk components，and productive performance of sows-sciencedirect. Animal Feed Science and Technology，2020，274：114648.

[8] Craig J R，Dunshea F R，Cottrell J J，et al. Primiparous and multipa-

rous sows have largely similar colostrum and milk composition profiles throughout lactation. Animals：an Open Access Journal from MDPI，2019，9.

[9] Ct A，Yj A，Xz A，et al. Effects of dietary supplementation of nucleotides from late gestation to lactation on the performance and oxidative stress status of sows and their offspring. Animal Nutrition，2020，7.

[10] Edwards S A，Baxter EM. The gestating and lactating sow. 2015.

[11] Farmer C，Lapointe J，Palin M F. Effects of the plant extract silymarin on prolactin concentrations，mammary gland development，and oxidative stress in gestating gilts. Journal of Animal Science，2014，92：2922-2930.

[12] Farmer C，Palin M F. Exogenous prolactin stimulates mammary development and alters expression of prolactin-related genes in prepubertal gilts. Journal of Animal Science，2005，83：825.

[13] Gauthier R，Largout C，Gaillard C，et al. Dynamic modeling of nutrient use and individual requirements of lactating sows. Journal of Animal Science，2019.

[14] Haenlein G. Milk and dairy products in human nutrition. 2013.

[15] Horigan K C，Trott J F，Barndollar A S，et al. Hormone interactions confer specific proliferative and histomorphogenic responses in the porcine mammary gland. Domestic Animal Endocrinology，2009，37：124-138.

[16] Ji F，Hurley W L，Kim S W. Characterization of mammary gland development in pregnant gilts. Journal of Animal Science，2006，84：579.

[17] Jian L，Feng D，Zhang Y，et al. Nutritional and regulatory role of branched-chain amino acids in lactation. Front Biosci，2012，17：2725-2739.

[18] Jing W，Hu G，Zhi L，et al. Characteristic and functional analysis of a newly established porcine small intestinal epithelial cell line. Plos One，2014，9：e110916.

[19] Karlsson O，Kultima K，Wadensten H，et al. Neurotoxin-induced neuropeptide perturbations in striatum of neonatal rats. Journal of Proteome Research，2013，12：1678-1690.

[20] Kensinger R S，Collier R J，Bazer F W. Ultrastructural changes in porcine mammary tissue during lactogenesis. Journal of Anatomy，1986，145：49.

[21] Kim S W，Baker D H，Easter R A. Dynamic ideal protein and limit-

ing amino acids for lactating sows: The impact of amino acid mobilization. Journal of Animal Science. 2001, 79: 2356-2366.

[22] Kim S W, Easter R A. Nutrient mobilization from body tissues as influenced by litter size in lactating sows. Journal of Animal Science, 2001, 79: 2179-2186.

[23] Kim S W, Easter R A. Amino acid utilization for reproduction in sows. 2003.

[24] Kim S W, Easter R A, Hurley W L. The regression of unsuckled mammary glands during lactation in sows: The influence of lactation stage, dietary nutrients, and litter size. Journal of Animal Science, 2001, 79.

[25] Kim S W, Hurley W L, Han I K, et al. Changes in tissue composition associated with mammary gland growth during lactation in sows. Journal of Animal Science, 1999, 77: 2510-2516.

[26] Kim S W, Hurley W L, Hant I K, et al. Growth of nursing pigs related to the characteristics of nursed mammary glands. Journal of Animal Science, 2000, 78: 1313-1318.

[27] Kim S W, Hurley W L, Wu G, et al. Ideal amino acid balance for sows during gestation and lactation. Journal of Animal Science, 2009, 87: 123-132.

[28] Lauridsen C, Danielsen V. Lactational dietary fat levels and sources influence milk composition and performance of sows and their progeny. Livestock Production Science, 2004, 91: 95-105.

[29] Li P, Knabe D A, Kim S W, et al. Lactating porcine mammary tissue catabolizes branched-chain amino acids for glutamine and aspartate synthesis. Journal of Nutrition, 2009, 139: 1502.

[30] Liu Y, Feng C, Odle J, et al. Fish oil enhances intestinal integrity and inhibits tlr4 and nod2 signaling pathways in weaned pigs after lps challenge. Journal of Nutrition, 2012, 142: 2017-2024.

[31] Mateo C D, Dave R, Stein H H. Effects of supplemental nucleosides for newly weaned pigs. Journal of Animal Science, 2004, 82.

[32] Mateo R D, Wu G, Moon H K, et al. Effects of dietary arginine supplementation during gestation and lactation on the performance of lactating primiparous sows and nursing piglets. Journal of Animal Science, 2008,

86：827.

[33] Mckenzie J. The embryonic pig：A chronological account. Journal of Anatomy，1971，110.

[34] McNamara J P，Pettigrew J E. Protein and fat utilization in lactating sows：I. Effects on milk production and body composition. Journal of Animal Science，2002，80：2442-2451.

[35] Merlot E，Pastorelli H，Prunier A，et al. Sow environment during gestation：Part i. Influence on maternal physiology and lacteal secretions in relation with neonatal survival. Animal，2019，13：1432-1439.

[36] Odle J，Lin X，Jacobi S K，et al. The suckling piglet as an agrimedical model for the study of pediatric nutrition and metabolism. Annual Review of Animal Biosciences，2014，2：419-444.

[37] Palmquist D L. Omega-3 fatty acids in metabolism，health，and nutrition and for modified animal product foods. The Professional Animal Scientist，2009，25：207-249.

[38] Powles J，Wiseman J，Cole D，et al. Prediction of the apparent digestible energy value of fats given to pigs. Animal Science，1995，61：149-154.

[39] Propper A Y，Howard B A，Veltmaat J M. Prenatal morphogenesis of mammary glands in mouse and rabbit. Journal of Mammary Gland Biology and Neoplasia，2013，18：93-104.

[40] Quan R，Barness L A. Do infants need nucleotide supplemented formula for optimal nutrition? Journal of Pediatric Gastroenterology and Nutrition，1990，11：429-434.

[41] Quesnel H，Farmer C. Nutritional and endocrine control of colostrogenesis in swine. Animal，2019，13：s26-s34.

[42] Rensen M T，Farmer C，Vestergaard M，et al. Mammary development in prepubertal gilts fed restrictively or ad libitum in two sub-periods between weaning and puberty. Livestock Production Science，2006，99：249-255.

[43] Rensen M T，Sejrsen K，Purup S. Mammary gland development in gilts. Livestock Production Science，2002；75：143-148.

[44] Rezaei R，Wu Z，Hou Y，et al. Amino acids and mammary gland development：Nutritional implications for milk production and neonatal growth. Journal of Animal Science & Biotechnology，2016，7：437-458.

[45] Richert B T, Tokach M, Goodband R D, et al. The effect of dietary lysine and valine fed during lactation on sow and litter performance. Journal of Animal Science, 1997, 75.

[46] Richert B T, Tokach M, Goodband R D, et al. Valine requirement of the high-producing lactating sow. Journal of Animal Science, 1996, 74: 1307-1313.

[47] Rosero D S, Boyd R D, Mcculley M, et al. Essential fatty acid supplementation during lactation is required to maximize the subsequent reproductive performance of the modern sow. Animal Reproduction Science, 2016, 168: 151-163.

[48] Rosero D S, Boyd R D, Odle J, et al. Optimizing dietary lipid use to improve essential fatty acid status and reproductive performance of the modern lactating sow: A review. Journal of Animal Science and Biotechnology, 2016, In Press: 272-289.

[49] Rosero D S, Odle J, Boyd R D, et al. Development of prediction equations to estimate the apparent digestible energy content of lipids when fed to lactating sows. Journal of Animal Science, 2015, 93.

[50] Rosero D S, Odle J, Moeser A J, et al. Peroxidised dietary lipids impair intestinal function and morphology of the small intestine villi of nursery pigs in a dose-dependent manner. British Journal Nutrition, 2015, 114: 1985-1992.

[51] Sanderson I R, He Y. Nucleotide uptake and metabolism by intestinal epithelial cells. Journal of Nutrition, 1994, 124: 131S.

[52] Sauer N, Eklund M, Bauer E, et al. The effects of pure nucleotides on performance, humoral immunity, gut structure and numbers of intestinal bacteria of newly weaned pigs. Journal of Animal Science, 2012, 90: 3126.

[53] Sauer N, Mosenthin R, Bauer E. The role of dietary nucleotides in single-stomached animals. Nutrition Research Reviews, 2011, 24: 46-59.

[54] Schoenherr W D, Stahly T S, Cromwell G L. The effects of dietary fat or fiber addition on yield and composition of milk from sows housed in a warm or hot environment. Journal of Animal Science, 1989.

[55] Shurson G C, Irvin K M. Effects of genetic line and supplemental dietary fat on lactation performance of duroc and landrace sows. Journal of Animal

Science，1992，2942-2949.

[56] Stein H H，Peters D N，Mateo C D. Nucleotides in sow colostrum and milk at different stages of lactation. Journal of Animal Science，2004，82：1339.

[57] Tan C，Zhai Z，Ni X，et al. Metabolomic profiles reveal potential factors that correlate with lactation performance in sow milk. Scientific Reports，2018，8：10712.

[58] Theil P K，Lauridsen C，Quesnel H. Neonatal piglet survival：Impact of sow nutrition around parturition on fetal glycogen deposition and production and composition of colostrum and transient milk. Animal An International Journal of Animal Bioscience，2014，8：1021-1030.

[59] Theil P K，Nielsen M O，Srensen M T，et al. Lactation，milk and suckling. Nutritional Physiology of Pigs-with emphasis on Danish Production Conditions，2012.

[60] Tilton S L，Miller P S，Lewis A J，et al. Addition of fat to the diets of lactating sows：I. Effects on milk production and composition and carcass composition of the litter at weaning. Journal of Animal Science，1999.

[61] Trottier N L，Shipley C F，Easter R A. Plasma amino acid uptake by the mammary gland of the lactating sow. Journal of Animal Science，1997，75：1266.

[62] Turner C W. The anatomy of the udder cattle and domestic animals. The anatomy of the udder cattle and domestic animals，1952.

[63] VanKlompenberg M K，Manjarin R，Trott J，et al. Late gestational hyperprolactinemia accelerates mammary epithelial cell differentiation that leads to increased milk yield. Journal of Animal Science，2013，91：1102-1111.

[64] Wang H，Ji Y，Yin C，et al. Differential analysis of gut microbiota correlated with oxidative stress in sows with high or low litter performance during lactation. Frontiers in Microbiology，2018，9.

[65] Wang J，Feng C，Liu T，et al. Physiological alterations associated with intrauterine growth restriction in fetal pigs：Causes and insights for nutritional optimization. Molecular Reproduction & Development，2017，84：897-904.

[66] Weldon W C，Thulin A J，Macdougald O A，et al. Effects of in-

creased dietary energy and protein during late gestation on mammary development in gilts. Journal of Animal Science，1991，69.

[67] Winn R J，Baker M，Merle C A，et al. Individual and combined effects of relaxin，estrogen，and progesterone in ovariectomized gilts. Ii. Effects on mammary development. Endocrinology，1994，135：1250-1255.

[68] Xi/Lin X N. Early postnatal kinetics of colostral immunoglobulin g absorption in fed and fasted piglets and developmental expression of the intestinal immunoglobulin g receptor. Journal of Animal Science，2013，91：211-218.

[69] Yao W，Jie L，Wang J J，et al. Effects of dietary ratio of n-6 to n-3 polyunsaturated fatty acids on immunoglobulins，cytokines，fatty acid composition，and performance of lactating sows and suckling piglets. Journal of Animal Science and Biotechnology，2013，3：1-8.

[70] Zaleski H M. Effects of relaxin on lactational performance in ovariectomized gilts. Biology of Reproduction，1996，55：671.

第六章 高产母猪的福利问题及其关键营养调控技术

动物福利是现代畜禽生产的基本要素。由于高产母猪娩出的仔猪出生时体重偏低，导致出生后其仔猪体温过低和饥饿的风险增加，增加仔猪死产率，进而引发一系列仔猪福利问题。另外产仔数多致分娩时间延长，这可能使母猪出现疼痛和疲劳的感觉，并使仔猪对乳房的竞争加剧，这对母猪及其仔猪来说都是一个福利问题。母猪的乳汁合成随着产仔数的增加而增加，随之导致母猪身体状态开始变差，且可能面临肩疮等损伤风险。对仔猪和母猪来说，母子关系的中断也是一个福利问题。此外，在分娩板条箱中的哺乳母猪饲养时间可能比传统母猪长，这可能会导致慢性压力。基于妊娠母猪自由采食所产生的不良后果，现代规模化养殖场建议妊娠期母猪限制饲喂。然而，妊娠母猪限饲导致福利严重降低。高产母猪及其仔猪的福利问题必须结合营养、遗传和饲养策略来解决，其中后者最为重要。本章详细阐述了高产母猪致产仔数增加和初生重低，并且妊娠母猪限饲致饱感不足和异常行为频发造成的福利问题。随后，分析了从饲养管理和营养角度缓解母仔猪福利问题的可能性。最后，结合日粮纤维理化特性，阐述了功能性日粮纤维对妊娠母猪饱感和异常行为的影响和调控机制。

第一节　高产母猪的福利问题及其改善措施

一、高产母猪的福利重要性与问题

（一）动物福利的重要性

动物福利是现代畜禽生产的基本要素。动物是有知觉存在的，即能够感受和体验情感，因此在伦理关注的基础上，动物福利值得关注。近年来，社会越来越关注畜牧场动物福利问题，现在许多国家越来越多的公民要求尽可能人道地饲养、运输和屠宰畜牧场动物。例如，2015年进行了一项调查，此调查涉及来自欧盟28个成员国的2.7万多名公民，其中94%的人认为保护畜牧场动物的福利很重要（欧盟委员会，2016）。由于公众对畜牧场动物福利的关注，欧盟委员会发布了几项指令，规定了保护包括猪在内的畜牧场动物的最低标准。虽然欧盟关于猪福利的立法并没有解决高产母猪及其仔猪的福利问题，但它包含了几个与本章相关的内容。其中一个是断奶日龄：根据欧盟指示，除非母猪或仔猪有健康问题的风险，否则在28日龄前不能断奶。但是，如果在适当的饲养设施中，仔猪最小可以在21日龄断奶（欧盟理事会，2008）。

改善动物福利可能会带来额外的好处。由于许多畜牧生产中的福利问题都会对生产造成不利影响，所以改善家畜的福利问题往往会对生产产生积极的影响。此外，改善动物福利可能是利于减少兽用抗生素的策略之一（EMA et al.，2017）。动物福利不仅包括动物的身体健康（即没有疾病和伤害），而且还包括它们的行为和情感（Duncan et al.，1997；Mendl，2001）。为此，FAWC（1992）为畜牧场动物的福利问题提出了五个自由，即：①免于口渴、饥饿和营养不良，②免于炎热和身体不适，③免于痛苦、伤害和疾病，④自由地表达大多数正常行为模式，以及⑤免于恐惧和痛苦。最近，五个自由受到批评，不仅因为它可能被误解为旨在消除所有负面体验（这是不现实的，甚至是不可取的），也因为它未能阐明目前对动物福利背后的生物过程的理解（Mellor，2004）。作为五个自由的替代方案，所谓的评估动物福利的五域模型就是为了解决这些问题而开发的。该模型包含“营养”“环境”“健康”和“行为”四个物理领域及第五个“心理”领域。每个物理领域都对动物的情感状态（即第五领域）产生影响，源于四个物理领域组合的心理领域的净结果代表了动物的整体福利状态。

关于猪的福利有大量的信息，但高产母猪及其仔猪的具体福利问题却没有得到太多关注。当一头母猪产下的仔猪比她拥有的功能性乳头的数量多时，它就被认为是超高产的。高产母猪造成的最明显的福利问题之一是：新生仔猪死亡率的增加。此外，高产母猪在哺乳期的高能量需求可能会导致身体状况恶化，进而增加皮肤溃疡的风险。毫无疑问，这是两个重要的福利问题。然而，正如五个自由和五个领域所描述的，对由于母猪高产造成的福利风险的评估，必须包括与福利没有直接关系但可能对动物的情感状态或行为产生负面影响的其他问题；这些问题的例子包括哺乳母猪饲养期过长造成的行为限制，以及人工饲养和其他畜牧业生产管理要求造成的母子关系中断（表 6-1）。

表 6-1　高产母猪存在的主要福利问题

高产母猪所产仔猪的福利问题	
问题	原因
体温过低和饥饿的风险增加，可能导致新生仔猪死亡	出生时体重偏低
与健康相关的问题和应激反应增加	
缺氧风险增加	窝产仔数多
乳房竞争加剧	
母子关系破坏	交叉饲养、哺乳母猪的使用和人工饲养

续表

高产母猪自身的福利问题	
问题	原因
耐热性降低	窝产仔数多
分娩时的疼痛和疲劳	
肩部溃疡和乳房病变	
母子关系破坏	交叉饲养、哺乳母猪的使用和人工饲养
狭小空间延长	哺乳母猪的使用
乳房胀大	

(二) 新生仔猪的福利问题

(1) 新生仔猪死亡率和死产率增加　新生仔猪死亡率是一个主要的福利问题。出生后不久死亡的仔猪所经历的痛苦程度可能会因死亡原因的不同而有所不同。但至少有一些导致新生仔猪死亡的原因，比如伤害（如母猪挤压造成）和饥饿会导致中度到重度的痛苦（Mellor et al.，2004）。低初生重仔猪死亡率高，而窝产仔数与新生仔猪死亡率之间存在正相关关系（Lund，2002）。这种相关性主要是指母猪产仔数多与仔猪出生体重偏低有关。高产母猪所生的仔猪出生时的平均体重低于正常母猪所产的仔猪（Martineau et al.，2009）。

在很大程度上，低出生体重对新生仔猪死亡率的影响是因为低体重仔猪的体温调节能力比正常出生体重仔猪差。众所周知，体温过低在新生仔猪死亡中起着致命作用，虽然一些研究表明母猪的挤压是导致仔猪死亡的最终原因，但挤压通常是因为围产期前后母猪体温过低和饥饿所造成的。饥饿通常是围产期体温过低的次要影响因素，体温过低和营养不良的仔猪更容易昏昏欲睡，乳房竞争力较差，不太可能获得足够的初乳摄入量。此外，它们在母猪身边的时间更长，更有可能被挤压（Alonso-Spilsbury et al.，2007；Ed-

wards，2002；Herpin，2002）。

死胎率增加和产道缺氧呈正相关（Herpin，1996；Kapell，2009），一定程度上是因为分娩时间延长。虽然有人认为死胎不太可能与痛苦有关（Mellor et al.，2004），但亚致死性缺氧（sub-lethal hypoxia）会造成仔猪的生存能力降低，使其遭受低温和饥饿的风险增加。

（2）产仔数多会导致仔猪之间争夺乳头的竞争更加激烈（Andersen，2007），这反过来可能会使仔猪体温过低和饥饿的风险增加　窝产仔数的增加与仔猪面部损伤的增加有关（Hutter，1993）。面部损伤导致另一个福利问题的产生，即断牙。为减少仔猪之间相互攻击对面部的损伤而进行断牙，这是众所周知的痛苦（Hay，2004）。

（3）出生时低体重对健康、应激生理和行为的影响　出生时体重过低除了增加新生仔猪死亡率外，可能还会对存活的仔猪的福利产生不利影响。这些影响包括与福利相关的问题以及对压力源的反应性增强。此外，与体重较高的仔猪相比，体重较轻的仔猪表现出行为上的差异，其中一些差异可能与动物福利有关。产仔数多少与膝盖擦伤的动物百分比呈正相关，这是一个会直接增加感染风险的福利问题（Norring，2006），仔猪出生时体重低和产仔数增加也与八字腿患病率较高有关。与出生体重较高的猪相比，出生体重较轻的猪在之后对应激源的反应性往往更敏感（Poore and Fonden，2003）。

低体重仔猪相比高体重仔猪具有更低的玩耍倾向（Litten et al.，2003）。同样，在对高产母猪所产仔猪福利做结论时，必须谨慎地解释这些结果。然而玩耍不仅是良好福利的指标（动物处于低福利状况时，玩耍就会减少），玩耍行为还是有益的，有助于使动物具有更好的福利（Hold and Spina，2011）。

（4）母子关系中断　母子关系的中断可能是交叉饲养、使用哺乳母猪和人工饲养的结果。无论母猪是否高产，交叉饲养在生猪生产中均是一种相当普遍的做法，然而这在母猪高产的畜牧场可能更

常见。仔猪可以识别母猪气味，12h 就可识别母猪并表现出对亲生母猪的偏爱（Morrow-Tesch et al.，1990）。24h 仔猪就可识别自己的围栏（Horrell et al.，1992）。因此，将由亲生母亲饲养超过 12～24h 的仔猪从其母亲身边带走会经历分离的痛苦（Weary et al.，1999）。

（三）高产母猪的福利问题

高产母猪存在的福利问题有以下几个方面（表 6-1）：

（1）妊娠期间因产仔过多而增加的能量需求可能会导致其耐热性降低　产仔数的增加会导致妊娠后期代谢负荷的增加，这反过来可能会增加母猪遭受热应激的风险。在一些国家，热应激是一个重要的福利问题，它对母猪生产性能有较大的不利影响（Mayorga et al.，2019）。目前还没有关于高产母猪和普通母猪可能对高温的反应差异的相关信息。然而，生产性状的遗传选择会降低家畜的热应激耐受性（Mayorga et al.，2019），这一点已被广泛接受。

（2）长时间分娩引起的疼痛和疲劳　虽然动物分娩引起的疼痛很少受到关注，但越来越多的证据表明，即使是正常分娩也可能是痛苦的，且已有文章已经表明，分娩引起的疼痛在一些动物上是一个福利问题，包括猪（Mainau et al.，2010）。此外，分娩引起的疼痛可能会对母猪在分娩时和分娩后不久的行为产生重要影响，并且痛苦的分娩与猪后代死亡率的增加有关（Mainau et al.，2010）。由于高产母猪所产仔猪出生时的平均体重小于普通母猪所产仔猪的平均体重，这引起的疼痛可能没有普通母猪的明显。然而，产仔数的增加会导致分娩时间延长，这可能会增加痛苦。后一种假设在某种程度上得到了 Mainau 等（2010）研究的支持。研究指出根据分娩的总持续时间、出生间隔、站立或犬坐的总时间、分娩前一天和分娩当天的体位变化次数、出生时的母猪姿势、仔猪的生存能力和出生时（头部或后肢）的位置，制定了“分娩舒适度评分”。通过分析模型得到 3 个主因子，其中“分娩时间”是解释“产仔容易分数”中方差比例最大的因子（Mainau et al.，2010）。

(3) 高产仔数引起母猪乳房损伤　正如前面提到的，产仔数增加会导致乳房竞争更加激烈，这很可能会导致母猪乳房受损。这个问题在哺乳母猪中特别重要，一项对丹麦 50 多个母猪群进行的研究表明，带仔数多的哺乳母猪比正常母猪有更多的乳房病变（Sorensen et al.，2016）。

(4) 皮肤损害　肩疮可能在母猪哺乳期的第一周和第二周发生，并带有疼痛感（Zurbrigg，2006；Herkin et al.，2011）。母猪对乳汁合成的需求随着产仔数的增加而增加，如果母猪不能保持充分的采食量和水分摄入量，它们的身体状况将开始变差，并可能面临更大的皮肤损伤风险，如肩疮。在丹麦某畜牧场进行的一项流行病学研究中，管理良好的高产母猪断奶时的肩疮患病率比正常母猪的更高，肩疮的患病率与断奶时的窝重呈正相关（Bonde，2008）。断奶时的产仔数与肩疮患病率间呈正相关。除了因为饲养窝仔猪的能量需求增加外，也可能是因为母猪在哺育较大较重仔猪时花了更多的时间侧卧。

(5) 过渡到哺乳期的母猪乳房充盈　当母猪进入哺乳期时，若在几个小时内不分泌乳汁，这可能会导致乳房充血和不适（Thorup，2007）。虽然乳房充盈引起的疼痛和不适在母猪中很少受到关注，但有人提出：在干奶期时停止挤奶会导致奶牛不适（O'Driscoll et al.，2011），因此，类似的事情很可能会发生在母猪身上。

(6) 母子关系中断　母猪在分娩第 7 天时可以通过气味线索区分自己的仔猪和其他仔猪（Horrell et al.，1992）。因此，母猪与其仔猪分开很可能会造成痛苦。

(7) 哺乳母猪长时间地限制在板条箱里饲养　分娩板条箱在欧盟和其他地方被广泛使用。然而，有科学证据表明：分娩板条箱会导致福利问题，因为它们不能满足母猪的行为需求（Baxter et al.，2011）。部分被饲养在分娩板条箱中的哺乳母猪比传统母猪需要更长时间饲养其仔猪。分娩板条箱造成的福利问题在分娩之前可能特别明显，此时母猪有很强的筑巢行为，而板条箱造成的空间限制会

造成其更大的挫折感和压力（Lawrence et al.，1994）。且根据报道，母猪长时间在箱里也可能导致其遭受慢性压力（Jarvis et al.，2006）。

二、改善高产母猪及其仔猪福利问题的策略

（一）遗传选育和饲养管理

Rutherford等（2013）有明确的证据表明，基因选育可以通过生存选择或相关性状选择来降低新生仔猪死亡率。

畜牧场精心的饲养管理是改善母仔猪福利的主要方法。在实际生产中，高产母猪的养殖场要求比常规母猪饲养场更高，以确保动物福利和生产性能。如前所述，分娩很可能是痛苦的，而且长时间的分娩可能比短时间的分娩带来更大的挑战。研究表明：给分娩母猪服用止痛剂对仔猪生长性能有积极影响（Mainau et al.，2010），这在高产母猪中可能更为重要。关于是否需要在分娩期间增加对母猪的监护，目前还存在一些争议（Baxter et al.，2013）。虽然不充分或过度的干预可能会对母猪福利和生产性能产生负面影响，但熟练的畜牧业人员进行合理程度的干预可能是有益的。例如，Andersen等（2007）观察到，通过将仔猪放在乳房前并帮助它们找到乳头可帮助它们获得初乳，进而降低新生仔猪死亡率。早期摄入初乳对所有仔猪来说都是必不可少的，这对低出生体重仔猪来说可能更重要。据Furniss（1988）等报道，早期的初乳摄取对生存可能比即时保暖更为关键，这可能是因为早期摄取初乳可吸收母体来源的免疫力和能量，并协助体温调节。事实上，初乳是一种非常容易消化的营养物质，含有各种形式的生物活性化合物，如免疫球蛋白、水解酶、激素和生长因子（Rooke et al.，2002）。

在商业条件下，利用交叉饲养、哺乳母猪和/或配方奶粉对仔猪进行哺乳期管理是保证仔猪福利和生产性能的关键问题。尽管最终的方案将取决于许多因素，包括畜群的福利状况和设施，但高福利标准、管理良好的高产畜牧场需要做到如下几点：①将交叉饲养减少到最低限度，在母猪的分娩舍尽可能多地饲养仔猪；②当有仔

猪过多时［即每头母猪产仔超过1.0～1.5头过剩仔猪时（超出有效乳头）］，实施定期护理计划；③当有仔猪过剩过多时（即每头母猪产仔超过2.0头过剩仔猪时）使用配方奶粉补充。后两种方法的结合也可能是确保福利和生产性能的有效方法。

（二）营养策略

营养对高产母猪所产仔猪的福利有重要影响，主要体现两个方面：补充初乳和教槽饲喂。补充初乳是许多养殖场对身体虚弱的弱小仔猪的常见饲养做法，对于高产母猪的弱小仔猪而言，这更有必要。给仔猪在出生后最初的24h内饲喂一次或两次10～15ml的初乳，便足以确保仔猪成功进入哺乳期（White et al.，1996）。此外，Azain等（1996）已经报道了在泌乳期将母乳与配方奶粉相结合的好处。世卫组织发现添加牛奶替代品会显著增加断奶仔猪重和窝重。牛奶替代品还降低了初产母猪和经产母猪之间常见的仔猪断奶时窝间差异（Spencer et al.，2003）。Pustal等（2015）发现对高产母猪出生的低体重仔猪补充奶粉后，仔猪面部损伤率较低，这可能是因为仔猪对乳房的竞争时间减少了。

饲喂教槽料是许多养殖场常见的做法，用以支持哺乳仔猪的营养。教槽料是一种适口性好和易于消化的饲料，在哺乳的第一周或10天后提供给哺乳仔猪。饲喂教槽料的主要目的是促进断奶时的平稳过渡，并可能有助于减少断奶后的仔猪体重变化。饲喂教槽料对较大窝仔和哺乳超过21天的仔猪特别有利（Barnett et al.，1989）。哺乳期间食用较多教槽料的仔猪在断奶前已熟悉固体饲料。因此，在断奶后更早开始食用固体饲料，从而降低饲料过渡所带来的应激（Bruininx et al.，2002）。

第二节　妊娠期母猪限制饲养及其福利问题

现代高产母猪妊娠期自由采食引起的分娩背膘过厚和体重过度增加严重降低了其繁殖性能及福利。首先，母猪妊娠期体重的增加

会降低其围产期胰岛素敏感性，导致其泌乳期采食量降低的结论已得到广泛认同（Weldon et al.，1994；Pere et al.，2007；Tan et al.，2018；Yang et al.，2021）。其次，妊娠期前期能量摄入过高会加速体循环中孕酮的清除，从而降低早期胚胎存活（Jindal et al.，1997）。此外，分娩时过度肥胖会增加母猪难产，导致仔猪窒息死亡，增加死胎率，同时易引起产道划伤、增加疼痛、降低其福利和母猪再繁殖性能（Deng et al.，2021）。另外，母猪体重增加易导致肢体损伤、增加疼痛、降低其福利并增加淘汰率（Huang et al.，2020）。最后，妊娠期母体过度肥胖导致脂质代谢紊乱以及胎盘脂质异位（Kim et al.，2015；Hu et al.，2019）。由于胎盘蓄脂能力有限，过多的脂肪造成胎盘脂质毒性（Ellis et al.，2000），增加胎盘氧化应激水平，降低胎儿生长所必需的线粒体生物合成和血管生成（Hu et al.，2019），进而降低仔猪初生重。

如前所述，基于妊娠母猪自由采食所产生的不良后果，现代规模化养殖场建议妊娠期母猪限制饲喂。通常限制饲喂量是其自由采食量的50%～60%（Meunier-Salatin et al.，2001），而在这种饲喂管理制度下，母猪长期处于饥饿或半饥饿状态下，饱感得不到满足，也会严重降低动物福利（De Leeuw，et al.，2008）。此外，限制饲喂下虽然母猪的采食动机更强，但这会导致母猪异常行为的发生，同时伴随着机体应激和体表损伤的增加，给母猪的繁殖性能带来不良影响（Robert et al.，2002）。另外，以前的研究表明：在妊娠期间空口咀嚼频率相对较高的母猪较不进行空口咀嚼的母猪总产仔数更少、胚胎存活率更低（Sekiguchi et al.，2004），说明限制饲喂下可能导致的空口咀嚼对母猪繁殖性能也有负面影响。妊娠期母猪限制饲养带来的福利问题还需要进一步解决或缓解。

第三节　日粮纤维对妊娠母猪饱感和异常行为的影响

一、日粮纤维的理化特性

日粮纤维在生理学上被认为是一类不能被酶解从而无法被消化吸收的碳水化合聚合物，其主要成分是植物的细胞壁（Jones，2002）。日粮纤维主要由非淀粉多糖（non-starch polysaccharides，NSP）、非消化性低聚糖、抗性淀粉和木质素四大类组成（吴维达，2016）。根据纤维的溶解性，日粮纤维可被分为不可溶性纤维（insoluble fiber，ISF）和可溶性纤维（soluble fiber，SF）两类。日粮纤维在动物营养中发挥作用主要依靠其理化特性，即黏性、水合特性和发酵性。

（一）黏性

可溶性纤维的黏性主要取决于聚合物的分子量（Knudsen，2001）。如魔芋胶（分子量 300 万）和黄原胶（分子量 150 万）的黏度大于海藻酸钠（分子量 3.2 万～25 万）和纤维素（分子量 1.7 万）。可溶性纤维黏性也可以根据胃肠道内容物的 pH 值来度量。这与纤维来源以及中性、酸性底物的比例关系密切相关。比如，瓜尔胶的黏度与水解后的中性多糖的含量有关，与酸性多糖却没有关联；相反地，黄原胶以及藻酸盐与酸性多糖有关（Draget et al.，2005）。另外，可溶性纤维黏性的产生起始于水合作用，所以纤维水合作用的速率决定其黏性。Vuksan 等（2009）发现葡甘聚糖、纤维素和新型非淀粉多糖三种纤维饮料在短时间内黏度均小于 2cP，然而葡甘聚糖和新型多糖纤维在 75 分钟后分别达到 41cP 和 70cP，而纤维素黏性变化不大。

（二）水合特性

纤维的水合特性包括水溶性、水结合力（water binding capac-

ity，WBC）和吸水膨胀力（swelling capacity，SC）（Knudsen，2001）。水合特性与纤维的来源、多糖成分结构、颗粒大小以及加工方式（包括离子形式、pH、温度及离子浓度）有关。一般来说，纤维水合特性的大小排序为：藻类＞水果类＞谷物类（Elleuch et al.，2010）。程传辉（2020）比较了13种纤维性原料的水结合力、吸水膨胀力和黏度，发现存在较大差异（表6-2）。其中胶体来源的卡拉胶的水结合力（8.37g/g）和吸水膨胀力（9.17ml/g）均是最高的，海藻酸钠的吸水膨胀力（8.62ml/g）也相对较高，并且显著高于其他纤维性原料（$P<0.05$）。常规原料中的麦麸及其提取物小麦糊粉层熟粉的水结合力（2.28g/g，2.16g/g）和吸水膨胀力（2.14ml/g，1.73ml/g）均较低，但高于微晶纤维素的水结合力（2.06g/g）和吸水膨胀力（1.23ml/g）。相较而言，胶体来源的瓜儿豆胶的黏度（2.46mPa·s）是最高的，而构树叶粉的黏度（2.40mPa·s）和桑叶粉的黏度（2.38mPa·s）也相对较高，并且显著高于其他纤维性原料（$P<0.05$）。而常规原料中的麦麸及其提取物小麦糊粉层熟粉的黏度（1.81mPa·s，1.84mPa·s）均是最低的，并且显著低于其他纤维性原料（$P<0.05$）。

纤维多糖结构和成分是影响纤维水合特性的主要因素（Kauráková et al.，2000）。Marin等（2007）研究发现柑橘SF与其WBC存在正相关（$r^2=0.998$）。同样地，Nishinari等（2003）认为纤维的WBC与其可溶性多糖含量有关，可溶性成分含量高则WBC高，而富含木质素和半纤维素的纤维具有较高的持水力。Pla等（2007）研究表明：纤维水合特性与果胶中的鼠李半乳糖醛酸聚糖以及其他具有侧链的亲水性果胶物质有关。此外，葡萄糖在水溶液中主要以“椅式”β-D葡萄糖构型存在，这种构型具有很强的水合能力。此外，研究表明纤维水合特性不仅决定于纤维中某一种组分，而且是多个组分间的协同作用。Chau和Huang（2003）研究发现柑橘纤维的WBC和SC高于纤维素，这说明其他成分如果胶、木质素和半纤维素对于柑橘纤维水合特性有明显影响。然而，不能确定其中起主导作用的成分是哪个。纤维中纤维素、果胶、半纤维

表 6-2　纤维性原料的水结合力、吸水膨胀力和黏度的比较

项目	纤维原料													SEM	P 值
	卡拉胶	瓜尔豆胶	构树叶粉	甜菜渣	云杉木粗纤维浓缩物	辣木叶粉	海藻酸钠	蛋白桑精粉	桑叶粉	木薯渣	麦麸	小麦糊粉层熟粉	微晶纤维素		
水结合力/(g/g)	8.37^{a}	5.78^{b}	5.35^{bc}	4.92^{cd}	4.55^{de}	4.36^{de}	4.21^{e}	3.94^{ef}	3.49^{f}	2.78^{g}	2.28^{gh}	2.16^{gh}	2.06^{h}	0.28	<0.01
吸水膨胀力/(ml/g)	9.17^{a}	5.91^{c}	4.44^{d}	7.11^{b}	3.37^{e}	2.07^{fg}	8.62^{a}	2.00^{fg}	1.96^{fg}	2.16^{f}	2.14^{f}	1.73^{fg}	1.23^{g}	0.37	<0.01
黏度/(mPa·s)	1.93^{c}	2.46^{a}	2.40^{a}	1.88^{c}	1.86^{c}	2.02^{bc}	2.14^{b}	1.86^{c}	2.38^{a}	1.87^{c}	1.81^{c}	1.84^{c}	1.95^{bc}	0.04	<0.01

注：同行数据无相同字母者表示差异显著（$P<0.05$）。

素和木质素的比例不同，多糖分子间交联形式的不同，从而导致物理化学性质的差异（Pla et al.，2007）。

纤维颗粒大小变小，其 WBC 降低（Zhang and Moore，1997）。然而，Rosell 等（2009）发现水合特性与纤维的颗粒分布并没有相关性（Rosell et al.，2009）。由此可见，颗粒大小对纤维水合特性的影响并不是表现在所有类型纤维上（Strange et al.，2002）。加工方式也会影响纤维原料的水合特性（表 6-3），如新鲜、晒干、煮沸的菜花纤维在 WBC 和 SC 是有很大区别的，这主要体现温度对水合特性的影响。

表 6-3 加工方式对纤维原料水合特性的影响

纤维来源	加工处理	水结合力/（g/g）	吸水膨胀力/（mL/g）	文献来源
麸皮	磨细的	2.80	—	Caprez et al.，1986
	粗的（未加工）	2.70	—	
	高压煮沸	2.80	—	
卷心菜（甘蓝）	磨细的	9.70	—	MacConnell et al.，1974
	粗的（未加工）	12.70	—	
甜菜渣	自然提取	26.50	11.50	Bertin et al.，1988
	碱煮提取	35.40	50.80	
甘蔗纤维	自然提取	4.98	—	Sangnark et al.，2003
	碱煮提取	9.76	—	
豌豆壳	酒精不溶性渣	7.40	5.20	Weightman et al.，1995
	未分离	9.20	12.60	
菜花纤维	新鲜	19.90	22.00	Femenia et al.，1998
	晒干	8.30	19.40	
	煮沸	24.60	27.40	

注：—表示不详。

(三) 发酵性

日粮纤维不能被动物消化道所产生的消化酶酶解，只能通过微生物发酵降解。日粮中可发酵的碳水化合物在动物后肠发酵产生的能量占可利用能量的7%～17%，这取决于日粮中可发酵碳水化合物的含量（Anguita et al.，2006）。日粮纤维被微生物降解的程度和速度与纤维的水溶性、化学结构、颗粒大小等多种因素有关。多糖中单糖的种类、数量级及成键方式很大程度上决定了纤维在肠道的发酵能力（Henningsson et al.，2001）。日粮纤维的水合性质与发酵性并没有必然关系，如纤维素对发酵的抗性最强，而高WBC纤维（果胶和瓜尔胶）则可完全被发酵。然而，高WBC的车前草和甲基纤维素则不能完全发酵，或完全不能被发酵。根据日粮纤维的发酵能力，图6-1能更好地理解日粮纤维的化学成分。

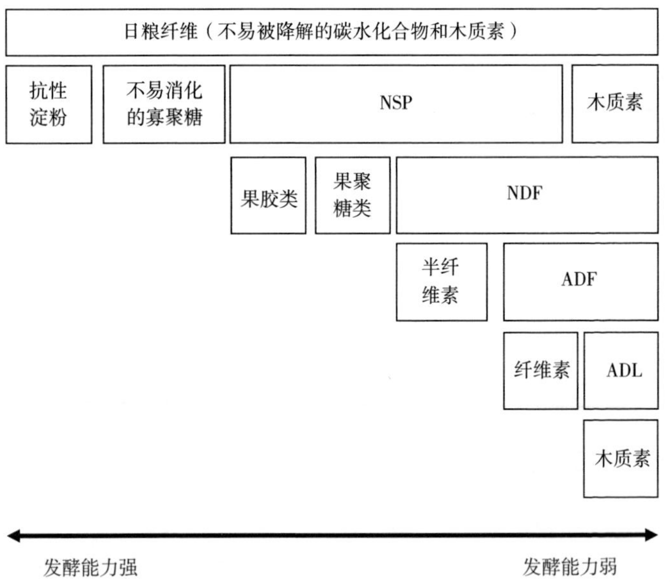

图6-1　根据可发酵性划分的日粮纤维化学成分（引自于Van Soes et al.，1991）

程传辉（2020）比较了 13 种纤维性原料的发酵特性，发现存在较大差异（表 6-4），不同来源纤维性原料体外发酵的产气动力学参数均差异显著。瓜儿豆胶的第 48h 累计产气量和理论最大产气量均显著高于其他纤维性原料（$P<0.01$）。而起始反应速率的值却是微晶纤维素的最高，并且显著高于其他纤维性原料（$P<0.01$）。反应速率 K 方面，卡拉胶的最快，且显著快于其他纤维性原料（$P<0.01$）。而海藻酸钠达到最大产气量一半的时间 $T_{1/2}$ 最长，且显著长于其他纤维性原料（$P<0.01$）。日粮纤维被微生物发酵后的主要产物是短链脂肪酸。不同来源纤维性原料体外发酵产生的短链脂肪酸浓度差异显著（$P<0.01$）。瓜尔豆胶的总短链脂肪酸产量、丙酸产量和丁酸产量最高，海藻酸钠的乙酸产量最高，且显著高于其他纤维性原料的产量（$P<0.01$）。除去卡拉胶、海藻酸钠、瓜尔豆胶、构树叶粉和桑叶粉这 5 种水结合力、吸水膨胀性和黏度较高的纤维性原料，剩下的 8 种纤维性原料中甜菜渣的总短链脂肪酸产量和乙酸、丙酸、丁酸的产量均最高且显著高于其他纤维性原料（$P<0.01$）。且剩下的 8 种纤维性原料中微晶纤维素和云杉木粗纤维浓缩物的总短链脂肪酸产量和乙、丙、丁酸的产量均最低且显著低于其他纤维性原料（$P<0.01$）。

需要指出的是，从数学模型上，只应用单相模型可能不足以准确评价纤维发酵特性对猪肠道健康的影响。Tan 等（2018）以妊娠母猪粪样作为菌源，体外发酵冷冻干燥后的纤维配制日粮的酶解残渣，采用 LE 模型对产气量进行拟合，原料的产气符合二相方程式。发酵产气动力学参数和产生的短链脂肪酸浓度见表 6-5。可溶性纤维含量较高的魔芋粉和甜菜渣的快速和慢速发酵部分对整个发酵过程的贡献并不相同，就理论最大产气量 V_{F1} 来讲，魔芋粉主要来源于快速可发酵部分，而甜菜渣主要来源于慢速可发酵部分。在快速发酵部分，魔芋粉组产生的 V_{F1} 显著高于对照组和甜菜渣组（$P<0.01$），而 $(FRD_0)_1$ 则低于其他两组（$P<0.01$）。和魔芋粉组相比，快速发酵部分的 $(T_{1/2})_1$ 显著高于甜菜渣组（$P<0.01$），对照日粮与甜菜渣组没有明显差异。在慢速发酵部分，甜菜渣组的

表 6-4　纤维性原料的发酵特性的比较

项目	瓜尔豆胶	甜菜渣	海藻酸钠	构树叶粉	卡拉胶	辣木叶粉	桑叶粉	蛋白桑精粉	木薯渣	麦麸	小麦糊粉层熟粉	微晶纤维素	云杉木粗纤维浓缩物	SEM	P 值
产气动力学参数															
第 48h 累计产气量/（ml/g）	398.6^{a}	326.2^{b}	228.1^{c}	207.8^{c}	172.7^{d}	167.5^{d}	174.5^{d}	135.0^{e}	134.1^{e}	116.6^{ef}	96.8^{f}	4.2^{g}	7.9^{g}	19.8	<0.01
理论最大产气量/（ml/g）	385.4^{a}	327.7^{b}	222.0^{c}	209.0^{c}	168.0^{de}	170.6^{d}	175.7^{d}	137.8^{ef}	139.1^{ef}	118.7^{fg}	98.5^{g}	6.9^{h}	11.2^{h}	19.2	<0.01
起始反应速率*100	2.3^{b}	1.5^{b}	0.5^{b}	1.3^{b}	2.2^{b}	2.8^{b}	1.4^{b}	1.0^{b}	1.4^{b}	2.2^{b}	1.2^{b}	30.5^{a}	10.7^{b}	1.6	<0.01
反应速率/（K/h^{-1}）	0.3^{bc}	0.2^{bcd}	0.2^{bcd}	0.2^{bcd}	0.5^{a}	0.2^{cd}	0.1^{d}	0.2^{d}	0.1^{d}	0.2^{bcd}	0.2^{bcd}	0.3^{bc}	0.2^{bcd}	0.02	<0.01
达到最大产气量一半的时间（$T_{1/2}$）/h	8.5^{e}	12.0^{d}	19.2^{a}	15.5^{c}	6.1^{f}	11.7^{d}	17.1^{b}	18.2^{ab}	18.0^{ab}	12.4^{d}	13.3^{d}	2.8^{g}	5.4^{f}	1	<0.01
短链脂肪酸浓度															
乙酸/（ mol/L）	27.8^{b}	29.2^{ab}	30.7^{a}	25.9^{c}	19.2^{e}	21.4^{d}	21.4^{d}	19.4^{e}	17.3^{f}	15.4^{g}	13.8^{g}	6.0^{h}	6.1^{h}	1.4	<0.01
丙酸/（mmol/L）	18.8^{a}	9.5^{c}	7.5^{d}	7.2^{d}	10.8^{b}	6.0^{ef}	6.5^{e}	5.7^{fg}	5.9^{ef}	5.9^{ef}	5.2^{g}	1.8^{h}	1.8^{h}	0.8	<0.01
丁酸/（mmol/L）	3.8^{a}	2.9^{b}	1.9^{c}	2.0^{c}	3.1^{b}	1.9^{c}	1.5^{d}	1.4^{d}	1.3^{d}	2.1^{c}	2.1^{c}	0.4^{e}	0.4^{e}	0.2	<0.01
总短链脂肪酸 X/（mmol/L）	52.9^{a}	43.4^{b}	42.0^{b}	37.5^{c}	35.6^{c}	31.5^{d}	31.5^{d}	28.7^{de}	26.5^{ef}	25.4^{fg}	23.2^{g}	9.9^{h}	9.8^{h}	2.2	<0.01

注：X 为总短链脂肪酸浓度，为乙酸、丙酸、丁酸、异丁酸、戊酸和异戊酸浓度之和；同行数据无相同字母者表示差异显著（$P<0.05$）。

V_{F2}（$P<0.05$）和（$T_{1/2}$）$_2$ 显著高于其他两组（$P<0.01$）。魔芋粉日粮酶解后发酵产生的乙酸、丁酸及总酸显著高于其他两组（$P<0.05$），而甜菜渣组和对照组之间没有明显差异。

表 6-5　体外发酵妊娠日粮的产气动力学参数及产生的短链脂肪酸浓度

项目	对照组日粮	魔芋粉日粮	甜菜渣日粮	SEM	P 值
快速发酵部分					
$V_{F}{}^{\dagger}{}_{1}$	130.5^{b}	183.3^{a}	101.3^{c}	16.20	<0.01
(FRD$_0{}^{\ddagger}$)$_1$×100	2.8^{a}	1.8^{b}	2.4^{a}	0.20	<0.01
$K^{\dagger\dagger}{}_{1}$	0.1	0.1	0.1	0.01	0.68
(T$_{1/2}{}^{\ddagger\ddagger}$)$_1$	15.2^{ab}	17.4^{a}	12.7^{b}	0.91	0.04
慢速发酵部分					
V_{F2}	50.1^{b}	66.0^{b}	180.9^{a}	27.86	0.04
(FRD$_0$)$_2$×100	0.3^{b}	4.1^{a}	0.2^{b}	0.80	<0.01
K_2	1.6^{a}	0.8^{b}	0.3^{c}	0.24	0.01
($T_{1/2}$)$_2$	4.1^{b}	4.0^{b}	18.3^{a}	3.01	<0.01
短链脂肪酸浓度					
乙酸/（mmol/L）	11.3^{b}	19.0^{a}	13.4^{b}	1.71	0.01
丙酸/（mmol/L）	8.0	9.5	9.7	0.77	0.06
丁酸/（mmol/L）	1.1^{b}	1.9^{a}	1.3^{b}	0.18	0.01
总短链脂肪酸*/（mmol/L）	20.4^{b}	30.4^{a}	24.4^{b}	2.49	0.01

注：$V_F{}^{\dagger}$ 为理论最大产气量（mL/g）；FRD$_0{}^{\ddagger}$ 为起始反应速率（h^{-1}）；$K^{\dagger\dagger}$ 为反应速率（h^{-1}）；$T_{1/2}$ 为到达最大产气量一半的时间（h）；* 为总酸浓度，为乙酸、丙酸和丁酸浓度之和；同行数据无相同字母者表示差异显著（$P<0.05$）。

LE模型的 FRD_0 表示的是体外发酵的起始反应速率（Wanders et al.，2013），该试验结果显示体外发酵魔芋粉日粮的 FRD_0 低于其他两种日粮，这暗示着肠道菌群可能需要更长的时间去发酵魔芋粉日粮。魔芋粉的主要成分是魔芋葡甘聚糖，由葡萄糖和甘露糖通过β-（1-4）糖苷键和β-（1-3）糖苷键连接而成的高分子多糖（Onishi et al.，2007），微生物需要产生更多的内源酶才能启动发酵（Jonathan et al.，2007），这可能是导致 FRD_0 值较低的原因。这有利于魔芋粉不受前肠微生物的干扰，进入后肠作为发酵底物充分发挥其发酵特性。体外发酵动力学参数，结合滞留时间，能反应在猪特定的消化道场所发挥其发酵特性，进一步为妊娠母猪选择目的纤维性原料提供指导（Williams et al.，2005）。例如，较高的 $T_{1/2}$ 可能表示微生物发酵主要发生在猪大肠的末端（Williams et al.，2005；Jha et al.，2011）。当结肠末端缺乏可发酵的碳水化合物底物时，魔芋粉日粮残渣作为不易被内源酶降解的微生物发酵底物，从而产生 SCFAs（Regmi et al.，2011），这可能有利于抑制蛋白质发酵从而减少相关的潜在有害物质，如吲哚、氨等（Jensen，2001；Knudsen et al.，2001）。该研究中，使用魔芋粉日粮酶解后残渣进行发酵，快速发酵部分的 $T_{1/2}$ 高于其他两组，这可能有利于魔芋粉底物充分发酵产生更多的 SCFAs。事实上，魔芋粉日粮发酵产生的 SCFAs 确实高于甜菜渣日粮和对照日粮（Tan et al.，2018）。综上所述，尽管魔芋粉和甜菜渣都是可溶性纤维原料，但二者的发酵特性不同。魔芋粉日粮具有快速发酵特性，产生的 SCFAs 浓度更高。同时，魔芋粉良好的发酵性势必会影响母猪后肠微生物区系，进而对母猪生理代谢和繁殖性能的影响需进一步研究探讨。

二、纤维原料理化特性的协同增效

在食品工业研究中，多糖共混可改善产品凝胶性、持水性和稳定性。分析其内在原因是：由于多糖按照适宜的比例混合后，其理化性质可以达到协同增效的作用。在亲水性胶体互混的研究中以黄

原胶与其他亲水性胶体互混的研究比较多。黄原胶主要与半乳甘露聚糖、葡萄甘露聚糖协同作用，对这类凝胶模型普遍认为是由于处于线团结构的黄原胶分子与半乳甘露聚糖或葡萄甘露聚糖主链之间的结合所致（罗志刚，2002）。为使多糖共混的水合特性协同增效效果达到最佳，不仅需要考虑到多糖来源，还需设计合适的比例。何东保等（1999）研究表明：当黄原胶与魔芋精粉的共混比例为7∶3时，多糖总浓度为1%，可达到协同相互作用的最大值。当黄原胶与刺槐豆胶在总浓度1%、共混比例为6∶4时，它们之间可以达到协同相互作用的最大值（何东保，1998）。另外，赵谋明等（1999）研究了黄原胶与瓜尔胶的最适合比例为3∶7。

现有多糖共混可产生协同增效的研究集中在亲水性胶体和非变性淀粉或变性淀粉共混。张雅媛（2012）比较分析了不同配比的阿拉伯胶、黄原胶及瓜尔胶与玉米淀粉互混对混合体系协同增稠的影响，结果表明瓜尔胶与玉米淀粉比例为2∶8时的协同增稠作用最强，黄原胶（0.5∶9.5）次之，而阿拉伯胶则呈现相反的趋势，没有协同增效的作用。不同亲水性胶体和淀粉或变性淀粉共混对产品的协同作用总结见表6-6。目前多糖共混协同增效研究集中在黏度的改善上，水合特性协同增效的报道较少。段人钰等（2013）在包子面皮中添加4%糯玉米羟丙基淀粉的基础上再添加0.3%瓜尔胶减少了产品的失水率。

表6-6 亲水性胶体与淀粉或变性淀粉共混对产品性质的协同增效作用

产品	淀粉/变性淀粉	添加量/%	亲水性胶体	添加量/%	协同增效	参考文献
包子面皮	糯玉米羟丙基淀粉	4.0	瓜尔胶	0.3	失水率降低	段人钰，2013
溶液	交联木薯淀粉	3.5	黄原胶	0.5	黏度增加	Asira et al.，2012
	交联木薯淀粉	3.5	瓜尔胶	0.5	黏度增加	
	交联木薯淀粉	3.5	魔芋胶	0.5	黏度增加	

续表

产品	淀粉/变性淀粉	添加量/%	亲水性胶体	添加量/%	协同增效	参考文献
辣椒番茄沙司	淀粉	0.50	黄原胶	9.5	黏度增加	张雅媛，2012
	淀粉	8.0	瓜尔胶	2.0	黏度增加	
溶液	羟丙基土豆淀粉	4.4	刺槐豆胶	0.6	黏度增加	Kim et al.，2010
	羟丙基土豆淀粉	4.5	黄原胶	1.6	黏度增加	
	羟丙基土豆淀粉	4.6	瓜尔胶	2.6	黏度增加	
共混溶液	变性淀粉	4.5	魔芋胶	0.5	黏度增加	Hirata et al.，1997
鸡肉肠	变性淀粉	12	魔芋胶	0.5	持水性增加，弹性好	代佳佳，2009
溶液	土豆淀粉	4.8	黄原胶	0.2	协效性不明显	Choiand，2009
蛋黄酱	变性淀粉	3.6	刺槐豆胶	0.4	凝胶型好	Dolz et al.，2007
	变性淀粉	3.6	黄原胶	0.4	凝胶型好	
香肠	土豆淀粉	0.5	刺槐豆胶	0.5	持水性增加，弹性好	Elizabeth et al.，2007
		0.5	卡拉胶	0.5	无协效性	
溶液	小麦淀粉	2.0	黄原胶	0.09	持水性增加	Mandala et al.，2004

不同学者试图分析亲水性胶体与淀粉共混提高体系黏度的内在机理，解析原因不太一致。Biliaderis 等（1997）认为单纯的淀粉凝胶体系是由充当填充物的淀粉颗粒分散在可溶性淀粉水溶液中所形成的复杂体系，当添加亲水性胶体后，大分子亲水性胶体与淀粉分子间势必因存在热力学不相容性而产生相分离作用。这一作用使

得淀粉与胶体分别存在于溶液中相互独立的微相中，位于连续相中的亲水胶由于淀粉颗粒的膨胀作用，使微相内组分浓度激增，因而提高了淀粉和亲水胶体体系的黏度。也有学者提出亲水性胶体与淀粉糊化过程中渗漏的淀粉的可溶性组分间存在着相互作用，两者间可形成氢键，从而提高淀粉与亲水胶体系的黏度（Christianson et al.，1995）。

三、功能性日粮纤维对妊娠母猪饱感和异常行为的影响

日粮纤维独特的理化性质在促进妊娠母猪限饲后饱感的调控中发挥着重要的作用。其中，黏性、水合作用（溶解性、吸水膨胀力和水结合力）和发酵性起着决定性作用。有研究指出，延缓胃肠道排空速率，有利于促进动物饱感（Kristensen et al.，2011）。母猪妊娠日粮中添加40%麸皮和22%甜菜渣延缓了胃排空，且发现两种纤维日粮提高了日粮的WBC，同时也提高了食糜的WBC（Miquel et al.，2001）。在生长猪日粮中添加7%纤维素或7%瓜尔胶增加了食糜的黏度，却降低了食糜的WBC，减缓回肠食糜流速，延缓胃肠道滞留时间，并最终降低了采食量（Owusu-Asiedu et al.，2006）。在人类上研究报道：膳食中添加高水平的海藻酸盐提高了胃内容物的WBC最终提高了饱感，而添加高水平的瓜尔胶提高了胃肠道的黏度但WBC没有相同的结果（Wanders et al.，2013）。日粮纤维的黏性和WBC均可影响食糜在胃肠道的滞留时间（Bortolotti et al.，2008；Rendon-Huerta et al.，2012），这可能取决于动物本身消化道结构特点，仔猪和人类胃肠道相对于母猪较小，黏性的日粮纤维在水相中呈凝胶状，再加上胃肠道容积较小，其阻力更大，进而影响食糜流速。而母猪胃肠道容积较大，日粮纤维的WBC促使母猪饮水稀释了水相的黏性。因此，水合特性可能掩盖了黏性的作用（谭成全，2016）。

Sun等（2015）在母猪妊娠日粮添加具有特殊理化特性的2.2%魔芋粉发现：2.2%魔芋粉日粮的吸水膨胀力为2.16mL/g，这意味着妊娠母猪饲喂日粮2.43kg/d，其总体积可达到5.25L。

此外，魔芋粉具有很强的吸水能力，每克样品可吸收100g水。该研究饲喂2.2%魔芋粉日粮的母猪每天可进食54g魔芋粉，即可每天吸收5.4kg水。因此，魔芋粉可通过扩大胃的体积增强饱腹感。另外，其出色的水结合力和吸水膨胀力可以增加咀嚼活动和嘴中唾液的产生，进而通过中枢神经系统提高餐后饱腹感，主要表现为2.2%魔芋粉日粮降低了妊娠母猪采食后的空口咀嚼，降低了刻板行为（Sun et al.，2015）。随后该课题组根据纤维理化特性协同增效的原理筛选到与魔芋粉具有同等效应的组合纤维，并在大鼠上验证了其促进饱感的效应（谭成全，2016）。最近的研究同样表明：在妊娠日粮中添加具有高吸收膨胀力的5%抗性淀粉有助于提高妊娠母猪餐后饱腹感，缓解压力状态，减少异常行为，进而降低母猪的死产率（Huang et al.，2020）。

未经酶解消化的日粮纤维在后肠发酵主要产生气体和短链脂肪酸（short chain fatty acids，SCFAs）。有趣的是，发酵性日粮纤维在后肠快速发酵延长了食糜在结肠的滞留时间。Serena等（2008）在母猪日粮中添加两种类型的纤维，第一种主要由甜菜渣、果胶及土豆浆组成，第二种由豌豆壳、酿酒残渣及种子残渣组成。结果发现饲喂纤维日粮母猪食糜在大肠滞留时间比低纤维组缩短了13个小时。同时，纤维日粮增加了后肠发酵SCFAs的生成。同样地，育肥猪日粮添加发酵性的可溶性纤维延缓胃排空，降低大肠食糜的滞留时间（Leeuwen et al.，2007）。

纤维添加到日粮中调控母猪饱感主要包括两个方面：一方面日粮纤维通过改变食糜理化性质，通过物理机械作用影响胃排空、食糜流速而影响营养物质的消化吸收，最终影响饱感和饥饿感；另一方面则通过后肠微生物发酵产生SCFAs发挥一系列的生理作用（谭成全，2016）。很多研究表明：SCFAs可以刺激肠细胞对胃肠道激素的释放，通过化学途径提高机体的饱感并降低采食量。其中，肠道相关激素胰高血糖素样肽-1（glucagon-like Peptide-1，GLP-1）和多肽YY（peptide YY，PYY）可以抑制动物食欲和能量摄入（Moss et al.，2012）。对于SCFAs促进肠道激素释放的作

用，很多学者在小鼠上得到了验证。同样地，在母猪妊娠日粮中添加魔芋粉促进饱感激素 GLP-1 和 PYY 的释放，并最终降低了母猪的异常行为并促进饱感（Sun et al.，2015）。不仅如此，SCFAs 可以通过结合 G-蛋白偶联受体（G Protein-coupled receptor，GPR）发挥信号分子作用。Gwen 等（2012）在原代培养的小鼠结肠 L 型细胞上，直接证实了 SCFAs 通过激活 GPR43，继而刺激胞内钙离子释放，直接调控细胞释放 GLP-1。当敲除 GPR43 时，活性 GLP-1 的 mRNA 水平表达丰度和蛋白释放量均显著降低。

日粮纤维调控母猪饱感的内在机理主要是其理化性质在动物消化道不同场所发挥着不同的作用（图 6-2）。日粮纤维的黏性和水合特性刺激胃壁，促使胃膨胀并延缓胃排空，以上机械刺激使饱感信号传入中枢神经系统从而促进饱感（Kristensen et al.，2011）。食糜进入小肠后，黏性的日粮纤维减缓食糜流速，而消化底物长期暴露在肠腔，影响营养物质消化吸收。一方面促进胃肠激素的释放，如十二指肠和空肠的胆囊收缩素及回肠末端的 PYY 和 GLP-1，进而促进饱感（Kristensen et al.，2011）；另一方面，营养物质暴露在小肠黏膜，引起“回肠制动”（Meyer et al.，1998）负反馈调控，延缓胃排空（Maljaars et al.，2007），并降低消化酶的分泌

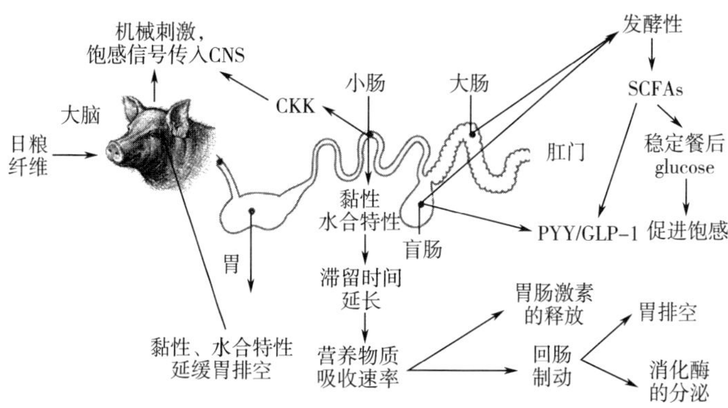

图 6-2　日粮纤维不同理化性质作用于消化道对母猪饱感的调控作用

(Keller et al.，2006)，影响营养物质的消化吸收（Owusu-Asiedu et al.，2006)。食糜进入大肠后，不能酶解的消化底物发酵产生SCFAs，可用于供能，节约葡萄糖的消耗，延缓餐后血糖峰值的快速降低，稳定餐后血糖浓度，可提高餐间的饱感（De Leeuw et al.，2008)。此外，如前文所述SCFAs作为信号分子诱导饱感激素的释放，从而促进饱感。

主要参考文献

[1] 程传辉．不同理化特性日粮纤维对断奶仔猪生长性能、腹泻率及肠道形态的影响．华南农业大学，2020.

[2] 彭健．母猪营养代谢与精准饲养．北京：中国农业出版社，2019.

[3] 谭成全．妊娠日粮中可溶性纤维对母猪妊娠期饱感和泌乳期采食量的影响及其作用机理研究．华中农业大学，2016.

[4] Andersen I L，Tajet G M，Haukvik I A，et al. Relationship between postnatal piglet mortality，environmental factors and management around farrowing in herds with loose-housed，lactating sows. Acta Agriculturae Scandinavica Section a-Animal Science，2007，57：38-45.

[5] Baxter E M，Lawrence A B，Edwards S A. Alternative farrowing systems：Design criteria for farrowing systems based on the biological needs of sows and piglets. Animal，2011，5：580-600.

[6] De Briyne N，Berg C，Blaha T，et al. 'Phasing out pig tail docking in the eu-present state，challenges and possibilities'. Porcine Health Management 2018，4：24.

[7] De Leeuw J A，Bolhuis J E，Bosch G，et al. Effects of dietary fibre on behaviour and satiety in pigs. Proceedings of the Nutrition Society，2008，67：334-342.

[8] Deng J，Cheng C，Yu H，et al. Inclusion of wheat aleurone in gestation diets improves postprandial satiety，stress status and stillbirth rate of sows. Animal Nutrition，2021，7：412-420.

[9] Herpin P，Damon M，Le Dividich J. Development of thermoregulation

and neonatal survival in pigs. Livestock Production Science, 2002, 78: 25-45.

[10] Huang S, Wei J, Yu H, et al. Effects of dietary fiber sources during gestation on stress status, abnormal behaviors and reproductive performance of sows. Animals (Basel), 2020, 10.

[11] Jha R, Bindelle J, Van Kessel A, et al. In vitro fibre fermentation of feed ingredients with varying fermentable carbohydrate and protein levels and protein synthesis by colonic bacteria isolated from pigs. Animal Feed Science and Technology, 2011, 165: 191-200.

[12] Jones G M, Edwards S A, Sinclair AG, et al. The effect of maize starch or soya-bean oil as energy sources in lactation on sow and piglet performance in association with sow metabolic state around peak lactation. Animal Science, 2002, 75: 57-66.

[13] Knudsen K. The nutritional significance of "dietary fibre" analysis. Animal Feed Science & Technology, 2001, 90: 3-20.

[14] Kristensen M, Jensen M G. Dietary fibres in the regulation of appetite and food intake. Importance of viscosity. Appetite, 2011, 56: 65-70.

[15] Mainau E, Dalmau A, Ruiz-de-la-Torre J L, et al. A behavioural scale to measure ease of farrowing in sows. Theriogenology, 2010, 74: 1279-1287.

[16] Mellor D J, Stafford K J. Animal welfare implications of neonatal mortality and morbidity in farm animals. Veterinary Journal, 2004, 168: 118-133.

[17] Miquel N, Knudsen K E, Jorgensen H. Impact of diets varying in dietary fibre characteristics on gastric emptying in pregnant sows. Arch Tierernahr, 2001, 55: 121-145.

[18] Murphy D, Ricci A, Auce Z, et al. Ema and efsa joint scientific opinion on measures to reduce the need to use antimicrobial agents in animal husbandry in the european union, and the resulting impacts on food safety (ronafa). Efsa Journal, 2017, 15.

[19] Onishi N, Kawamoto S, Suzuki H, et al. Dietary pulverized konjac glucomannan suppresses scratching behavior and skin inflammatory immune responses in nc/nga mice. International Archives of Allergy and Immunology, 2007, 144: 95-104.

[20] Owusu-Asiedu A, Patience J F, Laarveld B, et al. Effects of guar gum and cellulose on digesta passage rate, ileal microbial populations, energy and protein digestibility, and performance of grower pigs. Journal Animal Science, 2006, 84: 843-852.

[21] Regmi P R, van Kempen T A T G, Matte J J, et al. Starch with high amylose and low in vitro digestibility increases short-chain fatty acid absorption, reduces peak insulin secretion, and modulates incretin secretion in pigs. Journal of Nutrition, 2011, 141: 398-405.

[22] Rendon-Huerta J A, Juarez-Flores B, Pinos-Rodriguez J M, et al. Effects of different sources of fructans on body weight, blood metabolites and fecal bacteria in normal and obese non-diabetic and diabetic rats. Plant Foods for Human Nutrition, 2012, 67: 64-70.

[23] Robert S, Bergeron R, Farmer C, et al. Does the number of daily meals affect feeding motivation and behaviour of gilts fed high-fibre diets? Applied Animal Behaviour Science, 2002, 76: 105-117.

[24] Rutherford K M D, Baxter E M, D'Eath R B, et al. The welfare implications of large litter size in the domestic pig i: Biological factors. Animal Welfare, 2013, 22: 199-218.

[25] Tan C Q, Sun H Q, Wei H K, et al. Effects of soluble fiber inclusion in gestation diets with varying fermentation characteristics on lactational feed intake of sows over two successive parities. Animal, 2018, 12: 1388-1395.

[26] Sekiguchi T, Koketsu Y. Behavior and reproductive performance by stalled breeding females on a commercial swine farm. Journal of Animal Science, 2004, 82: 1482-1487.

[27] Serena A, Jorgensen H, Bach Knudsen K E. Digestion of carbohydrates and utilization of energy in sows fed diets with contrasting levels and physicochemical properties of dietary fiber. Journal Animal Science, 2008, 86: 2208-2216.

[28] Spencer J D, Boyd R D, Cabrera R, et al. Early weaning to reduce tissue mobilization in lactating sows and milk supplementation to enhance pig weaning weight during extreme heat stress. Journal of Animal Science, 2003, 81: 2041-2052.

[29] Sun H Q, Tan C Q, Wei H K, et al. Effects of different amounts of konjac flour inclusion in gestation diets on physio-chemical properties of diets, postprandial satiety in pregnant sows, lactation feed intake of sows and piglet performance. Animal Reprod Science, 2015, 152: 55-64.

[30] Van Leeuwen P, Jansman A J M. Effects of dietary water holding capacity and level of fermentable organic matter on digesta passage in various parts of the digestive tract in growing pigs. Livestock Science, 2007, 109: 77-80.

[31] Van Soest P J, Robertson J B, Lewis B A. Methods for dietary fiber, neutral detergent fiber, and nonstarch polysaccharides in relation to animal nutrition. Journal Dairy Science, 1991, 74: 3583-3597.

[32] Wanders A J, Jonathan M C, van den Borne J J G C, et al. The effects of bulking, viscous and gel-forming dietary fibres on satiation. British Journal of Nutrition, 2013, 109: 1330-1337.

[33] Wang M, Tang S X, Tan Z L. Modeling in vitro gas production kinetics: Derivation of logistic-exponential (le) equations and comparison of models. Animal Feed Science & Technology, 2011, 165: 137-150.

[34] Williams B A, Bosch M W, Boer H, et al. An in vitro batch culture method to assess potential fermentability of feed ingredients for monogastric diets. Animal Feed Science and Technology , 2005, 123: 445-462.

[35] White K R, Anderson D M, Bate L A. Increasing piglet survival through an improved farrowing management protocol. NRC Research Press Ottawa, Canada, 1996, 76.

[36] Yang Y, Deng M, Chen J, et al. Starch supplementation improves the reproductive performance of sows in different glucose tolerance status. Animal Nutrition, 2021, 7: 1231-1241.

第七章 母猪肢蹄病及其关键营养调控技术

母猪发生肢蹄病或跛足现象是非生产情况下被淘汰的第二大常见原因，直接影响其种用年限。而骨软骨症（osteochondrosis，OCD）是导致动物跛足最常见的原因之一。在许多动物研究（人类、马、猪）中发现，很多OCD在生长早期就会消退或痊愈，而跛足现象通常发生在晚期，且OCD的严重程度与跛足之间并没有很强的相关性。研究人员常通过主观对母猪步态或跛足评估的方式识别动物是否跛足，但这种方式需要测试人员受过相关训练，且不足以客观地评定动物跛足。因此，实际生产中常使用动力学（压力板、压垫）、运动学（录像）、加速度计、热成像、蹄硬度测量和血液生物标记等方法，更为准确、客观且快速地评估动物跛足。肢蹄病或跛足的发生会影响动物福利与养殖场的经济效益。本章首先综述了母猪肢蹄病的发生及其危害，其次分析了判定肢蹄病和跛足的科学依据。随后，从房舍系统、地板类型、脚趾或蹄爪的管理、遗传及营养五大方面阐述了影响母猪肢蹄病的主要因素。最后讨论了不同来源和形式的微量元素对母猪肢蹄病的影响。

第一节　肢蹄病发生及其危害

一、肢蹄病的发生率及其危害

近几十年来，猪的基因改良主要集中在生产（生长、瘦肉率和

肉质）（Van Wijk et al.，2005）和繁殖性状（初情期启动和产仔数）上（Johnson et al.，1994；Noguera，et al.，2002）。如今经济性状如母猪的种用年限也引起养殖业的广泛关注（Javingh et al.，1992）。母猪的种用年限被视为动物福利的一个重要指标，与生产性能和形态特征有关，如腿的构造（Yazdi et al.，2000）。2011—2016 年数据表明：母猪每年淘汰率和死亡率分别为 45.7%～47.4%和 8.3%～13%。除繁殖问题外，运动问题是造成猪群被淘汰的重要原因（Abiven et al.，1998；Jensen et al.，2010）。据报道，种猪群中 6%～40%（平均 10%）的猪是由于运动问题被淘汰（Anil et al.，2003；McNeil et al.，2018）。统计不同国家数据发现：在美国淘汰的母猪中 15.2%因存在运动问题而被淘汰（Scheenck et al.，2010），英国为 16.9%（KilBride et al.，2009），比利时为 9.7%（Pluym et al.，2013），墨西哥南部为 15.5%（Segura-Correa et al.，2011），瑞典、芬兰和丹麦为 9%～15%（Jørgensen et al.，2000，Bonde et al.，2004），中国南部为 22.5%（Zhao et al.，2015），而泰国为 37.4%（Tummaruk et al.，2008）。其中，运动问题主要表现为肢蹄病或跛足，这是导致母猪过早从种猪群中淘汰的重要原因（Deen et al.，2007；McNeil et al.，2018）。

肢蹄病或跛足是养猪行业内的一个重要问题，可能由很多因素导致，例如神经障碍、蹄或四肢损伤、组织结构问题、创伤或代谢问题以及传染病等（Smith，1988；Mohling et al.，2014）。由于肢蹄病（腿和脚）而被淘汰的母猪群平均胎次为 2.6 胎（Lucia et al.，2000），而母猪的最佳繁殖性能通常在 3 胎以后，这意味着很多进入繁殖群的母猪因为肢蹄病的原因未进入最佳繁殖性能就被淘汰，这对母猪的种用年限和猪场的经济效益造成严重的负面影响。此外，因跛足被淘汰的母猪比其他淘汰母猪的年龄更小，产仔也就更少（Lucia et al.，2000；Anil et al.，2010）。所以，可能无法在跛足母猪淘汰前获取利润。据估计，为了尽可能收回后备母猪的投资成本，在种群中至少要保留淘汰的跛足母猪的三头仔猪才行

(Stalder et al., 2003)，因此，因肢蹄病或跛足问题淘汰母猪的现象对猪场的危害十分严重。

另外，除肢蹄病或跛足外，母猪还可能发生蹄部病变。据报道，母猪蹄部病变的概率很高，约为80%～96%（Gjein and Larssen，1995；Gregoire et al.，2013；Pluym et al.，2013）。但是，有关蹄部病变和跛足间联系的研究结果都不太一致。例如，在Pluym等（2013）的研究中，尽管96%的母猪都患有蹄部病变，但只有4%～8%的母猪跛足。蹄部病变类型和严重程度有很高的变异性，因此难以通过蹄病变来预测跛足。根据Gjein和Larssen（1995）、Fitzgerald（2012）、Gregoire（2013）和Lisgara（2016）的研究表明：后蹄比前蹄、外侧趾比内侧趾（外侧和较大的趾）病变更常见。而且，蹄底损伤可能比蹄壁或露爪损伤更痛苦，而白线、脚跟和脚底部位严重损伤确实会影响运动学测量的一些步态参数（Gregoire et al.，2013）。尽管蹄部病变与跛足之间关联性不强，但一些研究表明：蹄部病变会影响生殖参数，如断奶仔猪和产仔数减少，仔猪断奶重降低和存活猪数量减少（Fitzgerald et al.，2012；Pluym et al.，2013）。

二、肢蹄病的发生原因

骨软骨病（osteochondrosis，OCD）、骨关节病（osteoarthrosis，OA）、感染性关节炎和足部病变均是能繁母猪发生肢蹄病或跛足最常见的原因（Dewey et al.，1993；Heinonen et al.，2006）。其中，OCD在青年母猪中更为普遍，但在1～1.5岁的母猪中，OCD并不常见，或者可能已经被解决（Grondalen，1974）。在其他研究中，并没有将OCD和OA区分开，而且在活体动物中单独诊断出OCD虽然可行，但是比较困难（Heinonen et al.，2006）。Toth等（2016）根据组织学测验，证实了仔猪12周龄OCD发病率很高，但在24周龄时，200头猪中只有3头有严重跛足甚至病变。同样，Bertholle等（2016）观察到80%的断奶仔猪会出现OCD病变，但到了14周龄时，这些仔猪OCD的临床表现并不显

著。Olstad 等（2014）表示，在膝关节和肘部的亚临床骨软骨病中，有 51%和 69%的病猪在 180 日龄时痊愈。由于许多 OCD 都能逐渐地恢复或痊愈（Dik et al.，1999），因此需要用特殊的方法来区分导致跛足的渐进性缺陷和可以自然愈合的缺陷。射线成像是目前（在马和人身上）可以用于检测并监测 OCD 发展的成像方式。然而，在检测早期 OCD 变化时，射线成像并不敏感，特别是在软骨中（Billinghurst et al.，2004；Bertholle et al.，2016）。Billinghurst 等（2004）证明，X 线成像可以结合骨骼和软骨合成与降解的血清生物标志物，是评估 OCD 严重程度的有效方法。

研究发现在 OCD 的发展过程中，受到多种因素影响，如遗传（Aasmundstad et al.，2013）、环境（Etterlin et al.，2014）、日粮组成（Nakano et al.，1987；Frantz et al.，2008；Faba et al.，2018）、生长速度（van Grevenhof et al.，2012；de Koning et al.，2013）和组织受力或创伤（McCoy et al.，2013；Faba et al.，2018）。在马养殖过程中，日粮方面导致骨软骨病的可能因素有铜缺乏、磷过剩和日粮能量过量（McCoy et al.，2013）。各营养成分之间常相互作用，所以营养缺乏或过量都可能干扰骨骼和关节软骨生长，所以必须平衡好日粮中营养成分（van Riet et al.，2013）。多项研究结果提出仔猪“易感期”观点，其中，日粮可能是导致 OCD 的关键因素，且这类 OCD 缺陷很可能是“不可逆”的、永久性的，但可能因物种和解剖部位的不同而有所差异，尚未明确定义（Dik et al.，1999；van Grevenhof et al.，2012；McCoy et al.，2013；Bertholle et al.，2016）。

Etterlin 等（2015）统计了自由饲养和封闭式饲养下母猪 OCD 和跛足发病率。自由饲养 OCD 的发生率和严重程度都比封闭式饲养的高。然而，在跛足和步态评分方面，两种饲养方式没有差异。Jorgensen 等（1995）提出了阈值理论（即在猪出现跛足迹象之前，一定会出现 OCD 以及滑膜炎）。同样，Etterlin 等（2015）发现 OCD 损伤的总和显著影响步态评分，而单个 OCD 损伤的严重程度并不影响。这表明，只有当猪承受大量且严重的损害时，才可能出现跛足的临床症状。OCD 病变与步态评分之间的关系是复杂的。有关自由饲养和封闭式饲养母猪的不同研究表明：OCD 与跛足没有显著相关性（Grondalen 1974，Jorgensen et al.，1995）、有弱关联性（Heinonen et al.，2006），或有显著影响（de Koning et al.，2013；Stavrakakis et al.，2014）。不同研究之间存在差异的一个原因可能是试验中采用主观测量的方式评估动物临床症状（如视觉步态评分），并且缺少猪只之间和猪群内部的可重复性。因此，需要对跛足进行更客观的评估。同样，初产和经产母猪蹄病变的概率也很高（80%～96%），但跛足和非跛足动物蹄病变的概率接近（Pluym et al.，2013）。因此，对 OCD 或蹄病变的组织学测量可能无法准确预测跛足，而且必须处死动物才能准确诊断骨软骨病。此外，骨软骨病病变随着时间的推移不断变化，磁共振成像、CT 或射线成像法检测早期变化不敏感，仅靠这些无法准确评估，另外要处死育种牲畜才能准确评估 OCD，成本相对较高。

三、肢蹄病的判断依据

（一）主观评估

因为现代饲养系统限制了猪的活动，所以区分跛足母猪十分重要，尽早发现动物跛足可以及时进行治疗，提高动物生产力和动物福利。因生产管理需要，当母猪转群时可以评估每头猪的步态及跛足情况。主观跛足评估可将动物行走表现出的跛足程度分类，且这一分类已开发应用于区分所有牲畜（表 7-1）。跛足评估可通过视觉评估步态和姿势是否异常来判定（Main et al.，2000）。Main 等（2000）认为猪的颈部相对较短，头部垂直性运动会受限，另外与其他物种的快速运动相比猪的运动姿势更加生硬，非平稳行走或小跑，这是猪跛足的重要标志。而如拱背等其他外形的变化可能可以更有效地评估跛足。Gregoire 等（2013）观察到 64%的跛足母猪出现拱背，而非跛足母猪只有 14%。总的来说，大多数评估跛足的方法是基于母猪承重均匀或对称与否。虽然这个评估系统相对快速、成本较低，但评估人员是否受过训练和拥有经验十分关键。

Espejo 等（2006）研究分析，当有经验的评估人员做母猪跛足评估时，跛足概率为 24.6%，是场内负责人做评估的 3.1 倍。且主观评分系统已被证明可能与评估人员缺乏敏感性（KilBride et al. 2010），或评估人员之间标准不统一有关（D′Eath，2012）。同样地，研究人员发现其他物种（如狗）主观跛足评估与客观跛足测量（如峰值力）之间没有关联（Quinn et al.，2015）。

表 7-1 评定母猪跛足的评分系统（China Supakorn，et al.，2018）

年份	国家	样本数	评分	临床症状	参考文献
1993	美国	50[b]	0～9	无（0），步态僵硬（轻度（1），中度（2），重度（3）、跛足［轻度（4）、中度（5），重度（6）］，需要帮助才能站立然后可以行走（7），可以在帮助下站立但随后摔倒（8），在帮助下无法站立（9）	Dewey et al.，1993
2004	丹麦	252[a]	1～4	无（1）、站不稳（2）、试图放松肢体（3）、不能承受肢体重量（4）	Bonde et al.，2004
2009	英国	24[b]	0～1	无（0），跛足，行走困难但可以走路，步幅可能会缩短或/和行走时可能会出现身体尾部的摆动（1）	Welfare quality，2009；Stavrakakis et al.，2014
2000	美国和英国	29[b] 85[a] 36[a] 128[a]	0～5	无（0），僵硬（1），跛行检测（2），患肢的最小承重（3），影响肢体在地板上的活动（4），严重致不能运动（5）	Main et al.，2000 Calderon Diaz；et al.，2014； Quinn et al.，2015； Elmore et al.，2010

续表

年份	国家	样本数	评分	临床症状	参考文献
2016	德国	212[a]	0～2	无（0或1），清晰可见的跛足（2）	Traulsen et al.，2016
2017	芬兰	13[b]	0～4	无（0），最小（1），轻微（2），中等（3），严重（4）	Ala-Kurikka et al.，2017

注：a表示非跛足和跛足母猪，b表示仅跛足母猪。

（二）客观评估

1. 蹄硬度

因为很少有研究测量过猪蹄硬度，所以尚不清楚健康猪和跛足猪之间蹄硬度是否有差异。然而，在牛场的研究表明：与健康的奶牛相比，跛足的蹄硬度评估结果较差（Zhao et al.，2015）。添加金属蛋氨酸羟基类似物螯合物［MMHAC，MINTREX® Zn-Cu-Mn，bis（-2-羟基-4-甲基硫代丁酸）］的母牛蹄硬度在6个月内有所增强，而在补充无机微量元素（inorganic trace minerals，ITM）母牛蹄硬度没有改善（Zhao et al.，2015）。Zhao等（2015）也对母牛步态和跛足做出了评估，并得到结论：补充MMHAC的跛足母牛与补充ITM的母牛相比，步态评估结果有所改善。实际生产中已经使用Shore D硬度计测量了奶牛的蹄硬度（Borderas et al.，2004）。硬度计（图7-1）是一种数字标尺，制造业中通常用于测量塑料的硬度。度量范围为0～100，数字越大表示硬度越大。

2. 动力学、运动学和加速度计测量

动力学和运动学已广泛应用于马、犬和牛养殖场，最近已在猪场中应用。动力学旨在结合外力和加速度等因素，将物体的运动与其原因联系起来。由于地面反作用力是动物在地面上的压力产生的，地面在运动过程中表现出相等的反作用力（Clayton，2005），所以通常使用压力板或压力垫分析动物蹄和四肢的承重分布（van Der Tol et al.，2003；Gregoire et al.，2013）。由于无法直接观察

Shore D硬度计

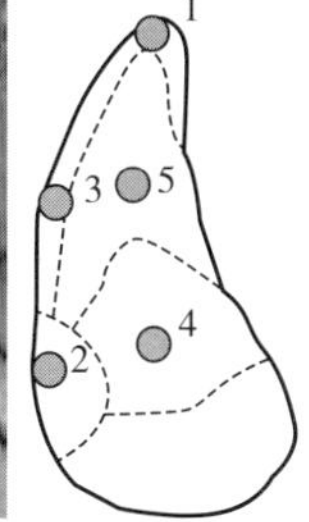

蹄硬度受跛足影响

位置#	0′s	1′s	2′s	3′s	SEM	P值
1	36.8	28.3	32.9	31.6	2.28	(0.052)
3	19.2	16.2	15.3	13.1	2.49	(0.436)

图 7-1　用 Shore D 硬度计测量每条腿蹄外侧的五个位置的蹄硬度

(因为蹄底部位置大部分都受力较少，所以 2、4 和 5 位置数值很低；仅参考 1 位置蹄硬度值，数值增加，蹄硬度有下降趋势)

到力，难以在临床检测期间对其进行评估，因此考虑使用视频记录进行研究，同时用标记示意研究对象机体。评估跛足的另一种方法是使用加速度计或数据记录仪检测，测量母猪躺下或站着的正常模式下的数据，可以得到跛足重要指标（Bonde et al.，2004；Gregoire et al.，2013）。Gregoire 等（2013）比较了跛足和非跛足母猪的运动学和加速度计方法与视觉步态评估后发现：跛足母猪的步幅缩短、行走速度降低且步态时间增加，这说明母猪迈步期间猪蹄在地面上停留的时间更长。在跛足马和牛中也观察到了相似的现象（Keegan et al.，2002；Flower et al.，2005）。加速度计数据显示：跛足母猪在 24h 内站立的时间更少（跛足和非跛足母猪站立时间分别为 6h 和 14h），与母牛数据一致（Blackie et al.，2011）。然而，与马和牛不同，通过运动学评估猪最困难，首先在猪身上很难保持反射性标记或记录器；其次，为了减小偏差需要尽量校准从相机到标记跟踪的距离，而且想要保持类似的记录速度非常耗时。

3. 测力板分析

因为犬和马大部分时间都在运动，评估试验通常在运动过程中获得测力板的测量值。然而，在猪舍内，母猪大部分时间都被限制在固定区域内，因此开发了一种“静态”测力板方法来评估母猪站立时的跛足状况，并且可预测后续跛足状况。Sun 等（2011）开发了嵌入式的测力板系统，可以安置在母猪妊娠的区域板下。测力板设备可量化每个肢体施加到设备表面的力的大小。由于动物跛足会因肢体疼痛而导致减重，前人研究表明测力板分别测量 5min、15min 和 30min 内母猪站立的持续时间，检测所有四肢的重量，从而评估跛足程度（Sun et al.，2011；Karriker et al.，2013；Abell et al.，2014）。近期有研究报道，1min 就足以评估母猪跛足程度，且结果与 5min 和 10min 的结果相一致（McNeil et al.，2018）。母猪的前腿和后腿均重分别占其总体重的 56.5%和 43.5%，显然，母猪的前腿更重（McNeil et al.，2018）。Conte 等（2014）发现：两侧比［两侧腿重之间的比例（前肢或后肢的左腿与右腿相比，用较轻的腿重除以较重的腿重）］与后腿的跛足程度呈负相关，跛足评估为 2 分的母猪的两侧比低于 0 或 1 分的母猪。此外，Conte 等（2014）还发现 2 分的母猪前腿和后腿承重变化的频率高于 0 或 1 分的母猪。有趣的是，以上研究（Sun et al.，2011；Karriker et al.，2013；Abell et al.，2014；McNeil et al.，2018）都来自爱荷华州立大学实验室，该研究对象全部是针对化学诱发性滑膜炎跛足（在 5～7d 内将 10mg/mL 两性霉素 B 注射到指间关节远端以诱导短暂跛足）的母猪。而 Conte 等（2014）的研究对象则是自然出现跛足的猪。上述研究中，Sun 等（2011）、Karriker 等（2013）和 Abell 等（2014）测量的最大峰值力（用 kg 或体重的百分比表示）没有受到跛足等因素的显著影响。而 Conte 等（2014）研究发现，跛足是有效测量两侧比和体重变化的重要参数。

Wedekind 等（2019）分别用压力板、蹄硬度和育肥猪蹄损伤

程度客观地比较了跛足评估与视觉步态评分两种方法（0～4 分，4 分最严重）。试验对 8 只公猪和 7 只小母猪（114±15kg）进行步态评分。因子分析（位置：前和后）和跛足评分（0～3 分）及其相互作用将用于评估处理效果。跛足时前肢比后肢承受的压力更重（前腿 60.8%，后腿 39.2%）。这与 Conte 等（2014）和 McNeil 等（2018）的发现一致。同样，后腿受跛足的影响比前腿更大（后腿 73%，前腿 27%）。白线部位病变严重程度随跛足评分的增加而增加，并且在不同部位之间存在差异。与之相反，有研究表示白线部位病变在前腿和后腿都普遍存在。使用硬度计对蹄底的 5 个位置蹄硬度进行评分。在这五个位置中，仅在位置 1（脚尖）处，蹄硬度随跛足评估分数增加有降低的趋势，但和位置或相互作用并没有关系。在压力板测量值中（图 7-2），跛足对于最大承重（图 7-3）、区间范围（第 95 个百分位数至第 5 个百分位数）、力的标准偏差、承

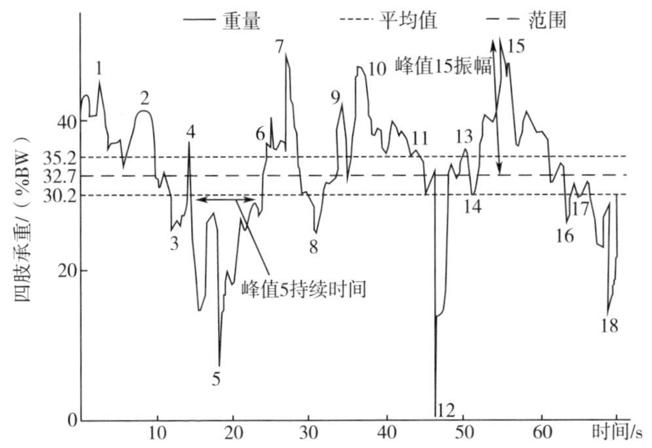

图 7-2 单腿压力板测量可以得到不同的计算示例（限制为体重的 2.5%）

[例如：平均受力（以 kg 或体重的百分比表示），区间范围（5%～95%）最大值、最小值，承重变化（峰数/分钟），时间与承重变化的百分比，所有正峰的平均值（承重增加幅度），所有负峰的平均值（承重降低幅度），正负绝对值的平均值的振幅和两侧比。资料来源：Conte et al.，2014]

重增加幅度（所有正峰的平均值）和承重降低幅度（所有负峰的平均值）有显著影响，但对平均力、承重变化（峰数/分钟）或两侧比没有显著影响。这些参数受到跛足的显著影响，与爱荷华州立大学的研究（Sun et al.，2011；Karriker et al.，2013；Abell et al.，2014；McNeil et al.，2018）和 Conte 等（2014）的结果形成了鲜明对比。Wedekind 等（2019）的研究阐述了这些研究之间差异的原因：Wedekind 等（2019）选用的是年龄较小的育肥猪，而 Sun 等（2011）选用的是年龄较大的母猪。另外，该研究还发现，客观评估跛足的措施中，某些参数的灵敏度可成功检测出跛足和非跛足猪间的差异，不过这个结论还有必要进行进一步的验证。

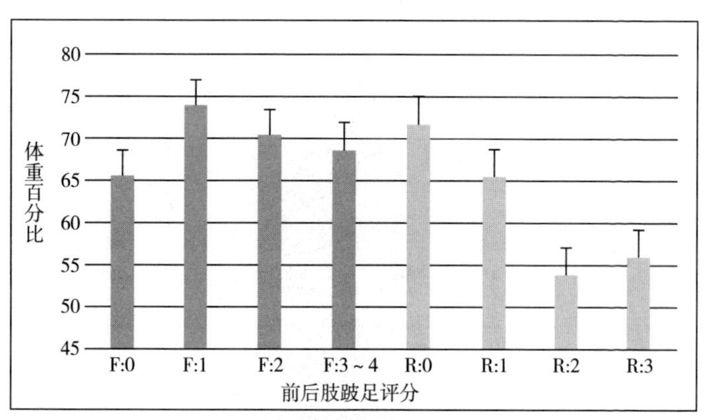

图 7-3　用压力板测量最大承重（以体重的百分比表示）

[分别进行因子分析和跛足评估以及二者的相互作用结果。如图所示为单腿最大承重受位置（$P=0.0010$）、跛足评估和评估位置（$P=0.0015$）间相互作用的影响。这些发现表明，跛足程度加重，后腿最大承重随之降低。跛足动物通过增加对侧或前肢承重平衡四肢承重（如果前肢跛足，则增加后肢承重）。与前人报道一致，该研究中 73%的猪后肢会发生跛足。而与未得分或 0 分的动物相比，前腿跛足评估 1～3 分的动物承重增加]

4. 猪跛足的血液生物标志物

血清生物标志物的检测可反映关节的疾病情况、预期进展率和治疗效果的信息（Garnero et al.，2003；Garnero，2006；Frisbie

et al., 2008; Felson et al., 2009)。其中，Ⅱ型胶原分子是软骨中含量最高的蛋白质成分，已作为变性关节疾病的生物标志物被广泛研究（Henrotin et al., 2007）。另外，也有研究表示，Ⅱ型胶原蛋白的羧基末端交联端粒片段（carboxy-terminal cross-linked telopeptide fragment of type collagenⅡ，CTXⅡ）浓度有助于诊断变性关节疾病，评估疾病的严重程度并量化治疗效果（Henrotin et al., 2007）。尚未发现其他普遍有用的Ⅱ型胶原生物标志物（Henrotin et al., 2007）。有研究表明，高浓度的CTXⅡ可反映出较高的变性关节疾病的可能性，关节间隙出现变窄加快，并且也可通过MRI评估软骨损失情况（Jordan et al., 2006; Dam et al., 2009）。此外，有研究证明了软骨寡聚基质蛋白（cartilage oligomeric matrix protein，COMP，一种非胶原降解标记物）也是骨关节病的有效生物标记物（Morozzi et al., 2007; Sowers et al., 2009; van Spil et al., 2010）。

很少有研究使用骨/软骨生物标记检测猪跛足情况。Wedekind等（2015）在初产和经产母猪繁殖试验中发现：与对照组相比，日粮添加MMHAC的初产和经产母猪血清中骨钙素显著增加（13%），血清骨钙素是骨合成的生物标志物，所以骨灰分量也相应增加5%。重要的是，这些骨钙素或骨灰分增加与初产母猪的活动步态得分提高、因运动导致的淘汰率降低有关（Wedekind et al., 2015）。Frantz等（2010）评估了使用血清骨和软骨生物标记物预测软骨病的方法，发现在患有OCD的猪中Ⅱ型胶原C肽（C-propeptide of type Ⅱ collagen，CPⅡ）和COMP水平升高，Ⅱ型胶原蛋白3/4长度的片段的羧基末端端肽（carboxy-terminal telopeptide of type Ⅱ，C2C）和吡啶啉交联（pyridinoline cross-links，PYD）均降低。表7-2可见健康猪与OCD猪之间各种生物标志物浓度的差异。Stavrakakis等（2016）评估了血清生物标志物作为跛足指标的效用。这些研究发现：步态僵硬的猪CPⅡ降低、C2C浓度升高，结果与Frantz等（2010）的相反。Stavrakakis等（2016）的结果表示：CPⅡ与跛足发生呈负相关（$r=-0.512$，

$P<0.05$）。Frantz 和 Stavrakakis 的试验有显著的差异，分析原因在于在 Frantz 的研究中，是将生物标志物与 OCD 病变评估进行了比较，而在 Stavrakakis 研究中，是将生物标志物与跛足进行了比较（步长比，一种测量步态是否对称的方法）。如前文所述，OCD 的发病率并不一定与跛足现象相关。此外，由于跛足发展，骨和软骨生物标志物的反应或方向差异可能会有所不同。Billinghurst 等（2004）报道，在有永久性 OCD 病变的老年马的体内，OCD 的严重程度与骨形成减少和软骨合成增加的生物标志物显著相关（Billinghurst et al.，2004）。

表 7-2　在有（$n=56$）和没有（$n=15$）左股骨远端 OC 大致结果的猪体内，软骨和骨的循环中生物标志物的平均血清浓度

项目	OC				生物标志物浓度	
生物标志物	No	Yes	SED	*P* 值*	最小值	最大值
软骨合成						
CPⅡ/（ng/mL）	648.1	1110.5	85.06	<0.01	537.5	1723.1
CS846/（ng/mL）	977.4	857.8	145.4	0.42	228.5	2960.1
软骨分解						
C2C/（ng/mL）	163.0	123.9	10.42	<0.01	60.1	202.9
CTXⅡ/（pg/mL）	213.6	235.8	43.37	0.66	110.7	480.4
COMP/（U/L）	1.05	1.39	0.101	<0.01	0.51	2.16
骨代谢						
NTX/（nmol/L BCE）	215.3	234.9	21.61	0.37	100.0	411.0
ICTP/（μg/L）	39.6	38.6	1.55	0.56	24.9	48.5
PYD/（nmol/L）	8.1	6.6	0.38	<0.01	4.5	9.8
骨形成						
骨钙蛋白/（ng/mL）	22.2	23.6	1.03	0.20	11.5	34.8

续表

项目	OC				生物标志物浓度	
生物标志物	No	Yes	SED	*P* 值*	最小值	最大值
BAP/（U/L）	75.9	71.5	5.04	0.39	21.6	123.8

注：1. * 表示猪 OC 值为浓度差等于 0 的概率，$P<0.05$ 则认为是差异显著的；BCE 表示等价于骨胶原，SED 表示标准误，U 表示任意单位；在宰杀前通过静脉穿刺采集血样，采用对猪有效的化验方法分析血清样本。为评估外表面、关节软骨和生长板的异常数量，直接纵切后检查每只猪左股骨远端部分。

2. 资料来源：Frantz 等（2010）。

与添加无机微量元素相比，日粮添加 MMHAC 的奶牛跛足程度降低且蹄硬度提高（Bach et al.，2015；Zhao et al.，2015）。这些改善与血清软骨降解生物标志物的降低相关（日粮添加 MMHAC 奶牛与添加 ITM 奶牛相比，CTXⅡ和 COMP 水平降低）（Zhao et al.，2015）。这两种生物标志物都可以用于衡量软骨降解的程度，并且结果显示二者的含量随跛足程度增加而增加。而在患有 OCD 的猪体内，COMP 含量升高，但 CTXⅡ含量并没有升高（Frantz et al.，2010）。目前还需要更多的研究来确认血清骨和软骨的生物标记物预测后备母猪寿命和跛足两方面的精确性。

第二节　影响母猪肢蹄病的主要因素

母猪跛足的主要影响因素包括房舍系统、地板类型、脚趾或蹄爪管理、遗传和营养（表 7-3）。

表 7-3　影响母猪跛足的因素和避免措施

因素	类型或结果	避免措施	参考文献
房舍系统	传统圈养栏和定位栏 室外放养	传统圈养栏和定位栏	Andersen et al.，1999；Knage-Rasmussen et al.，2014

续表

因素	类型或结果	避免措施	参考文献
地板类型	劣质的地板 板条地板	清洁度、防滑性、最佳空间余量和合适的群体规模的地板（可使用橡胶垫）	Street et al.，2008；McKee et al.，1995
脚趾或蹄爪管理	过度生长的脚趾或爪	功能性修边	Toussaint，1985；Jackson et al.，2007
遗传	遗传力估计：腿部形态（0.02～0.20）和骨软骨病评分（0.06～0.31）	群体腿部形态和运动性状的遗传潜力监测	Luther et al.，2007；Aasmundstad et al.，2013
营养	缺乏某些矿物质（钙、磷、锌、铜、镁）	考虑骨骼发育、关节和脚趾健康的最佳营养需求	Tomlinson et al.，2008；Nair，2011

一、房舍系统

近几年来，由于公众要求确保母猪受到人道待遇以及生产商需要在市场上保持生存和竞争能力，饲养者对母猪的福利越来越重视（Anil et al.，2003）。选择适宜的房舍系统对饲养母猪来说是最具挑战性的，这关乎母猪在种畜群里的舒适程度（Anil et al.，2003）。在美国，妊娠母猪常使用两种类型的饲养系统：一种是传统的独立饲养或集体饲养的妊娠栏；另一种类型是在室外使用围栏的房舍系统，但与前者相比，该饲养环境下的母猪占总繁殖群的比例较小（Anil et al.，2003）。

关于上述饲养的房舍系统的报道表明两种方式各有缺陷。Cox和Bilkei（2004）报道：在克罗地亚的猪群中，饲养于传统房舍系统和室外的母猪因运动问题被淘汰的比例分布为19%和26%。同样地，Akos等（2004）再次表明室外饲养比传统房舍系统的母猪

更容易发生运动障碍，因跛足而淘汰的比例分别为25%（传统房舍系统）和39%（室外系统）。自由放养的饲养方法会增加肥育猪肘部和蹄髂患上骨软骨病（Etterlin et al.，2014）及成年猪跛足的风险（Krieter et al.，2004）。同样，也有报道称，母猪在传统的室内定位栏中不能行走和转身（Anil et al.，2003），随着妊娠母猪体重的增加，活动的空间限制增加，由于缺乏行动自由和环境刺激，定位栏饲养系统可能不利于母猪的健康（Marchant et al.，1996；Anil et al.，2003）。因此，是否在母猪整个妊娠期使用定位栏已成为动物福利工作者关注的问题。

一种可供选择的妊娠栏饲养系统是将怀孕的母猪群居圈养。自2013年以来，所有欧盟成员国都被强制将母猪群居圈养（Andersen et al.，1999）；然而，美国禁止在妊娠期间使用圈养栏饲养母猪，佛罗里达州曾投票反对使用妊娠栏（Cowart et al.，2009）。目前，关于母猪饲养的房舍系统正处于激烈争论中。然而，群居圈养也可能会带来福利问题，包括成群后因相互攻击造成的伤害以及跛足患病率增高（Chapinal et al.，2010）。在群居期间，大多数跛足的情况发生在母猪被引入群体后不久（Knox et al.，2014）。据报道，成群后第一个月内跛足的发生率为10%（Broom et al.，1995）。群居还存在其他缺点，如未能对母猪个体采食量和母猪之间的攻击性进行监测，这两者都可能影响母猪的健康和福利。为此，养殖工作者已通过提供个体饲养设施来努力改善群居圈养饲养系统，如电子母猪饲喂器（electronic sow feeders，ESFs），然而这对生产者来说十分昂贵（Anil et al.，2003）。与定位栏相比，使用ESFs的群居饲养系统可以通过提供更多的活动自由度和空间来改善母猪的健康状况和福利（Anil et al.，2003）。然而，使用ESFs饲养的母猪群体攻击性、受伤和患有其他腿部疾病的概率都有所增加（Knox et al.，2014）。也有研究报道，使用ESFs饲养的母猪群体与饲养在定位栏的母猪相似，均表现出分娩前皮肤损伤较少（Li et al.，2013）。

二、地板类型

跛足还受房舍地板的影响（Salak-Johnson et al.，2007；Willgert et al.，2014）。母猪群体的房舍主要由裸露的板条与混凝土地板构成，这与跛足的发生相关（Marchant et al.，1996）。已有文献报道了相似结果（Cador et al.，2014），即与饲养在铺有稻草的房屋中的母猪相比，板条混凝土地板是造成足跟损伤以及跛足的主要危险因素。这与 Main 等（2000）报道“与生活在铸铁地板上的母猪相比，住在钢板条上的母猪脚趾健康状况更差”相一致。

滑动性、耐磨性、硬度、表面轮廓、空隙率和清洁度是导致母猪受到地板潜在伤害可能性的主要特征（Jørgensen，2003；Boyle et al.，2000）。舒适的地板可能有利于动物的健康状态，包括影响动物的躺卧行为和改变姿势的能力，以及跛足和损伤的发生率（Elmore et al.，2010）。Elmore 等（2010）在母猪的饲养栏里使用了橡胶垫（尺寸为 1.83m×0.61m×1.27m），橡胶垫覆盖了一半的饲养栏。试验结束发现：饲养在使用橡胶垫的饲养栏中的母猪的蹄部损伤的评分低于饲养在混凝土地板饲养栏中的母猪。然而，在使用橡胶垫覆盖地板的一部分时，需要考虑环境温度，因为较高的温度可能会限制橡胶垫的使用（Elmore et al.，2010）。此研究结果与之前的研究结果一致（Parsons et al.，2015），即与其他地板（混凝土）相比，垫子上的母猪行为（侧卧、胸骨卧及坐立）频率较高，且损伤评分较低。

三、脚趾或蹄爪的管理

脚趾病变（特别是由于过度生长的脚趾或爪子引起的病变）（Tinkle et al.，2017）是导致母猪跛足的主要原因之一。脚趾过长的母猪表现出异常的躺卧行为（Bonde et al.，2004）。过度生长的脚趾可能会随着时间的推移而裂开并受到感染（Jackson，2007）。脚趾头可能会受伤，甚至会在板条地板上完全撕裂。当裸露的爪子被撕裂后，神经支配良好的真皮层就会暴露出来，这对母猪来说是

极其痛苦的（Pluym et al.，2013）。功能性修剪已经被认为是农场的管理实践内容之一（Shearer et al.，2001），以纠正脚趾过度生长。功能性修剪方法起源于马和牛的修剪技术。与马、牛或奶制品行业相比，养猪业中的修脚并不是一种标准做法。从过去的母猪研究结果显示：功能性修剪对延长种用年限没有影响，对脚趾病变的发展也没有明显影响（Anil et al.，2003）。而 Tinkle 等（2017）的报告发现：功能性脚趾修剪改善了母猪的步态和运动能力（如摆动运动和步幅持续时间），减少了休息时间、站立比例和移动速度。这些研究表明修剪脚趾后的变化更多体现在运动和提高步态的效率（Tinkle et al.，2017）。另外，修剪过度生长的脚趾是治疗蹄皮炎（Pluym et al.，2013）和蹄叶炎的一种方法。目前对于养殖场来说，与其大范围修剪脚趾相比，直接找出脚趾过度生长的原因并实施缓解措施以防止过度生长，才是最切实可行的。

四、遗传

对不同品种母猪肢蹄病发生的遗传效应进行分析发现：杜洛克猪的骨软骨损伤多数发生在尺骨远端骨骺软骨和股骨内侧髁，而长白猪的骨软骨损伤多发生在肱骨外侧髁。相较于大白母猪和公猪，瑞士长白猪股骨内侧髁的骨软骨损伤比例更大，但其桡骨和尺骨近端的骨软骨损伤较小（Kadarmideen et al.，2004；Luther et al.，2007）。研究指出，奶牛跛足的遗传力估计值在 0.07～0.22 之间（Weber et al.，2013），绵羊跛足的遗传力估计值在 0.06～0.12 之间（O'Brien et al.，2007）。目前在猪中，还没有发现跛足的遗传效应，但一些研究报道了脚和腿无力、腿形态和骨软骨病评分的遗传力估计值。Le 等（2015）报道了腿部构造和运动性状的遗传力估计值是低等到中等的，这与瑞典约克郡猪群的报道结果相似（Lundeheim，1987）。

有报道利用挪威计算机断层扫描的信息，分析猪左右腿的肱骨远端或股骨的内外侧髁骨的软骨瘤评分遗传力，得出在中等范围内的遗传力（Aasmundstad et al.，2013）。也有报道指出，商业猪场群体中腿结构性状的遗传力在0.07～0.31之间（Nikkilä et al.，2013）。采用线性混合动物模型对瑞士长白种和大白种的肱骨内侧髁、尺骨远端骨骺软骨和股骨外侧髁骨软骨病变的遗传力估计后范围为0.16～0.18（Luther et al.，2007）。目前，遗传力估计值的巨大差异可能是测试方案、评分量表和评价主观性造成的（Nikkilä et al.，2013）。

五、营养

先前的研究已经证实，母猪跛足最关键的因素之一是营养（van Riet et al.，2013）。为了保证日粮满足氨基酸的需求及保证体内营养成分适宜（Levis et al.，1997），当前大部分猪场通常的做法是配制育肥猪日粮来替代后备母猪日粮，或在育肥期结束时把育肥猪的日粮改成妊娠母猪的日粮（McKee et al.，1995）。育肥猪的日粮是为了使瘦肉组织生长最大化而制定的，而妊娠母猪的日粮是为已经完成生长的动物而制定的，母猪在培育期饲喂的日粮应满足繁殖性能、骨骼发育和关节及脚趾健康的营养需求，使动物达到最大的寿命性能（Gill et al.，1999；Knauer et al.，2012）。

第三节　微量元素对母猪肢蹄病的影响

微量元素在骨骼形成和维持骨骼完整性方面有重要作用。胶原蛋白是一种可以增强骨骼强度的结构蛋白，而锌（Zn）和铜（Cu）是形成胶原蛋白的重要元素（Underwood et al.，1999）。锌参与胶原蛋白的合成，而铜参与胶原亚基交联成熟蛋白形式的酶（赖氨酸氧化酶）的合成（Rucker et al.，1998）。锰在骨骼发育中也有重要作用。发育过程中骨骼细胞外基质，特别是蛋白多糖基质的正常发育也需要锰参与（Fawcett，1994）。

在家禽和猪中，生长速度提高的过程常引发微量元素结构性问题，表现为微量元素失衡。为缓解跛足问题，实际生产中微量矿物质元素的饲喂水平通常远超 NRC 对家禽、猪和马的标准（NRC 1994、1998、2007）。然而，尽管动物采食量较高，但这些结构性问题仍然存在，可能是由于矿物质元素利用率低导致（Underwood et al.，1999）。虽然动物矿物质元素利用率低，但如果饲料再增加矿物质浓度又可能会导致营养失衡，而且矿物质元素可能会与其他养分之间产生拮抗作用（Underwood et al.，1999）。日粮添加有机微量元素（organic trace mineral，OTM）可为动物提供可利用的矿物质元素并抑制矿物质元素的拮抗作用，因此饲喂效果优于 ITM。有研究表明日粮添加 MMHAC（锌、锰和铜）可以显著缓解商业化饲喂火鸡所导致的结构缺陷（Dibner et al.，2006；Ferket et al.，2009），包括增加了骨骼强度和宽度、改善了步行时蹄子的评估分数以及降低了胫骨软骨发育不良和滑膜炎的发生概率（Dibner et al.，2007；Ferket et al.，2009）。

一、蛋氨酸与微量元素联合作用对母猪跛足发病率的影响

Frantz 等（2008）评估了鱼油、氨基酸（Met、Thr、Pro、Gly、Leu、Ile 和 Val）和微量矿物质元素（Si、Cu 和 Mn）等各种日粮成分和营养素对猪 OCD 的影响发现，Met、Thr、Cu、Mn 和 Si 对猪（初始体重 39kg）OCD 有所缓解。添加 1.05%DL-蛋氨酸和 0.45%苏氨酸可以使 Met∶Lys 和 Thr∶Lys 的值显著提高到 150%和 100%（Frantz et al.，2008）。基于以上发现，Faba 等（2018）再次评估了有机矿物质元素和蛋氨酸对跛足的影响。比较了四种日粮饲喂处理结果：①对照组饲料（CON）；②添加有机微量矿物质［Zn-Cu-Mn 50-10-20mg/kg+生物素（OTM）］；③DL-蛋氨酸（102%蛋氨酸/赖氨酸，M）；④Met+OTM（MM）。在猪 9～13 周龄（初始体重 29kg 体重）时开始饲喂，并分 3 期饲喂。在饲养期结束后，将初产母猪转移到其他 2 个养殖场进行后续研

究。在妊娠早期、晚期和断奶时评估母猪跛足情况。在哺乳期检测了蹄部的健康状况。结果显示：与 OTM、Met 或 MM 组相比，对照组的后备母猪的跛足比例更高，而且在泌乳和断奶期间，对照组饲喂的初产母猪中跛足的比例亦较高，而 OTM、Met 或 MM 组之间没有差异（表 7-4）。

表 7-4　日粮处理对母猪全繁殖周期内跛足的影响

项目	对照组（CON）	有机微量元素组（OTM）	蛋氨酸组（M）	蛋氨酸+有机微量元素组（MM）	P 值
初产母猪（n）	64	61	62	63	
跛足[①]/%					
生长育肥期	14.8[a]	2.0[b]	5.3[b]	6.4[b]	0.006
妊娠早期	10.9	10.1	11.3	10.9	0.994
妊娠后期	11.8	6.8	7.6	7.6	0.530
哺乳/断奶	20.8[a]	6.5[b]	11.1[b]	7.6[b]	0.010
蹄病变加重	54.5	19.6	60.9	27.3	0.089

注：同行数据无相同字母者表示差异显著（$P<0.05$）。

①跛足评估基于步态评估系统中的 3 点，资料参考 Faba 等（2018）。

二、微量元素来源对母猪肢蹄病的影响

多项研究证明了添加螯合结构的微量矿物质元素（MMHAC）与 OTM 或 ITM 相比，可以降低畜禽肢蹄病的发生率（表 7-5）。

表 7-5　日粮添加 MMHAC、OTM 和 ITM 对畜禽肢蹄病的作用效果

物种	益处	MMHAC *vs* ITM	*P* 值	参考文献
火鸡	↓滑膜炎	10.9% *vs* 19.6%	$P<0.05$	Dibner et al.，2006
	↓胫骨软骨发育不良	17.1% *vs* 34.9%	$P<0.05$	
	↓脚底发炎评估①	0.82 *vs* 1.33	$P<0.05$	
	↑骨折强度	100kg *vs* 80kg	$P<0.05$	
	↑皮质宽度	1.6mm *vs* 1.4mm	$P<0.10$	
	↑胫骨灰分	55.3% *vs* 53.8%	$P<0.05$	Ferket et al.，2009
	↓内翻、外翻和抖腿	14.1% *vs* 21.7%	$P<0.008$	
	↑骨骼宽度	2.2mm *vs* 1.9mm	$P<0.001$	

物种	益处	健康-ITM	健康-MMHAC	跛足-ITM	跛足-MMHAC	*P* 值	参考文献
奶牛	↓跛足②（1分或2分）	10	12	1	5（*n*）		Zhao et al.，2015
	D180（3～5分）	2	0	11	7（*n*）		
	↓COMP③	88.6	69.2	93.1	73.8ng/mL	$P<0.10$	
	↓CTXII③	139.7^{a}	106.5^{b}	142.7^{a}	13.1^{a}ng/mL	$P<0.05$	
	↑Hoof hardness④	30.0^{b}	33.5^{a}	27.9^{c}	32.7^{a}	$P<0.001$	
	↓MDA③	4.4^{b}	3.7^{c}	5.6^{a}	4.0^{c}nmol/mL	$P<0.007$	

续表

物种	益处	MMHAC	ITM	OTM	*P* 值	参考文献
母猪	↓因移动导致淘汰	14.8^{a}	18.6^{b}	14.9^{a}	*P*<0.01	Barea et al.，2019
	↓死亡率	7.2^{a}	8.5^{c}	7.7^{b}	*P*<0.01	
	↑母猪保留率（超过3胎次）	73.9^{a}	67.2^{c}	70.7^{b}	*P*<0.01	
	↓因移动导致淘汰	10.4	16.1	—	*P*<0.001	Wedekind et al.，2015
	↓死亡率	8.6	10.4	—	*P*=0.08	
	↑母猪保留率（超过3胎次）	82.2	77.7	—	*P*<0.01	
	↑骨骼灰分	32.8	31.1	—	*P*<0.01	
	↑血浆骨钙蛋白③	132.8	117.6 ng/mL	—	*P*<0.05	
	↑运动步态评估⑤	7.2	10.5	—	*P*<0.01	

注：同行数据无相同字母者表示差异显著（*P*<0.05）。

① 脚底发炎评估（0～4分；4分最严重）。

② 每种处理都有两组（*n*=12）。健康或轻度跛脚为1分或2分，跛脚为3～5分；在研究初期，健康的一组中有12只1分或2分，而跛足组12只为3～5分。

③ COMP为软骨基质低聚蛋白；CTXⅡ为Ⅱ型胶原的羧基末端交联末端肽片段；二者都是软骨降解标记。骨钙素是一种骨合成生物标志物；MDA为丙二醛。

④ 用硬度计测量蹄硬度；结果用0～100表示，数值越高，说明硬度越高。

⑤ 每条腿的运动步态评分范围为0～12；0代表健康，12代表跛足严重。

Wedekind等（2015）分别在两个养殖场合计6400头母猪的日粮中添加ITM（对照）或以50∶50饲喂ITM∶MMHAC的混合饲料约3年时间，日粮总Zn-Cu-Mn浓度为165-20-40mg/kg。母猪断奶后进入种畜群开始试验处理，直到宰杀结束。试验测定母猪保留率、淘汰率、繁殖性状、死亡率、初产母猪运动性能、血清骨钙素和骨灰分。结果表明：初产母猪MMHAC组和对照组的淘汰率分别为8.0%和8.8%（*P*=0.04），且MMHAC组淘汰率降低了9.1%。与对照组相比，MMHAC组母猪相对淘汰率降低了

34.8%（9.0%～13.8%），死亡率降低了28.5%（1.5%～2.1%）。在单独的正常母猪群体（$n=65$）中，测量总迁移率和血浆骨钙素。对每条腿的灵活性进行评分（0～12分，0代表健康，12代表跛足严重）。结果发现：添加MMHAC和ITM组的初产母猪评分为7.2和10.5。日粮添加MMHAC比ITM的母猪血浆骨钙素水平更高（30.0ng/mL和28.8ng/mL）。在经产母猪的试验结果中也证实了MMHAC的确可使血浆骨钙素增加。如表7-6所示，胎次和微量矿物质元素来源对血浆骨钙素和骨灰分都有显著影响，在日粮添加MMHAC的母猪体内，骨钙素和骨灰分浓度较高。

表7-6 微量矿物质元素来源和胎次对母猪体重、血浆骨钙素和骨灰分含量的影响

项目	对照组($n=223$)	MMHAC($n=191$)	胎次				SEM	P值		
			0	1～2	3～4	≥5		日粮	胎次	交互作用
体重/kg	173.9	192.3	135.7	183.4	196.4	216.7	2.5	<0.01	<0.01	0.49
血浆骨钙素/(ng/mL)	117.6	132.8	39.9	187.6	152.3	120.8	6.81	0.04	<0.01	0.49
骨灰分/%	31.1	32.8	27.9	31.5	34.0	34.4	0.65	<0.01	<0.01	0.12

Barea等（2019）进行了为期2年的跟踪试验，分别在84个养殖场的125650头母猪的日粮中添加微量矿物质元素：①ITM[100mg/kg Zn（ZnO）、25mg/kg Cu（CuSO4）、45mg/kg Mn（MnO）]；②OTM（50%ITM：50%OTM），总矿物质含量与①相同，OTM以氨基酸配合物或蛋白盐的形式添加；③MMHAC（50mg/kg Zn、10mg/kg Cu、20mg/kg Mn）均以HMTBa螯合Zn-Cu-Mn的形式添加。对照组、OTM组和MMHAC组中，运动问题导致的淘汰率分别为18.61%、14.93%和14.85%，OTM组和MMHAC组淘汰率都降低了20%，而OTM与MMHAC两组

间没有差异。三种日粮处理后母猪死亡率分别降低了 8.48%、7.69%和 7.20%，也就是说，和对照组相比，OTM 组降低了 9%，MMHAC 组降低了 15%；而仅和 OTM 组相比，MMHAC 组也降低了 6%。MMHAC 还改善了产仔率等生殖参数。母猪 3 胎次时，对照组、OTM 组和 MMHAC 组保留率分别为 67.2%、70.7%和 73.9%，相对于对照组，OTM 组和 MMHAC 组保留率分别增加了 5%和 10%。该研究结果表明：为动物提供更多可利用的微量矿物质元素有利于生产母猪的繁殖、骨骼和关节健康，并可能为母猪场提供更多的管理和经济效益（Barea et al.，2019）。日粮添加 MMHAC 的母猪死亡率和淘汰率较低，可能是由于其矿物质水平更加平衡，因此免疫功能更好。另有研究也表明：添加了 OTMs 的母猪的跛足率降低（Anil et al.，2003；2010）。

Lisgara 等（2016）和 Varagka 等（2016）证实了 OTMs 对蹄部健康的益处。在日粮中添加 Zn、Cu 和 Mn（分别以配合物的形式添加 45mg/kg、14mg/kg 和 25mg/kg），替代原本以 ZnO、$CuSO_4$ 和 MnO（125mg/kg、15mg/kg 和 40mg/kg）的形式为机体提供 Zn、Cu 和 Mn 的方式，结果显示 OTM 对蹄部健康的改善更为明显，具体表现在：降低蹄部损伤评分、缩小角小管直径、增加角密度以及减少蹄病变。

主要参考文献

［1］Aasmundstad T，Kongsro J，Wetten M，et al. Osteochondrosis in pigs diagnosed with computed tomography：Heritabilities and genetic correlations to weight gain in specific age intervals. Animal，2013，7：1576-1582.

［2］Akos K，Bilkei G. Comparison of the reproductive performance of sows kept outdoors in croatia with that of sows kept indoors. Livestock Production Science，2004，85：293-298.

［3］Ala-Kurikka E，Heinonen M，Mustonen K，et al. Behavior changes associated with lameness in sows. Applied Animal Behaviour Science，2017，

193：15-20.

[4] Anil L，Bhend K M，Baidoo S K，et al. Comparison of injuries in sows housed in gestation stalls versus group pens with electronic sow feeders. J Am Vet Med Assoc，2003，223：1334-1338.

[5] Anil S S，Anil L，Deen J，et al. Evaluation of the effect of supplementing complex trace minerals on the development of claw lesions in stall-housed sows. Journal of Dairy Science，2010，93：827-827.

[6] Barea R，Bourdonnais A，Yague A P. Utilisationd' oliog-elents organiques dans l' alimentation destruies：effets sur la longeviteet les performances desprotees. Journees，2019，51：167-168.

[7] Bertholle C P，Meijer E，Back W，et al. A longitudinal study on the performance of in vivo methods to determine the osteochondrotic status of young pigs. BMC Vet Res，2016，12：62.

[8] Billinghurst R C，Brama P A J，van Weeren P R，et al. Evaluation of serum concentrations of biomarkers of skeletal metabolism and results of radiography as indicators of severity of osteochondrosis in foals. American Journal of Veterinary Research，2004，65：143-150.

[9] Borderas T F，Pawluczuk B，de Passille AM，et al. Claw hardness of dairy cows：Relationship to water content and claw lesions. Journal of Dairy Science，2004，87：2085-2093.

[10] Bureaux C A. The mineral nutrition of livestock. Veterinary Journal，1993，161：70-71.

[11] Calderon Diaz J A，Fahey A G，Boyle L A. Effects of gestation housing system and floor type during lactation on locomotory ability；body，limb，and claw lesions；and lying-down behavior of lactating sows. Journal of Animal Science，2014，92：1675-1685.

[12] Conte S，Bergeron R，Gonyou H，et al. Measure and characterization of lameness in gestating sows using force plate，kinematic，and accelerometer methods. Journal of Animal Science，2014，92：5693-5703.

[13] De Koning D B，van Grevenhof E M，Laurenssen B F A，et al. The influence of dietary restriction before and after 10 weeks of age on osteochondrosis in growing gilts. Journal of Animal Science，2013，91：5167-5176.

[14] Dewey C E，Friendship R M，Wilson M R. Clinical and postmortem

examination of sows culled for lameness. Can Vet J，1993，34：555-556.

[15] Dik K J，Enzerink E，Weeren P. Radiographic development of osteochondral abnormalities，in the hock and stifle of dutch warmblood foals，from age 1 to 11 months. Equine Veterinary Journal，1999，31：9-15.

[16] Evans J，Wedekind K，Hampton T. Efficacy of an equine joint supplement，and the synergistic effect of its active ingredients (chelated trace minerals and natural eggshell membrane)，as demonstrated in equine，swine，and an osteoarthritis rat model. Open Access Animal Physiology，2015，7：7-13.

[17] Faba L，Gasa J，Tokach D，et al. Effects of supplementing organic microminerals and methionine during the rearing phase of replacement gilts on lameness，growth，and body composition. Journal of Animal Science，2018，96：3274-3287.

[18] Ferket P R，Oviedo-Rondon O，Mente P L，et al. Organic trace minerals and 25-hydroxycholecalciferol affect performance characteristics，leg abnormalities，and biomechanical properties of leg bones of turkeys. Poultry Science，2009，88：118.

[19] Frantz N Z，Andrews G A，Tokach M D，et al. Effect of dietary nutrients on osteochondrosis lesions and cartilage properties in pigs. American Journal of Veterinary Research，2008，69：617-624.

[20] Frantz N Z，Friesen K G，Andrews G A，et al. Use of serum biomarkers to predict the development and severity of osteochondrosis lesions in the distal portion of the femur in pigs. American Journal of Veterinary Research，2010，71：946-952.

[21] Garvican E R，Vaughan-Thomas A，Redmond C，et al. Mt3-mmp (mmp-16) is downregulated by in vitro cytokine stimulation of cartilage，but unaltered in naturally occurring equine osteoarthritis and osteochondrosis. Connective Tissue Research，2008，49：62-67.

[22] Gregoire J，Bergeron R，D'Allaire S，et al. Assessment of lameness in sows using gait，footprints，postural behaviour and foot lesion analysis. Animal，2013，7：1163-1173.

[23] Heinonen M，Oravainen J，Orro T，et al. Lameness and fertility of sows and gilts in randomly selected loose-housed herds in finland. Vet Rec，2006，159：383-387.

[24] Henrotin Y，Addison S，Kraus V，et al. Type ii collagen markers in osteoarthritis：What do they indicate? Current Opinion in Rheumatology，2007，19：444-450.

[25] Huang S，Wu Z，Hao X，et al. Maternal supply of cysteamine during late gestation alleviates oxidative stress and enhances angiogenesis in porcine placenta. Journal of Animal Science and Biotechnology，2021，12.

[26] Jackson P. Diseases of the musculoskeletal system. Handbook of Pig Medicine，2007：46-49.

[27] Karriker L A，Abell C E，Pairis-Garcia M D，et al. Validation of a lameness model in sows using physiological and mechanical measurements. Journal of Animal Science，2013，91：130-136.

[28] Knauer M T，Cassady J P，Newcom D W，et al. Gilt development traits associated with genetic line，diet and fertility. Livestock Science，2012，148：159-167.

[29] Knox R，Salak-Johnson J，Hopgood M，et al. Effect of day of mixing gestating sows on measures of reproductive performance and animal welfare. Journal of Animal Science，2014，92.

[30] Lisgara M，Skampardonis V，Leontides L. Effect of diet supplementation with chelated zinc，copper and manganese on hoof lesions of loose housed sows. Porcine Health Management，2016，2：1-9.

[31] Main D C，Clegg J，Spatz A，et al. Repeatability of a lameness scoring system for finishing pigs. Vet Rec，2000，147：574-576.

[32] McNeil B，Díaz J C，Bruns C，et al. Determining the time required to detect induced sow lameness using an embedded microcomputer-based force plate system. American Journal of Animal and Veterinary Sciences，2018，13：59-65.

[33] Nair S S. Epidemiology of lameness in breeding female pigs. University of Minnesota，2011.

[34] Olstad K，Kongsro J，Grindflek E，et al. Consequences of the natural course of articular osteochondrosis in pigs for the suitability of computed tomography as a screening tool. Bmc Veterinary Research，2014，10.

[35] Pluym L M，Van Nuffel A，Van Weyenberg S，et al. Prevalence of lameness and claw lesions during different stages in the reproductive cycle of

sows and the impact on reproduction results. Animal，2013，7：1174-1181.

［36］Quinn A J，Green L E，Lawlor P G，et al. The effect of feeding a diet formulated for developing gilts between 70kg and similar to 140kg on lameness indicators and carcass traits. Livestock Science，2015，174：87-95.

［37］Richards J，Quiroz M，Williams W，et al. Benefit of mintrex (r) p blend of organic trace minerals on breaking strength，ash content，tibial dyschondroplasia，synovitis and pododermatitis in heavy weight tom turkeys. Poultry Science，2006，85：30-30.

［38］Stavrakakis S，Guy J H，Warlow O M E，et al. Walking kinematics of growing pigs associated with differences in musculoskeletal conformation，subjective gait score and osteochondrosis. Livestock Science，2014，165：104-113.

［39］Stavrakakis S，Sandercock D A，Watt F E，et al. Validation of lameness and joint inflammatory response biomarkers in growing pigs. In：Universities Federation for Animal Welfare. 2016.

［40］Street B R，Gonyou H W. Effects of housing finishing pigs in two group sizes and at two floor space allocations on production，health，behavior，and physiological variables. Journal of Animal Science，2008，86：982.

［41］Straw bedding or concrete floor for loose-housed pregnant sows：Consequences for aggression，production and physical health. Acta Agriculturae Scandinavica，1999，49：190-195.

［42］Sun G，Fitzgerald R F，Stalder K J，et al. Development of an embedded microcomputer-based force plate system for measuring sow weight distribution and detection of lameness. Applied Engineering in Agriculture，2011，27：475-482.

［43］Supakorn C. Lameness：A principle problem to sow longevity in breeding herds. 2018.

［44］Toth F，Torrison J L，Harper L，et al. Osteochondrosis prevalence and severity at 12 and 24 weeks of age in commercial pigs with and without organic-complexed trace mineral supplementation. Journal of Animal Science，2016，94：3817-3825.

［45］Traulsen I，Breitenberger S，Auer W，et al. Automatic detection of lameness in gestating group-housed sows using positioning and acceleration

measurements. Animal, 2016, 10: 970-977.

[46] Van Grevenhof E M, Heuven H C M, van Weeren P R, et al. The relationship between growth and osteochondrosis in specific joints in pigs. Livestock Science, 2012, 143: 85-90.

[47] Van Riet M M J, Millet S, Aluwe M, et al. Impact of nutrition on lameness and claw health in sows. Livestock Science, 2013, 156: 24-35.

[48] Varagka N, Lisgara M, Skampardonis V, et al. Partial substitution, with their chelated complexes, of the inorganic zinc, copper and manganese in sow diets reduced the laminitic lesions in the claws and improved the morphometric characteristics of the hoof horn of sows from three greek herds. Porcine Health Management, 2016, 2: 26.

[49] Ytrehus B, Andreas Haga H, Mellum C N, et al. 3Experimental ischemia of porcine growth cartilage produces lesions of osteochondrosis. J Orthop Res, 2004, 22: 1201-1209.

[50] Zhao X J, Li Z P, Wang J H, et al. Effects of chelated zn/cu/mn on redox status, immune responses and hoof health in lactating holstein cows. Journal of Veterinary Science, 2015, 16: 439-446.

[51] Zhao Y, Liu X, Mo D, et al. Analysis of reasons for sow culling and seasonal effects on reproductive disorders in southern china. Animal Reprod Science, 2015, 159: 191-197.

第八章 母猪进程性氧化应激及其关键营养调控技术

母猪围产期的代谢强度逐渐增加导致机体氧自由基增加，加上不够完善的生产管理过程和环境应激，造成繁殖周期内母猪发生进程性氧化应激。进程性氧化应激会影响母仔猪的正常生理活动，是母仔猪出现健康问题的源头，导致其生产性能降低，严重降低养猪业生产效率。维持好繁殖周期内母猪体内的氧化还原稳态对其繁殖效率、子代的健康状况和生长速度至关重要。目前通过营养调控缓解母仔猪氧化应激受到了广泛的关注。本章首先阐述了氧化应激的定义、稳态及抗氧化防御系统，以及氧化应激对动物繁殖性能的危害；随后，分析了母猪繁殖周期内发生进程性氧化应激的原因及其对胎盘功能和产仔性能的影响；最后，分别讨论了植物提取物或半胱胺的抗氧化特性及其在日粮中应用后对母仔猪氧化应激损伤和繁殖性能的影响作用。

第一节　繁殖周期内进程性氧化应激

一、氧化应激的定义、稳态及抗氧化防御系统

（一）氧化应激的定义

生理水平的活性氧（reactive oxygen species，ROS）通过介导细胞信号传导对机体发育和细胞正常功能的维持具有重要作用。然而，过高水平的ROS可以破坏细胞结构，导致脂质过氧化、蛋白

质和核酸结构突变和丧失生物活性，甚至促使基因链断裂或基因突变，导致 DNA 损伤等（Sykiotis et al.，2011）。氧化应激的定义是指机体在遭受各种有害刺激下，ROS 的生成速度超过抗氧化系统的清除能力时，机体氧化还原稳态向有利于过氧化的方面转变，进而引起细胞损伤并影响组织功能。

（二）氧化还原稳态的级联信号

氧化还原稳态的一个主要机制是：基于 ROS 介导的氧化还原敏感信号级联的诱导，导致抗氧化酶的表达增加或胱氨酸转运系统的增加（图 8-1）；反之，促进了某些细胞类型的细胞内谷胱甘肽（glutathione，GSH）的增加。ROS 通过信号转导级联将信号从细胞外传递至细胞内，进而诱导多种参与炎症反应和氧化还原敏感转录因子的激活，其中包括核因子 E2 相关因子 2-胞浆结合蛋白 1（nuclear factor-E2-related factor2/Kelch-like epichlorohydrin-associated protein1，Nrf2/Keap1）信号通道（Sykiotis et al.，2011）、核因子 κB 蛋白信号通道（Pantano et al.，2006）、丝裂原活化蛋白激酶（McCubrey et al.，2006）、激酶蛋白 mTOR（Yu et al.，2009）和蛋白激酶 C（Kanthasamy et al.，2003）等转录因子，这些均可作为 ROS 靶点。其中，Nrf2/Keap1 是细胞内响应氧化应激并保持氧化还原平衡的最重要信号通道（St Pkowski et al.，2011），而 Nrf2 作为调节氧化应激的关键转录因子，存在于全身多个器官中，Nrf2 的缺失或激活障碍直接使细胞对应激源的敏感性发生变化。

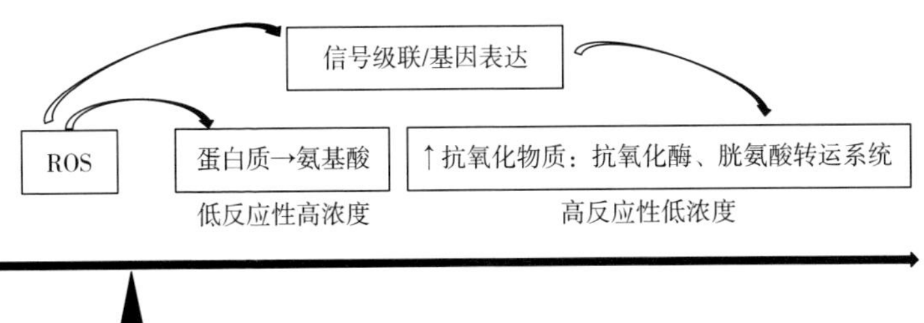

图 8-1 氧化还原稳态机制：ROS 生成和各种类型的清除剂间的平衡（GE，2002）

（三）机体抗氧化防御系统

抗氧化系统稳定有助于维持机体脆弱的氧化物质/抗氧化物质之间的平衡。机体存在多种抗氧化活性物质，作为清除多余 ROS 的清除剂，防止细胞结构受损。当 ROS 的产生超过抗氧化剂的负荷水平时，氧化应激就会发生，并且会对雄性和雌性的生殖能力产生破坏性影响。值得注意的是，低水平氧化应激在特定情况下也被认为是一种正常的生理状态。因此，合理有效的抗氧化系统对于许多代谢过程和生物系统的促进细胞存活作用是必不可少的。按其作用机理的不同，机体的抗氧化系统包括酶系和非酶系两大类。

1. 酶系抗氧化剂

酶系抗氧剂具有金属因子，能够以不同的化合价转移电子，从而平衡分子进行排毒过程。内源性抗氧化酶包括超氧化物歧化酶（superoxide dismutase，SOD）、过氧化氢酶（catalase，CAT）和谷胱甘肽过氧化物酶（glutathione peroxidase，GPX）（Junichi et al.，2005）。SOD 存在于哺乳动物的各个器官中，SOD 将 SO 阴离子歧化为过氧化氢（hydrogen peroxide，H_2O_2），是抗氧化反应的基础。因此 SOD 活性稳定可起到降低 DNA 或脱氧核糖损伤的作用。SOD 存在三种同工酶形式：SOD1、SOD2 和 SOD3（Fujii et al.，2005）。其中，SOD1 含有铜和锌作为金属共因子，位于细胞溶胶中，又称之为铜锌超氧化物歧化酶（Cu/Zn-superoxide dismutase，Cu/Zn-SOD）。SOD2 是一种含锰的线粒体亚型，又称之为锰超氧化物歧化酶（Mn-superoxide dismutase，Mn-SOD），是线粒体独有的一类超氧化物歧化酶，其活性降低直接导致线粒体内产生的 ROS 的清除效率显著降低。SOD3 含有铜和锌作为辅助因子，编码细胞外形式，在结构上类似于 Cu/Zn-SOD（Junichi et al.，2005）。CAT 又称为触酶，是一种普遍存在于所有已知生物体中的氧化还原酶。CAT 通过分解 H_2O_2 生成 H_2O 和 O_2 发挥其催化活性（Michiels et al.，1994）。GSH 酶家族包括 GPX、GST 和 GSH 还原酶（glutathione reductase，GR）。GPX 利用还原态GSH作为H^+供体来降解过氧化物，伴随着还原态GSH被氧化为氧化型谷胱甘肽（glutathione Oxidized，GSSG）。还原型GSH是一种必需的抗氧化剂，GSH的消耗导致DNA损伤和H_2O_2浓度增加。GR的作用途径与GPX相反，利用供体质子从还原型辅酶Ⅱ转移到GSSG，从而回收还原型GSH（Perkins，2006）。GPX在体内已知存在五种亚型：包括GPX1、GPX2、GPX3、GPX4（Fujii et al.，2005）和GPX5（Perkins，2006）。GPX1是广泛分布于组织中的胞质亚型，而GPX2主要存在于胃肠道组织中，是消化系统重要的氧化还原酶。GPX3存在于血浆和附睾液中，其表达异常与癌症发展相关。GPX4是GPX家族中一种较为特殊的抗氧化酶，其能够在生物膜内对过氧化氢磷脂进行特效解毒。维生素E（α-生育酚）保护GPX4缺陷细胞免于细胞死亡（Maiorino et al.，2002）。GPX5存在于附睾中（Perkins，2006）。

2. 非酶系抗氧化剂

非酶系抗氧化剂可分为日粮来源和自身合成途径，主要包括了维生素C、GSH、牛磺酸、半胱胺（cysteamine，CS）、维生素E、锌和硒等（Sharma et al.，2010）。维生素C（也称作抗坏血酸）催化ROS起中和作用，其还原形式是通过与谷胱甘肽的反应来维持的，并且该途径可以被蛋白质二硫化物异构酶和GSH催化（Ashok et al.，2008）。GSH是一种存在于大多数有氧生命形式中的肽，是一种由半胱氨酸、谷氨酸和甘氨酸转化而成的胞浆活性物质（R et al.，2001）。GSH的抗氧化活性源自其半胱氨酸组分的硫醇基，可使其可逆氧化并还原为稳定形式（R et al.，2001）。GSH的水平是在γ-谷氨酰半胱氨酸合成酶（GSH合成的限速酶）和谷胱甘肽合成酶的催化下从头合成来调节的（Fujii et al.，2005）。在细胞中，GSH起着多种作用，包括维持细胞处于还原状态，并与一些有害的内源性和外源性化合物形成结合物。CS不仅可作为直接抗氧化活性物质，也是维持细胞中高GSH水平所必需组分。CS还可以转化亚牛磺酸，其同样具有抗氧化活性（唐天悦等，2018）。此外，牛磺酸和亚牛磺酸作为ROS清除剂均能中和脂质过氧化产物，并且亚牛磺酸能进一步中和羟基自由基，有助于维持氧化还原稳态（唐天悦等，2018）。硫氧还蛋白（thioredoxin，TXN）系统调节基因功能并协调各种酶活性。TXN 催化 H_2O_2 分解，随后在 TXN 还原酶作用下将其转化为还原状态（Borchert et al.，2003）。当 TXN 的巯基被 SO 阴离子氧化时，凋亡调节信号激酶 1 从 TXN 中分离出来，活化并导致细胞凋亡增强，TXN 系统在雌性生殖功能和胎儿发育中发挥作用。此外，在妊娠早期胎盘中，凋亡调节信号激酶 1 常通过暴露于 H_2O_2 或缺氧再复氧而激活，而维生素 C 和维生素 E 可起到抑制其激活状态作用（Storz et al.，1999）。维生素 E 是一种重要的脂溶性维生素抗氧化活性物质，世界卫生组织和美国 NRC 均有发布人类及畜禽维生素 E 的最低建议摄入量（Organization，2004）。维生素 E 通过中和脂质过氧化过程中产生的脂质自由基起到抗氧化作用，随后氧化型 α-生育酚在其他抗氧化剂如维生素 C、视黄醇或泛醇的作用下，逆转为活性还原形式（R et al.，2001）。褪黑激素是机体中一种特殊的抗氧化活性物质，但与其他抗氧化剂不同的是，褪黑激素一旦与 ROS 反应被氧化后，会形成稳定的终产物，但被氧化过程中形成的中间产物具有更为强大的抗氧化能力。褪黑激素也常常作为 ROS 清除剂用于体外胚胎培养液中（王淑娟等，2016）。除此之外，铁结合蛋白包括转铁蛋白和铁蛋白，能通过螯合作用阻止 ROS 的催化，也在抗氧化防御中发挥作用（Shkolnik et al.，2011）。硒、铜和锌等通过促进抗氧化酶的活性，间接发挥其抗氧化作用。

二、氧化应激对动物繁殖性能的危害

（一）雄性

正常情况下，生殖系统中存在足够的抗氧化活性物质，能及时清除多余的 ROS。低水平的（生理水平下的）ROS 是优化精子成熟和功能的必要条件，如顶体反应、精子运动、精子获能、精子膜和卵细胞膜的融合特别依赖于 ROS 的存在（Ruder et al.，2009；Sanocka et al.，1996）。此外，氧化应激是雄性动物中导致病理性不育的重要因素。许多研究表明：未成熟或异常精子以及与泌尿生殖道炎症相关的白细胞产生过量的 ROS 对精子有损伤作用，已被认为是导致特发性男性不育的主要原因（Sikka et al.，2001）。H_2O_2 和 SO 阴离子被认为是不育男性精子功能缺陷的主要诱因（Ruder et al.，2009）。一方面，过高的 ROS 会影响精子数量和运动能力，进而影响受精能力；另一方面，过高的 ROS 引发脂质过氧化，从而损害精子质膜，甚至导致精子过早发生凋亡，而受损的精子又进一步诱导 ROS 的生成，导致氧化应激的恶性循环（Sanocka et al.，1996）。

ROS 诱导的精子膜脂质过氧化被认为是氧化应激影响精子功能的主要因素（Sikka et al.，2001）。一般来说，精子膜脂质过氧化最常见的两种类型是：非酶型和酶型（还原型辅酶Ⅱ和二磷酸腺苷依赖型）。酶反应涉及还原型辅酶Ⅱ-细胞色素 P-450 还原酶并通过二磷酸腺苷-Fe^{3+} $O_2^{\cdot}$-（perferryl）复合物进行（Paick，2003）。丙二醛（malondialdehyde，MDA）是由铁离子启动子诱导的膜脂质过氧化的最终产物，作为精子膜脂质过氧化的诊断工具（Alvarez et al.，1987）。此外，与其他细胞不同，精子在结构、功能和对膜脂质过氧化损伤的易感性方面都是独特的（Alvarez et al.，1987）。ROS 还可以诱导 DNA 和蛋白质中的临界 SH 基团的氧化（图 8-2），这可能会改变精子的形态、结构和功能，增加巨噬细胞攻击的易感性（Aitken et al.，1995）。GPX 活性的增加将降低 NADH 的水平并促进膜脂质过氧化的代谢产物的清除，进而影响细胞内 Ca^{2+} 稳态。关于精子膜脂质过氧化和氧化应激引起了细胞变化后如何影响精液的相关参数和精子功能以及关于抗氧化疗法逆转有待进一步研究（图 8-2）。

（二）雌性

氧化应激在雌性不孕症中的作用也受到广泛的关注。研究表明，母体自身和环境因素，如吸烟、饮酒、环境中的污染物甚至吸毒等，都会促进 ROS 的过量产生，引发氧化状态从而影响孕育能力（Al-Gubory et al.，2010）（图 8-3）。过量 ROS 的产生和由此产生的氧化应激可能导致雌性过早衰老和生殖疾病的发生，如子宫内膜异位症、流产、先兆子痫、胎儿生长受限（intrauterine growth retardation，IUGR）、早产、多囊卵巢综合征和不明原因的不孕症（Agarwal et al.，2012）。

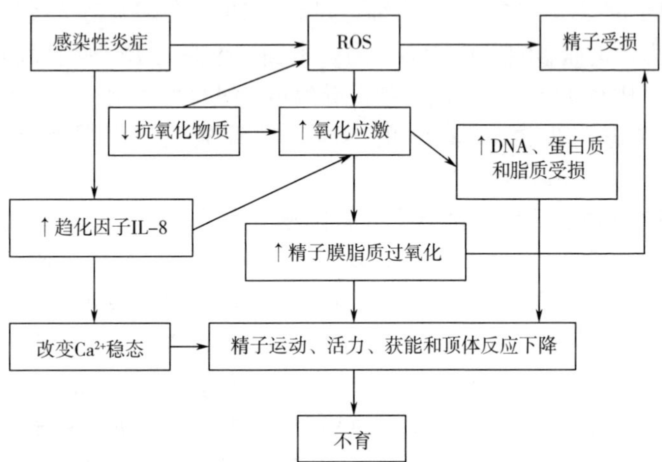

图 8-2　氧化应激和抗氧化剂影响精子功能和生育的相互作用机制（Sikka et al.，2001）

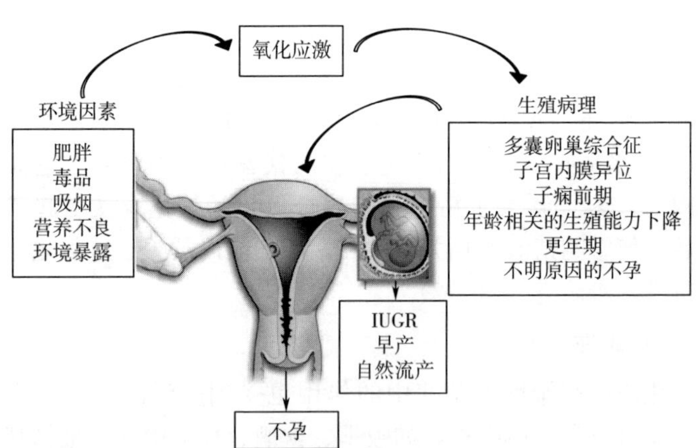

图 8-3　氧化应激的形成因素及其对雌性生殖的影响

（Al-Gubory et al.，2010）

卵母细胞的质量受到氧化应激的影响。在卵母细胞中，ROS是第一次减数分裂期（减数分裂Ⅰ）所必需的，也是卵泡发生所必需的。然而，过多的ROS合成会损害卵母细胞成熟（减数分裂Ⅱ），细胞内抗氧化能力不足（特别是低浓度的还原型GSH）会限制排卵和受精的成功（Lucilla et al.，2011）。

氧化应激可能导致子宫内膜异位症和先兆子痫等生殖疾病的发生（Ashok Agarwal，2008）。先兆子痫是一种复杂的多系统疾病，以氧化应激状态为特征，在临床上表现为高血压、蛋白尿以及人类所有妊娠并发症中最高的母婴发病率和死亡率（Hauth et al.，2000）。在先兆子痫和子宫内膜异位症中，胚胎植入失败和胎盘灌注减少已经证明了胎盘血管功能的改变。虽然先兆子痫的发病机制尚未明确，但胎盘缺血/缺氧被认为是其重要因素，且氧化应激又可以触发该疾病特有的内皮细胞功能障碍（Ashok et al.，2008）。

氧化应激也是特发性反复流产病因中的一个可能因素（Ashok et al.，2008）。反复流产的特征是在妊娠20周之前连续出现3次及以上流产（Khan，2001）。50%～60%的反复流产病因不明，但被认为具有与内皮损伤、胎盘血管生成受损和免疫功能受损有类似的病理生理特征。反复流产的患者血浆脂质过氧化物和GSH水平升高，维生素E和β-胡萝卜素水平降低，表明母体对氧化应激的增加产生适应性的变化（Simşek et al.，1998）。一项人类医学的研究显示，反复流产的患者血清中GPX、SOD和CAT水平较正常孕妇显著降低，MDA水平升高（Lucilla et al.，2011）。另一项大型病例对照研究报道，复发性流产患者中，谷胱甘肽巯基转移酶（glutathione S-transferase，GST）的无效基因型多态性与复发性流产的风险增加具有显著的相关性（Al-Gubory et al.，2010）。这些研究表明氧化应激可能导致了孕妇反复流产的发生。

三、母猪繁殖周期内进程性氧化应激

（一）繁殖周期内母猪进程性氧化应激的形成原因

妊娠期动物机体代谢途径与非妊娠状态有所不同，妊娠本就是一种氧化应激的状态，这种差异随妊娠进程推进表现更为明显。在妊娠后期，胎猪迅速发育对氧气与养分需求增加迅速，对母体造成严重的代谢负担。在围产期的机体代谢强度逐渐增加导致机体氧自由基增加，加上不良的生产管理过程和环境应激，造成繁殖周期内母猪发生进程性氧化应激。目前已有大量的研究表明随着妊娠进程的推进，母猪妊娠后期血液脂质损伤标志物 MDA、GPX、总抗氧化能力（ total antioxidant capacity，T-AOC）、DNA 损伤标志物 8-羟基脱氧鸟苷（ 8-hydroxy-2′-deoxyguanosine，8-OHdG ）等发生剧烈变化，母猪全身性氧化应激加剧，直到断奶后才逐渐恢复 (Zhao et al.，2013；Farmer et al.，2014；Tan et al.，2015)。

母猪妊娠期 ROS 进程性的大量产生是导致母猪氧化应激的重要原因（Kim et al.，2013；Surai et al.，2016）。外源性因素（饲养管理）和内源应激（代谢和机体动员增加）导致大量过剩自由基(图 8-4)。在母猪正常的妊娠过程中，胎儿完全依赖胎盘从母体转运营养物质来生存。妊娠后期，胎儿生长速度加快，胎盘的代谢强度增加，母体随之出现适应性的变化过程，如子宫血流量增加(Castillo et al.，2005)，血液中甘油、游离脂肪酸和丙氨酸含量增加（Burton et al.，2010），这意味着此阶段母体代谢增强，从而导致内源性 ROS 产生增加（Kim et al.，2013）。值得注意的是，由于母猪代谢强度与产仔数呈正相关，而随着育种的改良，母猪产仔数和仔猪初生窝重都极大提高，这意味着母猪在妊娠期需要进行更强的物质代谢，因此高产母猪更容易产生氧化应激。此外，日粮中不饱和脂肪酸含量偏高、抗氧化性物质不足都可以导致母猪发生氧化应激。高温、缺氧、群体攻击等外界因素也可以导致母猪体内自由基过多积蓄，抗氧化系统遭到损伤（Marcoramell et al.，2016)。

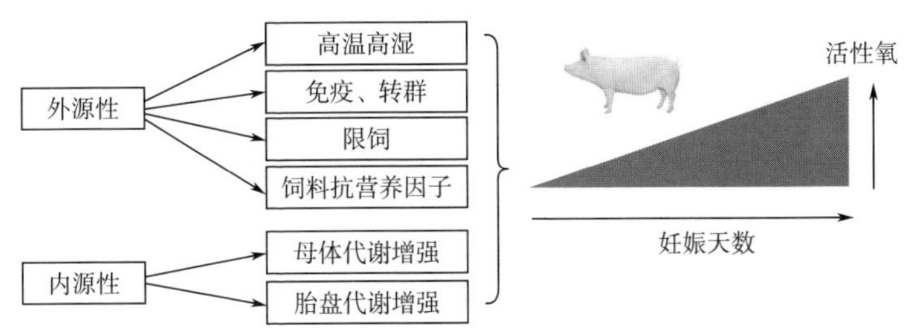

图 8-4 妊娠母猪进程性氧化应激产生的原因

(二) 进程性氧化应激对猪胎盘功能和产仔性能的影响

1. 胎盘氧化应激的形成

胎盘承担主要妊娠过程，不仅负责营养物质、氧气和激素的交换，并且还为发育中的胎儿提供免疫力进而维护胎儿正常发育（Gude et al.，2004）。胎盘的健康水平常被用于评估母体与胎儿的健康状况（朱秋凤等，2008），但胎盘也有发生氧化应激的可能（徐建雄等，2016）。近年来，关于母体氧化应激对胎盘功能影响的报道逐渐增多，并且死胎的数量与母猪妊娠后期较高的应激状态呈正相关（Sekiguchi et al.，2004）。多项研究表明，胎盘的氧化应激在先兆子痫、胎儿宫内窘迫、胎儿宫内生长受限、病理性流产等妊娠疾病的发生中起重要作用（Poston et al.，2004）。

妊娠不同阶段，ROS 水平会发生剧烈变化，总体上随妊娠进程的推进，ROS 的增加呈现 S 形增长曲线（图 8-5）。妊娠早期的低水平氧化应激被认为是正常的生理状态。在生理浓度下，ROS 可刺激细胞增殖和抗氧化基因的表达（Watson et al.，1998）。正常的胎盘形成始于妊娠早期母体螺旋动脉的滋养层浸润，是触发胎盘活动开始的关键事件（Webster et al.，2008）。胎盘血管发生变化，以确保最佳的母体血管灌注。在此期间，已知的胎盘源性抗氧化剂包括血红素加氧酶 1 和血红素加氧酶 2、Mn/Zn-SOD、CAT 和 GPX（Nakamura et al.，2009）正常表达。在妊娠早期至妊娠中期阶段，滋养层的塞子从母体的螺旋动脉中脱落，随后灌入大量母体血液。氧张力的急剧上升（Nakamura et al.，2009），标志着胎盘的母体动脉循环的建立与ROS的增加相关，这可能会导致氧化应激的加剧（Myatt et al.，2004）。如果母体血流过早到达绒毛间隙，导致胎盘氧化应激过早发生，并产生合体滋养层的恶化转变，这些可能会导致各种妊娠并发症的发生，包括死胎、流产（Eric et al.，2003）、反复性妊娠丢失（Quenby et al.，2009）和子痫前期等（Graham et al.，2003）。在妊娠后期，猪胎盘褶皱进一步发育，从而使胎盘转运营养物质的效率大大增加，以满足胎猪快速生长所需（Hong et al.，2017），这表明妊娠后期胎盘仍处在高强度的代谢过程。高度代谢产生大量ROS使得妊娠后期氧化应激加剧，而活性氧和活性氮物质的过量产生可破坏正常的胎盘功能，甚至加速胎盘老化和向病理方面转变。

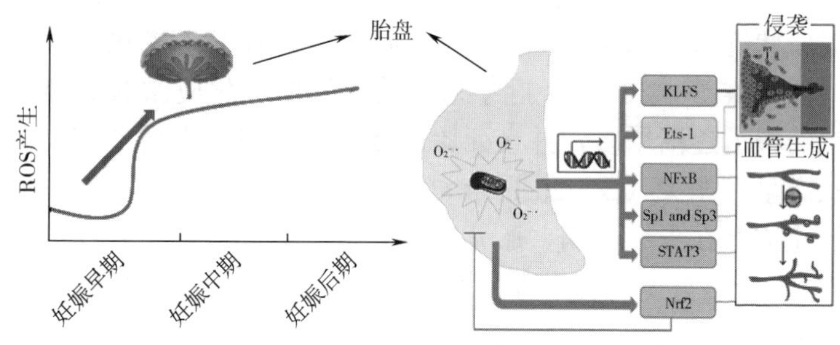

图 8-5　妊娠阶段胎盘 ROS 产生及其对胎盘功能的调控作用

（修自于 Pereira et al.，2015）

2. 胎盘氧化应激对血管生成的影响

母猪胎盘氧化应激可导致血管发育异常和内皮/滋养层细胞凋亡加剧。ROS作为血管系统中的双刃剑，长期产生高浓度ROS对大多数组织是有害的，ROS对血管功能的影响主要取决于存在的ROS的量（图8-5）。据报道，瞬时或低水平的ROS能够激活血管再生和生长的信号通路（Maulik et al.，2002；Yun et al.，

2009)。研究表明：ROS 通过影响血管内皮因子 VEGF/VEGFR2 信号传导的上游和下游促进各种组织中的血管生成反应。许多研究报道了氧化产物 ROS-缺氧诱导因子-1α（hypoxia inducible factor-1α，HIF-1α）/ VEGF 通路增强血管生成作用（Ushio-Fukai et al.，2013)。此外，体外实验表明合适浓度的 H_2O_2 能够激活内皮型一氧化氮合酶（endothelial nitric oxide synthase，eNOS）的表达，从而促进内皮细胞中的一氧化氮（Nitric Oxide，NO）产生，随后通过增加内皮细胞的渗透性，增强细胞黏附分子表面表达和抑制内皮细胞依赖性血管舒张来调节血管生成（Radomska-Leśniewska et al.，2016)。高水平的细胞 ROS 被认为对细胞具有细胞毒性和诱变性，在血管内皮细胞增殖、迁移和黏附过程中，ROS 能够激活多种途径以诱导内皮细胞的凋亡和死亡，进而导致血管生成受阻和血管功能障碍（Devasagayam et al.，2004；Manea，2010)。在先兆子痫胎盘中，由于螺旋动脉重铸障碍造成的缺血再灌注会导致 ROS 大量产生，而 Bcl-2 家族介导的线粒体自噬可通过清除受损线粒体抑制 ROS 产生（周小波等，2017)，从而阻止胎盘滋养层细胞的凋亡。此外，另一项在人体上的研究表明，内质网应激及促凋亡因子水平与合胞体滋养层细胞凋亡率显著正相关（Fu et al.，2015)。总之，过高水平的 ROS 可能在胎盘血管化不良中扮演着重要角色（Pereira et al.，2015)。

3. 产仔性能

大量研究证实，妊娠期氧化应激会极大地降低母猪繁殖性能。过量的 ROS 会攻击母猪卵母细胞、妨碍精卵结合、延缓受精卵的着床和着床前的有丝分裂、延迟胚胎着床、抑制胚胎发育等，从而降低母猪产仔数，增加弱仔和死胎的比例（Kim et al.，2013；Papadopoulos et al.，2016)。Wang 等（2019）研究发现高死胎率母猪肠道菌群及功能存在显著差异，这与机体氧化应激加剧密切相关（图 8-6)。

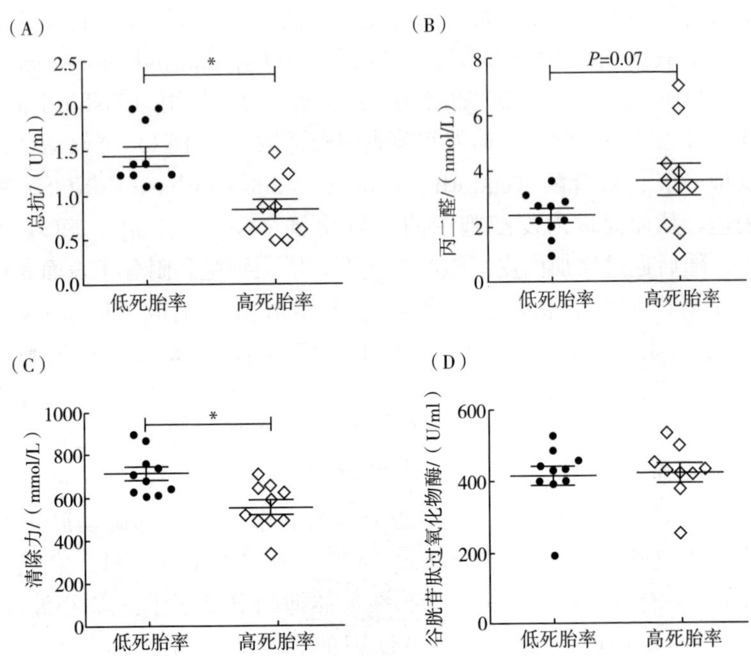

图 8-6　高低死胎率母猪分娩当天血清氧化应激水平（Wang et al.，2019）

*—两组之间存在显著差异（$P<0.05$）

第二节　植物提取物对母猪氧化应激及其泌乳性能的影响

一、植物提取物抗氧化特性及其可能作用机制

植物提取物是指用物理或化学方法，从植物的根、茎、叶、种子或者全株植物中提取得到的植物产品。植物提取物成分复杂，主要的活性成分有挥发油、生物碱、多糖、黄酮、皂苷和植物单宁

等。在提取过程中，采用植物的品种、产地、收获季节、提取的部位及提取方法都会影响其活性成分含量和比例。在畜禽生产中，这些活性成分具有抗氧化、抗菌、免疫调节及维护动物肠道健康等生物特性。

抗氧化活性在各种植物提取物中普遍存在，相对而言，唇形科植物提取物具有更强的抗氧化活性。其中，止痢草油中含量较高的迷迭香的抗氧化活性尤其突出（Burt，2004），其活性成分与抑菌成分基本一致，大多为酚醛类物质（Capecka et al.，2005）。在母猪整个繁殖周期日粮添加 15mg/kg 的止痢草油可显著降低分娩当天血清 8-OHdG 及硫代巴比妥酸反应物质水平（Tan et al.，2015）。大量研究表明，植物提取物的总酚含量越高，清除自由基能力越强，进一步说明植物的抗氧化能力主要与酚类物质有关（Muchuweti et al.，2007；Berwer，2011）。黄豆黄素和人参多糖含有较高的总酚。在母猪妊娠 95 天及泌乳期日粮中添加 45mg/kg 的黄豆黄素，母猪泌乳期血浆 MDA 水平显著下降，SOD 与 T-AOC 水平显著升高，泌乳期 7～18 天 CAT 水平及 7 天的 GSH-Px 水平都显著增高，初乳 GSH-Px 及常乳 SOD 水平都显著增高，常乳 MDA 水平也显著降低（Hu et al.，2021）。在妊娠 90 天及泌乳期添加 200mg/kg 的人参多糖，母猪常乳及分娩当天血清 MDA 水平显著下降，GSH-Px 水平显著升高（Xi et al.，2016）。落地生根属植物提取物主要成分为生物碱和黄酮，有研究认为，其还原性显著强于维生素 C，也具有一定抗氧化能力（Kouitcheu et al.，2017）。

植物提取物的主要抗氧化机理如图 8-7 所示。酚萜类物质可通过其酚羟基作为供氢体，直接清除机体内的氧自由基，抑制机体内的过氧化反应（Kähkönen et al.，1999），还能与细胞膜表面的受体结合，介导相关信号通路，提高机体抗氧化酶相关基因的转录和蛋白质表达，促进机体抗氧化酶的分泌，从而提高机体抗氧化能力（Rubiolo et al.，2008）。机体内的二价过渡金属离子（如 Fe^{2+}），不仅可催化体内的过氧化反应，还能促进·OH 等自由基形成。有学者研究认为，迷迭香酚等具有两个酚羟基的物质，可通过螯合机体内二价过渡金属离子，抑制机体内过氧化反应及自由基形成，从而缓解机体的氧化损伤（Aziz et al.，2016）。黄酮类物质，尤其是一甲基黄酮，能通过抑制 NADPH 氧化酶活性，抑制 $O_2^{\cdot-}$ 的产生，还可与 $O_2^{\cdot-}$ 聚合，清除体内蓄积的 $O_2^{\cdot-}$，减轻机体的氧化损伤（Xiao et al.，2011）。

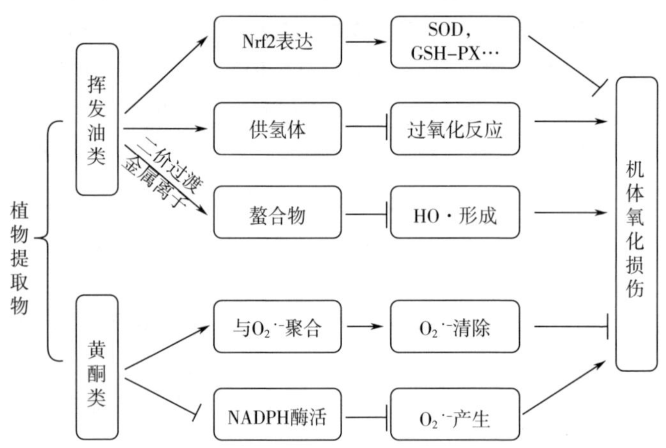

图 8-7　植物提取物影响机体抗氧化能力的可能机理

→—促进；⊣—抑制；Nrf2—核因子 E2 相关因子 2；
SOD—超氧化物歧化酶；GSH-PX—谷胱甘肽过氧化物酶

二、植物提取物在母猪饲料中的应用

表 8-1 总结了近年来植物提取物对母猪泌乳性能的影响。大多数植物提取物都有提高母猪泌乳期采食量、改善母猪泌乳期体况及泌乳性能的作用。此外，植物提取物还具有提高母猪活产仔数（Mauch et al.，2004；Allan et al.，2005）、缩短断奶至发情间隔（Kis et al.，2003）的效果。

表 8-1 植物提取物对母猪繁殖泌乳性能的影响

植物名称	主要有效成分	添加时间	添加量/（mg/kg）	作用效果（与对照组相比）/%			参考文献
				母猪平均日采食量	仔猪日增重	断奶均重	
大茴香	苯甲醚	$G_{85}—L_{21}$	5000	+9.6	+21	+16.4	Wang 等（2015）
大豆	黄豆黄素	$G_{85}—L_{18}$	15	−2.5	+3.9	+2	Hu 等（2021）
			30	+1.1	+7.0	+3.4	
			45	+3.0	+10.3	+6.3	
葫芦巴籽	皂苷	$G_{108}—L_{21}$	1000	—	+11.6	+13.9	Hossain 等（2015）
			2000	—	+11.6	+12.2	
人参	人参多糖	$G_{90}—L_{28}$	100	—	—	+6.6	Xi 等（2016）
			200	—	—	+9.1	
			400	—	—	+6.7	
止痢草	香芹酚、百里香酚	$G_{1}—L_{21}$	15	+2.2	+8.3	+6.9	Tan 等（2015）
		$G_{1}—L_{19}$	250	+4.1	+6.5	+4.5	Ariza-Nieto 等（2011）
		$G_{109}—L_{22}$	1000	+1.8	—	—	Allan 等（2005）
		$G_{110}—L_{21}$	1000	0	—	—	Amrik 等（2004）
		$L_{1}—E_{1}$	1000	+6	—	—	Kis 等（2003）
丝兰	皂苷	$G_{107}—L_{23}$	200	+3.8	+2.6	−4.3	Ilsley 等（2003）
皂树			250	0	−5.0	−7.8	
植物提取物混合物	香芹酚、辣椒素、肉桂醛		100	+2	+11.6	0	

续表

植物名称	主要有效成分	添加时间	添加量/（mg/kg）	作用效果（与对照组相比）/%			参考文献
				母猪平均日采食量	仔猪日增重	断奶均重	
植物提取物混合物	植物精油、黄酮	$G_{107}—L_{22}$	40	+1	—	+7.0	Wang 等（2015）
植物提取物混合物	香芹酚、肉桂醛、辣椒油树脂	$G_{90}—L_{28}$	100	—	+13.4	+10.4	Matysiak 等（2012）
植物提取物混合物	柠檬酸、山梨酸、香芹酚、香草醛	$G_{108}—L_{25}$	500	+6.1	−2.6	−1.8	Balasubramania 等（2016）
			1000	−3.4	+12.4	+10.5	
植物提取物混合物	黄芩、金银花	$G_{107}—L_{28}$	720	0	+8.6	+1.5	Liu 等（2017）
			1310	+11.5	+2.0	+9.2	
植物提取物混合物	大豆异黄酮、黄芪多糖	$L_{1}—L_{21}$	100	+7.0	+14.1	+11.1	王志龙等（2016）
			200	+10.3	+19.4	+16	
			300	+2.3	−2.1	+1	

注："G"表示妊娠、"L"表示泌乳、"E"表示发情，如"$G_{85}—L_{21}$"表示添加时间由妊娠第 85 天到泌乳第 21 天。

由表 8-1 可知，植物提取物的添加时间是影响其作用效果的重要因素。Ariza-Niet 等（2011）的研究结果表明：在母猪整个繁殖周期均添加止痢草油，可显著增加哺乳仔猪的日增重、摄乳量及能量摄入量，但仅在妊娠期或泌乳期添加止痢草油都没有显著作用效果。Wang 等（2015）研究发现：在母猪整个繁殖周期均添加 5000mg/kg 的大茴香粉可显著提高母猪泌乳期的泌乳量及仔猪日增重和断奶均重，在其泌乳期添加也可显著提高泌乳性能，但仅在妊娠期添加时，母猪性能没有显著变化。

植物提取物添加量不同时，在母猪生产中的应用效果存在差异。在母猪整个繁殖周期日粮中添加 250mg/kg 的止痢草油，可显著提高仔猪日增重和断奶窝重（Ariza-Nieto et al.，2011），但在整个繁殖周期仅添加 15mg/kg 止痢草油时，在提高仔猪日增重和断奶窝重方面有更显著的效果（Tan et al.，2015）。Balasubramania 等（2016）研究发现：在 500mg/kg 的添加量时，有机酸和止痢草油混合物能显著提高母猪泌乳期采食量，在 1000mg/kg 的添加量时，母猪泌乳期采食量没有显著变化，但仔猪日增重和断奶窝重显著提高。Xi 等（2016）对比了不同添加量的人参多糖对母猪性能、机体抗氧化能力和免疫功能的影响，结果表明：添加量为 200mg/kg 时，人参多糖可显著提高仔猪的断奶窝重，添加量为 400mg/kg 时，其对仔猪断奶窝重没有显著影响，但能够显著降低母猪血清 MDA 含量，提高血清 IL-6 水平。王志龙等（2016）研究发现：在母猪日粮中添加 200mg/kg 的黄芪多糖和大豆异黄酮混合物时，母猪泌乳期采食量、仔猪日增重和断奶均重均有显著提升，但添加量为 100mg/kg 或 300mg/kg 时，对母猪采食量及泌乳性能均没有改善。

目前，国内虽有学者陆续开展植物提取物在母猪生产应用中的相关研究，但大多停留于初级阶段。目前还存在众多亟需解决的问题。第一，添加时间及添加量的选择。母猪繁殖周期各个阶段代谢水平和生理状态不断变化，各种植物提取物的作用机制也不尽相同，需对其添加量和添加时间进行更深入的研究，制定适宜添加标准。第二，协调增效使用的相关研究。植物提取物配伍使用时的协同增效作用不容置疑，但目前关于植物提取物配伍使用所选植物种类、添加比例等的研究十分匮乏，应广泛开展更多相关基础研究，为其在养殖生产中的应用提供参考。第三，作用机制需要进一步明确。由于植物提取物成分复杂、活性物质纯化困难等因素，限制了对其作用机制的深入研究，要继续使用分子营养的先进技术，对植物提取物影响母猪繁殖性能的作用机制进行更深入的探讨，为植物提取物在母猪生产中的应用提供理论基础。总之，只有结合现代营养学的研究方法和先进的现代生物学技术，对植物提取物的应用方法和作用机制开展更广泛、更深入的研究，才能推动植物提取物在畜牧生产中的应用和发展。

第三节　母源半胱胺传递对母仔猪氧化应激损伤和繁殖性能的干预效应

一、半胱胺的生物学活性

半胱胺可以发挥广泛的作用，这取决于它的使用条件。半胱胺在不同条件下的作用机理包括（Besouw et al.，2013）以下四个方面。①提高细胞内 GSH 水平以提高抗氧化能力：半胱胺作为一种含有巯基的氨基硫醇，本身具有直接的 ROS 清除作用，同时作为半胱氨酸的脱羧产物，其浓度能调控 GSH 的合成，可用于治疗膀胱肌病和非酒精性脂肪肝。②改变酶活性，包括降低半胱氨酸天冬氨酸蛋白酶-3（抑制凋亡促进细胞存活）（可用于治疗胱氨酸增多症）、转谷氨酰胺酶（用于治疗亨廷顿病和非酒精性脂肪肝）与蛋白激酶 C（用于治疗胱氨酸增多症）活性。③改变基因表达：通过调控生长激素轴水平，解除生长抑制素对生长激素的抑制作用，并上调胰岛素样生长因子（insulin like growth factor，IGF）及其受体的表达（Mcleod et al.，1995；Yang et al.，2019），从而起到促

生长作用；调控热休克蛋白表达，以治疗亨廷顿病；调控自噬蛋白表达（细胞侵袭和转移），以治疗癌症。另外也有研究表明：半胱胺可以诱导氧化还原敏感蛋白-早期生长反应因子-1的表达（Khomenko et al.，2003），而早期生长反应因子-1可诱导血管生长因子系统的基因表达（朱建津等，2005）。④通过提高胱氨酸内二硫键反应，耗尽胱氨酸，以治疗胱氨酸增多症（Besouw et al.，2013）。

半胱胺在体内起到抗氧化作用的确切作用机制目前尚不完全清楚。但是许多迹象表明巯基半胱胺可以氧化成二硫半胱胺，二硫半胱胺又可以还原成半胱胺。这一机制是半胱胺双相作用的基础（Besouw et al.，2013）。当在低浓度下发挥作用，能促进半胱氨酸向细胞的转运，进而被用来合成GSH；而GSH是细胞内最有效的抗氧化剂之一，进而影响细胞氧化还原稳态。半胱胺的游离巯基除了具有抗氧化特性外，还可以与游离巯基或多肽和蛋白质的二硫键发生反应（Besouw et al.，2013）。相比之下，高剂量使用时，在过渡金属存在下，半胱胺发生氧化并生成H_2O_2，从而导致氧化应激。此外，高剂量的半胱胺会降低GPX的活性，进而降低机体抗氧化能力（Jeitner et al.，2001）。关于半胱胺的研究常常出现截然相反的结果，通常可以用其剂量效应与抗氧化作用的独特性来解释。总而言之，当使用更高剂量时，其直接毒性会抵消其抗氧化作用。

二、日粮半胱胺对母仔猪氧化应激损伤和繁殖性能的影响

如前文所述，半胱胺有低剂量的抗氧化性和高剂量的促氧化性的双重特性，使得其在母猪生产中的应用也存在一定的困难。Huang等（2021）在妊娠第83天，选取84头长大二元杂交经产母猪，按胎次、体况和预产期相近的原则随机分为4组，即对照组（CON）、100mg/kg半胱胺组（CS100）、300mg/kg半胱胺组（CS300）和500mg/kg半胱胺组（CS500）。结果表明：①与CON组相比，CS100组的母猪死胎率显著降低（表8-2），胎盘效率和低

体重仔猪胎盘血管密度显著提高，以及低产母猪初生个体重显著提高。②CS100 组母猪在分娩和断奶当天，血清中 GSH 水平、初乳中 GSH 水平显著提高，初乳中 MDA 的水平显著降低，正常体重仔猪胎盘的 GSH 水平较 CON 组显著提高。

表 8-2　日粮添加不同水平半胱胺对母猪繁殖性能的影响（黄双波，2020）[①]

项目	CON	CS100	CS300	CS500	P 值		
					日粮	L	Q
样本数	21	20	19	19			
胎次	3.1±0.2	3.2±0.2	3.3±0.2	3.0±0.2	0.49		
总产仔数	18.3±1.1	16.3±1.3	17.0±0.9	17.1±0.7	0.65	0.50	0.45
产活仔数	14.9±1.0	14.9±1.1	14.9±0.8	15.2±0.6	0.90	0.84	0.96
健仔数	12.7±0.9	13.2±0.9	13.2±0.7	13.4±0.6	0.95	0.51	0.80
弱仔数（1kg 以下）	2.2±0.6	1.7±0.3	1.7±0.4	1.7±0.6	0.86	0.49	0.68
死胎数	2.3±0.5	1.1±0.31	1.6±0.4	1.3±0.3	0.15	0.12	0.14
畸形胎数	0.1±0.1	0.0±0.0	0.1±0.1	0.0±0.0	0.58	0.57	0.85
木乃伊数	1.0±0.2	0.4±0.3	0.4±0.2	0.7±0.2	0.10	0.27	0.04
初生个体均重[①]	1.4±0.1	1.5±0.1	1.5±0.0	1.4±0.0	0.50	0.38	0.34
初生窝重	20.4±1.3	21.0±1.3	21.5±1.1	21.3±0.7	0.90	0.53	0.76
初生重变异系数[②]/%	20.2±1.4	19.7±1.0	19.8±1.2	19.6±1.3	0.98	0.71	0.92
死胎率[③]/%	12.8[a]	6.4[b]	9.6[ab]	7.4[b]	0.02		
无效仔猪率[③]/%	18.5[a]	8.9[b]	12.1[ab]	11.4[ab]	<0.00		
高产母猪样本数[④]	10	14	11	10			
初生个体均重/kg	1.4±0.1	1.4±0.5	1.±0.4	1.4±0.1	0.84	0.74	0.70
窝间变异系数/%	20.7±0.6	20.0±0.7	20.3±0.5	21.2±0.5	0.94	0.75	0.81

续表

项目	CON	CS100	CS300	CS500	P 值		
					日粮	L	Q
弱仔率③（1kg 以下）/%	15.8	12.3	14.0	15.1	0.75		
低产母猪样本数④	11	6	8	99			
初生个体均重/kg	1.4±0.0[a]	1.7±0.0[b]	1.5±0.1[ab]	1.53±0.1[ab]	0.14	0.37	0.21
窝间变异系数/%	19.9±0.5	19.2±0.9	19.0±0.7	17.8±0.6	0.91	0.47	0.77
弱仔率③,⑤（1kg 以下）/%	14.0	8.3	7.2	6.0*	0.15		

注：同行数据无相同字母者表示差异显著（$P<0.05$）。

① 所有数据均以平均值±标准误表示，未作说明的采用 kruskal-wallis 分析。

② 数据采用单因素方差分析。

③ 数据采用 Kruskal-Wallis 检验。

④ 产活仔数大于及等于 15 头为高产母猪，小于 15 头为低产母猪。

⑤ * 代表与 CON 组相比具有显著差异（$P<0.05$）。

妊娠后期氧化应激的增加可能导致更大比例的死产（Yang et al.，2019；Zhang et al.，2019），这是造成畜牧业经济损失的重要原因之一（Jonker，2004）。Huang 等（2020）报道缓解妊娠第 109 天的全身性氧化应激有助于减少母猪的死产（Huang et al.，2020）。在上述研究中，在妊娠后期供应 CS 被证明可以改善妊娠结局，包括母猪的出生体重和死产。为了验证 CS 改善妊娠结局的机制是否与氧化应激有关，该研究分析了在日粮中添加 CS 对血清和初乳相关氧化应激参数的影响，发现日粮中添加 CS 可以改善母猪抗氧化状态并降低仔猪氧化应激参数。同时，母体 CS 补充也显示增强了 LBW 仔猪胎盘的部分抗氧化指标（图 8-8）。CS 是一种已知的抗氧化剂和抗炎剂，之前的研究已经表明它有保护其免受氧化应激的作用效果。需要指出的是，该研究中只有在低产仔数的母猪中添加 CS 才增加了仔猪的出生体重，这可能与仔猪数量较多的母猪的子宫容量有限有关。以前的报告表明，在窝产仔数达到峰值，宫内拥挤时，超过该值的进一步拥挤会减少可存活胚胎/胎儿的数量和体重的持续增加。在该研究中，高产母猪（平均 20 头）的窝产仔数比低产母猪（平均 13 头）高得多，宫内空间十分拥挤，这可能掩盖了 CS 对高产母猪的有益影响。其中潜在的机制需要通过进一步的研究来阐明。

先前关于日粮 CS 水平对动物模型（包括育肥猪、绵羊和大鼠）氧化还原状态和生长性能影响的报道彼此不一致（Beckman et al.，1998）。例如，先前对怀孕大鼠的研究表明，当应用高剂量的 CS（150mg/kg）时，氧化应激和 IUGR 的风险会增加（Beckman et al.，1998），表明 CS 剂量的重要性。在该研究中，另一个重要发现是补充 CS 与氧化还原状态和妊娠结局之间的剂量效应关系不是线性的。与较高剂量相比，最小剂量（100mg/kg）显示为合适的补充剂量。这可能的解释是，当以较高剂量使用时，过渡金属存在下的半胱胺氧化会产生 H_2O_2 分子，从而导致氧化应激。此外，高剂量的 CS 会降低谷胱甘肽过氧化物酶的活性。谷胱甘肽过氧化物酶是一种催化谷胱甘肽氧化成二硫化物的酶（Jeitner et al.，2001）。因此，使用半胱胺的研究的不同结果通常可以用药物的抗氧化作用来解释，即当使用更高剂量时，半胱胺没有抗氧化作用反而还会出现氧化应激（Besouw et al.，2013）。然而，潜在的机制需要在进一步的研究中挖掘。

胎盘功能正常发挥的关键是其血管网络的正确发展，胎盘血管生成异常可导致胎儿生长受限及死亡（Torry et al.，2004）。该研究中，CS100 组的母猪的胎盘血管密度、胎盘效率、死胎率以及低产母猪初生个体重得到改善，这些暗示了 CS100 组母猪的胎盘功能可能得以改善（图 8-9）。值得一提的是，CS100 胎盘 GSH 水平的增加表明其抗氧化能力的增加。提示：CS 可能通过缓解胎盘氧化应激，进而促进了胎盘血管生成。据报道，ROS 能够激活多种途径以诱导内皮细胞的凋亡和死亡，进而导致血管生成受阻和血管

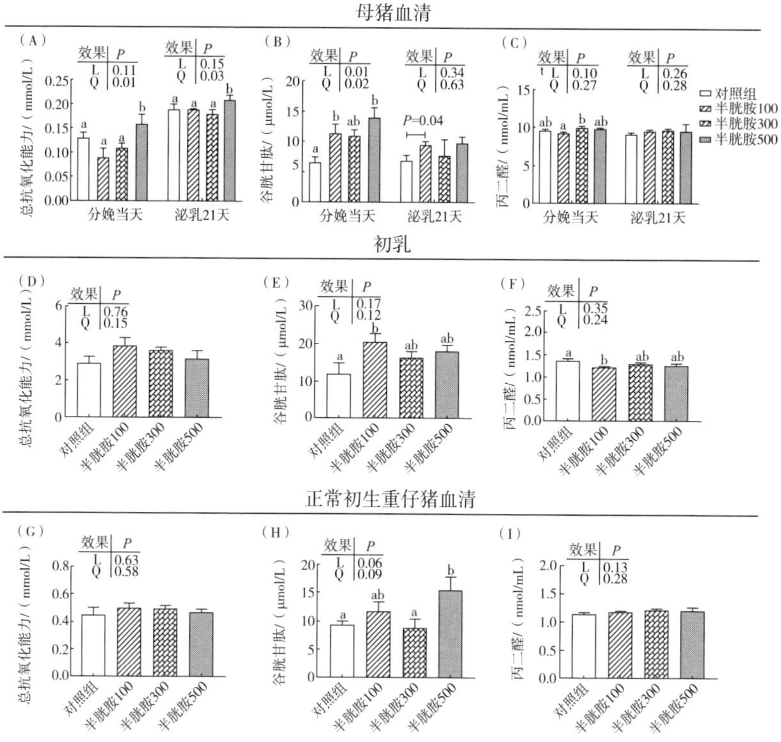

图 8-8 日粮添加不同水平半胱胺对母仔猪氧化应激指标的影响

[所有数据均以平均值±标准误表示，用不同字母表示差异显著（$P<0.05$），母猪样本数为 8，仔猪样本数为 6。NBW 表示正常体重仔猪（Normal birth weight，1.4～1.6kg）。(A)～(C)、(D)～(F) 和 (G)～(I) 分别代表母猪血清、初乳和正常体重新生仔猪血清中 T-AOC、GSH 和 MDA 的水平]

功能障碍（Shimizu et al.，1994；Xia et al.，2007；Kim et al.，2013）。在血管紧张素Ⅱ诱导的人脐静脉内皮细胞氧化应激模型中观察到 ROS 的过度积累和成管的降低，以及 p-VEGFR2/VEGFR2（VEGF 及其受体系统是正向调控血管生成的主要因子）的下调（Liu et al.，2017）。这与另外一项在母猪上的研究一致，该研究观察到的 ROS 水平增加与血管炎症标志物水平增加一致，表明氧化应激增加导致血管内皮功能障碍（Wu et al.，2016）。基于以上报道，提示 CS100 组中母猪胎盘血管生成的增加可能与胎盘中过多 ROS 的清除有关，进而降低死胎的发生，背后的具体机制还需深入探究。

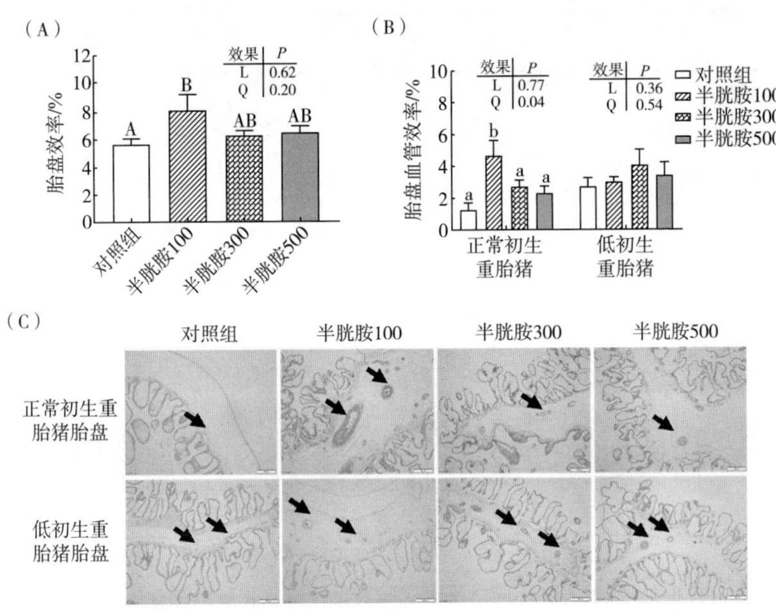

图 8-9 日粮添加不同水平半胱胺对胎盘效率与胎盘血管密度的影响

［所有数据均以平均值±标准误表示，用不同字母表示差异显著（$P < 0.05$）。NBW（Normal birth weight，正常体重仔猪，1.4～1.6kg）和 LBW（Low birth weight，低体重仔猪，<1.0kg）。(A) 显示各组的胎盘效率，样本数为 18～22。(B) 和 (C) 分别为血管密度统计图和 40 倍显微镜镜下的典型视野，样本数为 6］

目前，CS 缓解高产母猪胎盘氧化应激的作用机制未见报道。Huang 等（2021）采用 200μm H_2O_2 构建猪血管内皮细胞（porcine vascular endothelial cells，PVECs）氧化应激模型，低剂量（2mmol/L）CS 预处理可以显著逆转 NADPH 氧化酶 2-ROS 介导的信号转导的失活，表现为促进 PVECs 增殖、管形成和迁移。其机制为 CS 挽救了 PVECs 氧化应激模型下引起的 Stat3 的磷酸化显著削弱及细胞活力、管形成和 VEGF-A 蛋白水平的降低。先前的研究报道指出 Stat3 为胎盘氧化应激适应性反应的重要调节因子，这可能与氧化应激增加以及滋养细胞侵袭和胎盘血管生成的改变有关（Pereira et al.，2015）。需要强调的是，细胞核内 Stat3 的磷酸化水平在低体重胎猪的胎盘中表达量显著降低，且抑制了血管内皮细胞成管因子 VEGF-A 的转录（Hu et al.，2021）。在该研究中，在 CS 预处理后，Stat3 靶向基因（VEGF-A、IL-6 和 IL-8）和上游负调节因子（NOX2）在 PVECs 中均发生了显著变化。这与前人报道 H_2O_2 在体外通过上调 NOX2-ROS 介导的 Stat3 信号通路的失活来抑制 PVECs 的增殖和迁移相一致（Touyz et al.，2011），验证了 Stat3 可能在胎盘发育过程中发挥重要作用。先前的研究已表明，CS 可以激活 Stat3 信号并提供体内肠上皮细胞存活所需的关键保护调控作用（Khomenko et al.，2014）。该研究丰富了 CS 缓解母猪胎盘氧化应激作用机制的新理论，即 CS 可通过 Stat3 信号通路缓解 H_2O_2 诱导的 PVECs 氧化应激。其依据是基于采用 statttic（一种选择性 Stat3 抑制剂）和 CS 预处理 PVECs 未能阻止 H_2O_2 诱导的 VEGF-A 蛋白表达和成管化能力的降低，充分表明了 Stat3 在体外介导了 CS 对经 H_2O_2 诱导 PVECs 氧化应激的保护作用（图 8-10，Huang et al.，2021）。

妊娠日粮添加不同水平 CS 的经济效益见表 8-3。CS100 组生产每头健仔所需的饲料成本较 CON 组降低 0.5 元。按一头母猪每胎产 10 头健仔数、年产胎次为 2.2、全年提供 22 头健仔数计，规模为 1 万头的母猪场每年可增加效益为：22 头×0.5 元×10000 头=11 万元。综合考虑，妊娠日粮添加 100mg/kg CS 可使猪场的经济效益达到最大化。

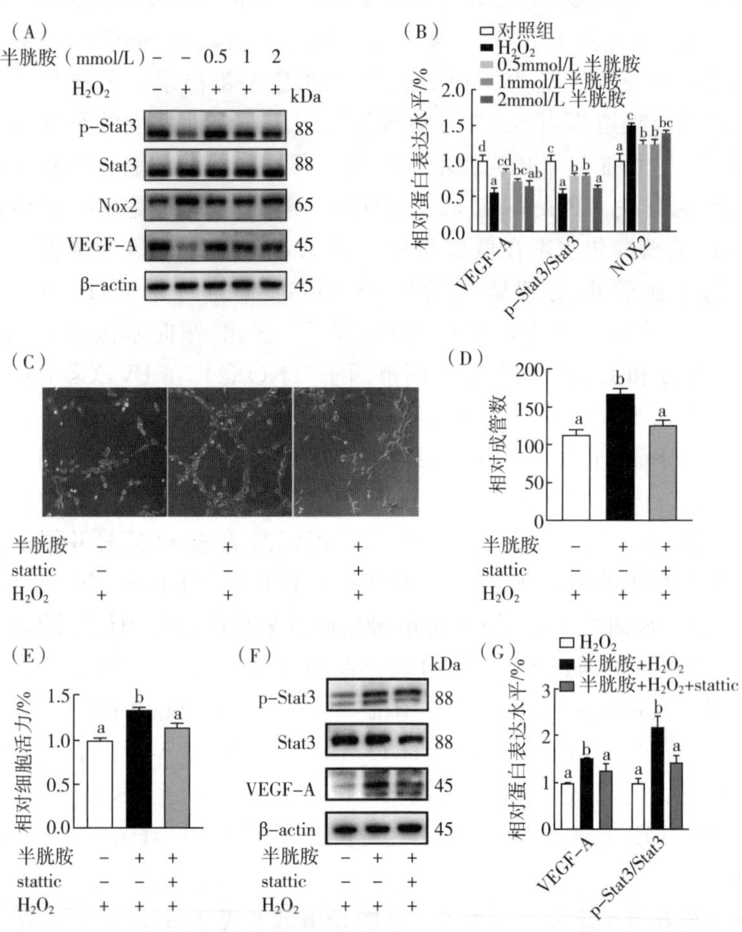

图 8-10 半胱胺预处理对 H_2O_2 诱导 PVECs 的成管和氧化应激的干预效果

[(A)、(B) 为 Western blotting 分析 Stat3 磷酸化，NOX2 和 VEGF-A 蛋白表达水平。PVECs 经过 CS (0.5mmol/L、1mmol/L 和 2mmol/L) 处理后，采用 200μmol/L H_2O_2 构建氧化应激模型 ($n=3$)。(C)、(D) 为上述处理后添加 Stat3 特异性抑制剂 (5μmol/L stattic) 2h 后对成管的影响。(E) 为 CCK8 检测了细胞活力 ($n=6$)。(F)、(G) 为 Western blotting 分析 Stat3 磷酸化和 VEGF-A 的蛋白表达水平 ($n=3$)。数据用平均值±标准误。字母不同代表差异显著 ($P<0.05$)]

表 8-3 经济效益分析

项目	CON	CS100	CS300	CS500
妊娠饲料价格/（元/吨）	2200.00	2225.90	2277.80	2329.60
母猪妊娠后期饲料成本/（元/头）	211.20	213.69	218.67	223.65
产活仔数/头	14.90	14.85	14.89	15.20
生产每头活仔成本/（元/头）	14.17	14.39	14.69	14.71
产健仔数/头	12.67	13.20	13.16	13.42
生产每头健仔成本/（元/头）	16.67	16.19	16.62	16.67

主要参考文献

[1] 敖江涛，郑溜丰，彭健．进程性氧化应激对母猪繁殖性能的影响及其营养调控．动物营养学报，2016，28：3735-3741.

[2] 彭健．母猪营养代谢与精准饲养．北京：中国农业出版社，2019.

[3] 唐天悦，翟振亚，谭成全，等．半胱胺在猪营养上的研究进展．动物营养学报，2018，30：1647-1654.

[4] 王浩，印遇龙，邓百川，等．植物提取物的特性及其在母猪生产中的应用．动物营养学报，2017，29：3852-3862.

[5] 徐建雄，罗振．胎盘氧化应激及营养调控研究进展．饲料工业，2016，37：1-7.

[6] 赵曦晨，谭成全，印遇龙，等．半胱胺在动物生产中的应用研究进展．饲料工业，2019，40：11-17.

[7] Agarwal A，Krajcir N，Gupta S，et al.，Female infertility and assisted reproduction：Impact of oxidative stress. Current Women′s Health Reviews，2008，4.

[8] Al-Gubory K H，Fowler P A，Garrel C. The roles of cellular reactive oxygen species，oxidative stress and antioxidants in pregnancy outcomes. International Journal of Biochemistry & Cell Biology，2010，42：1634-1650.

[9] Amrik B，Bilkei G. Influence of farm application of oregano on performances of sows. Canadian Veterinary Journal-Revue Veterinaire Canadienne，2004，45：674-677.

[10] Ariza-Nieto C，Bandrick M，Baidoo S K，et al. Effect of dietary supplementation of oregano essential oils to sows on colostrum and milk composition，growth pattern and immune status of suckling pigs. Journal Anim Science，2011，89：1079-1089.

[11] Beckman D A，Mullin J J，Assadi F K. Developmental toxicity of cysteamine in the rat：Effects on embryo-fetal development. Teratology，1998，58：96-102.

[12] Burton G J. The influence of the intrauterine environment on human placental development. Journal of Reproductive Immunology，2010，86：81-82.

[13] Besouw M，Masereeuw R，van den Heuvel L，et al. Cysteamine：An old drug with new potential. Drug Discovery Today，2013，18：785-792.

[14] Droge W. Free radicals in the physiological control of cell function. Physiol Rev，2002，82：47-95.

[15] Fujii J，Iuchi Y，Okada F. Fundamental roles of reactive oxygen species and protective mechanisms in the female reproductive system. Reprod Biol Endocrinol，2005，3：43.

[16] Hu C，Wu Z，Huang Z，et al. Nox2 impairs vegf-a-induced angiogenesis in placenta via mitochondrial ros-stat3 pathway. Redox Biol，2021，45：102051.

[17] Huang S，Wei J，Yu H，et al. Effects of dietary fiber sources during gestation on stress status，abnormal behaviors and reproductive performance of sows. Animals (Basel)，2020，10.

[18] Huang S，Wu Z，Hao X，et al. Maternal supply of cysteamine during late gestation alleviates oxidative stress and enhances angiogenesis in porcine placenta. Journal of Animal Science and Biotechnology，2021，12.

[19] Jauniaux E，Gulbis B，Burton G J. Physiological implications of the materno-fetal oxygen gradient in human early pregnancy. Reprod Biomed Online，2003，7：250-253.

[20] Jeitner T M，Lawrence D A. Mechanisms for the cytotoxicity of cys-

teamine. Toxicol Science，2001，63：57-64.

[21] Jonker F H. Fetal death：Comparative aspects in large domestic animals. Animal Reprod Science，2004，82-83：415-430.

[22] Khomenko T，Deng X，Ahluwalia A，et al. Stat3 and importins are novel mediators of early molecular and cellular responses in experimental duodenal ulceration. Dig Dis Sci，2014，59：297-306.

[23] Khomenko T，Deng X，Jadus M R，et al. Effect of cysteamine on redox-sensitive thiol-containing proteins in the duodenal mucosa. Biochem Biophys Res Commun，2003，309：910-916.

[24] Kim I H，Hossain M M，Begum M，et al. Dietary fenugreek seed extract improves performance and reduces fecal e. Coli counts and fecal gas emission in lactating sows and suckling piglets. Canadian Journal of Animal Science，2015，95：561-568.

[25] Kim S W，Weaver A C，Shen Y B，et al. Improving efficiency of sow productivity：Nutrition and health. Journal of Animal Science and Biotechnology，2013，4.

[26] Kim Y W，West X Z，Byzova T V. Inflammation and oxidative stress in angiogenesis and vascular disease. Journal of Molecular Medicine-Jmm，2013，91：323-328.

[27] Kis R K，Bilkei G. Effect of a phytogenic feed additive on weaning-to-estrus interval and farrowing rate in sows. Journal of Swine Health and Production，2003，11：296-299.

[28] Liu H，Wang J J，Chen Y S，et al. Npc-exs alleviate endothelial oxidative stress and dysfunction through the mir-210 downstream nox2 and vegfr2 pathways. Oxidative Medicine and Cellular Longevity，2017，2017：9397631.

[29] Mauch C，Bilkei G. Strategic application of oregano feed supplements reduces sow mortality and improves reproductive performance-a case study. Journal of Veterinary Pharmacology and Therapeutics，2004，27：61-63.

[30] Marco-Ramell A，Arroyo L，Pe A R，et al. Biochemical and proteomic analyses of the physiological response induced by individual housing in gilts provide new potential stress markers. BMC Veterinary Research，2016，12.

[31] Myatt L，Cui X. Oxidative stress in the placenta. Histochemistry &

Cell Biology，2004，122：369.

[32] Nakamura M，Sekizawa A，Purwosunu Y，et al. Cellular mRNA expressions of anti-oxidant factors in the blood of preeclamptic women. Prenat Diagn，2009，29：691-696.

[33] Pereira R D，De L，Wang R C，et al. Angiogenesis in the placenta：The role of reactive oxygen species signaling. Biomed Research International，2015，2015：814543.

[34] Radomska-Leśniewska D M，Hevelke A，Skopiński P，et al. Reactive oxygen species and synthetic antioxidants as angiogenesis modulators：Clinical implications. Pharmacological Reports，2016，68：462-471.

[35] Sekiguchi T，Koketsu Y. Behavior and reproductive performance by stalled breeding females on a commercial swine farm. Journal of Animal Science，2004，82：1482-1487.

[36] Sikka S C. Relative impact of oxidative stress on male reproductive function. Curr Med Chem，2001，8：851-862.

[37] Surai P F，Fisinin V I. Selenium in sow nutrition. Animal Feed Science and Technology，2016，211：18-30.

[38] Touyz R M，Briones A M，Sedeek M，et al. Nox isoforms and reactive oxygen species in vascular health. Mol Interv，2011，11：27-35.

[39] Tan C，Wei H，Sun H，et al. Effects of dietary supplementation of oregano essential oil to sows on oxidative stress status，lactation feed intake of sows，and piglet performance. Biomed Res Int，2015，2015：525218.

[40] Tanghe S，Missotten J，Raes K，et al. The effect of different concentrations of linseed oil or fish oil in the maternal diet on the fatty acid composition and oxidative status of sows and piglets. J Anim Physiol Anim Nutr (Berl)，2015，99：938-949.

[41] Wang G Y，Yang C，Yang Z，et al. Effects of dietary star anise (illicium verum hook) supplementation during gestation and lactation on the performance of lactating multiparous sows and nursing piglets. Animal Science Journal，2015，86：401-407.

[42] Wang H，Hu C J，Cheng C H，et al. Unraveling the association of fecal microbiota and oxidative stress with stillbirth rate of sows. Theriogenology，2019，136：131-137.

[43] Wu F, Tian F J, Lin Y, et al. Oxidative stress: Placenta function and dysfunction. Am J Reprod Immunol, 2016, 76: 258-271.

[44] Yang Y, Hu C J, Zhao X, et al. Dietary energy sources during late gestation and lactation of sows: Effects on performance, glucolipid metabolism, oxidative status of sows, and their offspring1. Journal of Animal Science, 2019, 11.

[45] Zhang B, Wang C, Yang W, et al. Transcriptome analysis of the effect of pyrroloquinoline quinone disodium on reproductive performance in sows during gestation and lactation. Journal of Animal Science and Biotechnology, 2019, 10.

[46] Zhao Y, Flowers W L, Saraiva A, et al. Effect of social ranks and gestation housing systems on oxidative stress status, reproductive performance, and immune status of sows. J Anim Sci, 2013, 91: 5848-5858.

第九章 繁殖周期内母猪糖脂代谢紊乱及其关键营养调控技术

繁殖周期内母猪受饲养管理和自身生理代谢的影响，机体糖脂代谢发生明显变化并对其繁殖效率产生深远影响。妊娠后期调节葡萄糖稳态和胰岛素敏感性，对改善死胎率和初生仔猪窝间变异具有决定性作用。为此，妊娠后期母猪配合日粮中应含有不低于25%～40%的淀粉以降低死胎率和改善仔猪初生重均匀度。泌乳母猪常处于负能量平衡状态，为保证仔猪快速生长、提高断奶窝重，可适当添加高能量的脂肪。然而关于母猪日粮中添加油脂的质和量对其繁殖性能的影响还存在较大争议。本章首先综述了母猪繁殖周期内糖脂代谢特点，围产期胰岛素抵抗形成原因及糖脂代谢紊乱对泌乳期采食量、仔猪死亡率及胎盘功能的影响等；随后，分析了泌乳期采食量现状及其对母猪繁殖性能的影响，阐明功能性日粮纤维调控母猪胰岛素敏感性对泌乳期采食量的作用及可能机制；最后，系统总结了淀粉和油脂在母猪上的应用进展及其存在问题，并且分析了日粮淀粉和油脂对不同糖耐受状态妊娠母猪的糖代谢和繁殖性能的影响。

第一节 繁殖周期内母猪糖脂代谢及其对繁殖性能的影响

一、繁殖周期内母猪糖脂代谢特点

妊娠期间，胎猪营养物质的供给完全依赖于胎盘的转运。碳水化合物作为胎猪能量底物，占总营养物质的75%，其中葡萄糖占35%～40%（Père et al.，2007）。利用动静脉插管技术发现：相对于乳酸、果糖等其他能量物质，子宫和胎猪脐带动静脉血中葡萄糖浓度差是最高的（Père and Etienne，2017）。由此可见，葡萄糖是胎猪宫内发育最主要的能量底物。

母体在妊娠到泌乳过程中，糖类物质之间存在相互转换，母体血糖浓度呈动态变化。在人类的研究中，妊娠前期，胚胎滋养层延长、母体子宫抑制免疫排斥和母胎对话的建立增加了母体对葡萄糖的利用（Freemark et al.，1988）。另外，循环中升高的雌激素、孕激素也促进了母体对葡萄糖的利用。同时，研究报道孕期肾血流量及肾小球滤过率增加，使得血浆葡萄糖浓度随妊娠进展而下降（Malcolm et al.，2012）。在母羊的研究报道中，随着妊娠的进展，胎儿的生长发育促使葡萄糖向果糖转变（Barklay et al.，1949）。胎儿需要储备糖原作为能量底物，而哺乳动物胎盘几乎不含糖原，胎儿中含量也不超过0.5%（Kim et al.，2012）。但哺乳动物内皮绒毛膜或绒毛膜胎盘可经磷酸戊糖途径或糖酵解途径将葡萄糖转换为6-磷酸葡萄糖，为孕体快速发育提供能量需要（Wooding et al.，2008）。因此，在妊娠前期和中期，母体血糖浓度出现下降的趋势。

妊娠后期，胎猪生长呈现指数型增长，相应地，营养需求在此期间也急剧增加。为了满足胎猪在妊娠后期的快速生长发育，母体集中调动脂肪储备供给自身代谢需求以节约葡萄糖，葡萄糖经胎盘转运供胎儿最大化利用。这种代偿性补救使得母猪循环中胎盘催乳素、孕激素及肾上腺皮质激素分泌量增多，抗胰岛素作用逐渐增强（Buchanan et al.，2006），外周组织胰岛素敏感性降低，促使胰岛素分泌量代偿性增加，出现胰岛素抵抗（Père et al.，2007），表现为糖耐受不良（Zhuang et al.，2019）。以母猪为例，Monier等（2010）观测到：空腹、餐后2h或4h血浆中葡萄糖浓度从分娩前3d逐渐升高，至分娩后1d达到最大值，随后逐渐降低，直到泌乳14d恢复到妊娠84d水平。需要强调的是，妊娠期84d、泌乳14d

或21d餐后2h或4h葡萄糖浓度显著高于空腹血糖浓度，而分娩后前一周，餐前和餐后2h或4h血糖浓度差异并不明显。这意味着无论是空腹前还是采食后，分娩前后一周母猪出现葡萄糖耐受不良的现象（Monier et al.，2010）。与之对应的是，不管是空腹还是摄食后2h或4h，经产母猪分娩后，前一周血浆中的胰岛素浓度同样处于较高的水平。分娩前一周，在母猪胰岛素浓度和采食量不变的情况下，无论是餐前还是餐后2h或4h葡萄糖浓度逐渐上升，说明妊娠后期和泌乳前期确实存在胰岛素敏感性降低的现象（Monier et al.，2010）。

妊娠期间，脂肪代谢也发生了截然不同的变化，表现为在前2/3妊娠时期，母体主要存储脂肪，而在妊娠最后1/3阶段期间脂肪分解代谢增强（宋彤星，2018）。此外，妊娠期间母体肥胖也促使机体脂肪分解和动员增强，进一步提高脂质水平，促进了胎盘组织中的异位脂肪积累，形成脂毒性胎盘环境（Zhou et al.，2018）。脂毒性的概念最早由Roger Unger于20世纪90年代早期提出，该作者认为过多的脂质沉积是糖尿病和代谢紊乱的原始诱因（Unger，1995）。随后20多年的研究很好地支持了这一观点。当限制脂肪组织储存脂肪的能力，或者促进脂质异位沉积时均会导致代谢紊乱（Hu et al.，2019）。已有研究表明：母猪分娩时过度肥胖造成的脂毒性胎盘环境会诱发胎盘氧化应激，导致胎盘血管发育和功能受损以及胎盘营养转运受阻，形成不良妊娠结局（Hu et al.，2019）。

二、围产期胰岛素抵抗形成原因

胰岛素抵抗是一种多因素造成的生理代谢紊乱。机体炎症增加，脂质代谢改变，以及胃肠道微生物区系的改变、线粒体功能障碍等不同程度地相互联系，共同导致生理代谢紊乱，形成胰岛素抵抗（Lebovitz，2001）。妊娠晚期，母体内拮抗胰岛素样的物质水平上升，母体胰岛素敏感性下降，所以母体增加了对胰岛素的需要量以保持生理性葡萄糖水平，同时胰岛素作用能力降低，由于妊娠期间母体无法代偿生理变化导致血糖水平提高，发生生理性胰岛素抵抗（Vejrazkova et al.，2014）。另外，有研究证实，肥胖孕妇妊娠期胎盘由于异常的脂肪沉积，形成脂毒性环境，诱发氧化应激与炎症反应现象，进一步加剧成病理性胰岛素抵抗（彭杰，2019；陈敏霞等，2020；成传尚，2019）。已有确凿证据表明：机体脂肪代谢中间产物和脂肪炎症因子是导致病理性胰岛素抵抗的主要原因，母体肥胖将导致炎症因子的不断积累，提高病理性胰岛素抵抗的发生率（Ramos-Román，2011；Glass et al.，2012）。

母体妊娠期胰岛素抵抗的具体分子机制尚不清楚，但在肥胖造成的糖尿病模型研究上已表明：脂肪新陈代谢会导致细胞内脂质产物的积累，从而导致胰岛素抵抗（Johnson et al.，2013；Chen et al.，2016）。有综述总结脂肪酸、羟脂肪酸支链脂肪酸酯（fatty acid esters of hydroxy fatty acids，FAHFAs）、二酰甘油（diacylglycerol，DAG）和神经酰胺等脂质代谢物可调节细胞内途径，影响胰岛素抵抗（Yang et al.，2018）。例如饱和脂肪酸（saturated fatty acids，SFAs）可能通过激活共同受体骨髓分化蛋白 2（myeloid differentiation protein 2，MD2）（Wang et al.，2017），来激活 Toll 样受体 4（Toll-like receptor 4，TLR4），而 TLR4 与 β 干扰素 TIR 结构域衔接蛋白（TIR-domain-containing adaptor inducing interferon-β，TRIF）和骨髓分化初级反应蛋白（myeloid differentiation protein，MyD88）结合，增加促炎症转录因子的活性，加重炎症反应。MYD88 激活可进一步增加核因子-κB（nuclear factor-κB，NF-κB）激酶，进一步磷酸化 IκB 激酶 β（inhibitor kappa B kinaseβ，IKKβ），进而推动 NF-κB 的核转位和促炎细胞因子的表达。而 SFA 激活的 TLR4 和细胞因子的产生通过激活 IKKβ 和 c-Jun 氨基末端激酶（jun N-terminal kinase，JNK）损害胰岛素信号，诱发胰岛素抵抗，但 IKKβ 和 JNK 在胰岛素信号通路中的直接靶点仍有待确定。同时，SFAs 与二酰甘油和神经酰胺的结合也通过抑制胰岛素受体、胰岛素受体底物 1（insulin receptor substrate 1，IRS1）或蛋白激酶 B 的磷酸化来损害胰岛素信号

(Copps et al., 2016)。另外，已有研究报道多不饱和脂肪酸（polyunsaturated fatty acids，PUFAs）可通过激活G蛋白偶联受体120（G protein-coupled receptor 120，GPR120）发挥抗炎作用，GPR120招募β-arrestin 2，并将TAK1结合蛋白1（TAK1 binding protein 1，TAB1）封存，抑制TAK1介导的JNK和IKKβ的激活。PUFA、FAHFAs和消退素可能通过激活巨噬细胞等抗原呈递细胞中的G蛋白偶联受体抑制细胞因子来发挥抗炎作用（Forouhi et al., 2016)，一定程度上可能发挥了缓解胰岛素信号损伤作用。

三、胰岛素抵抗对泌乳期采食量的影响

大量的研究表明，泌乳期采食量和母猪的胰岛素抵抗之间存在明显的负相关。Mosnier等（2010）在研究日粮中微量添加色氨酸是否能降低初产母猪的胰岛素抵抗以及是否对泌乳期采食量有利时发现，泌乳期间日粮添加色氨酸对增加初产母猪采食量无明显效果，但泌乳早期采食量的降低与母体胰岛素抵抗的增强具有相关性。另外有研究表明，在妊娠109天时额外添加32%玉米淀粉可能通过提高母猪的胰岛素敏感性显著降低母猪的血糖，并且提高了泌乳期的采食量（Yang et al., 2019)。Xue等（1997）也有类似的报道，在研究低营养水平（6.5Mcal ME/d）和高营养水平（11 Mcal ME/d）日粮对母猪妊娠期胰岛素敏感性和繁殖性能的影响时发现，泌乳期第15天高营养水平组母猪空腹胰岛素水平以及葡萄糖刺激下胰岛素分泌量均显著增高，葡萄糖清除速率显著降低，出现胰岛素抵抗；同时，泌乳期采食量也显著降低，并且有显著降低产活仔数和增加断奶发情间隔的趋势。相应地，提高妊娠后期或泌乳期胰岛素敏感性可促进泌乳母猪采食。Tan等（2018）通过妊娠期日粮添加可溶性纤维来提高母猪围产期胰岛素敏感性后，提高了泌乳期母猪采食量和断奶仔猪个体重、断奶窝重。Weldon等（1994）研究表明，泌乳期葡萄糖耐受能力显著降低的母猪，在妊娠期外源注射胰岛素可提高泌乳期采食量。外源注射胰岛素在某种

程度上可有效缓解胰岛素敏感性降低，其作用机制可能是通过加速机体内葡萄糖清除，最终提高母猪泌乳期采食量（Dorothee et al.，2011）。

四、葡萄糖耐受不良对新生仔猪糖脂代谢及死亡率的影响

妊娠后期母猪葡萄糖耐受量降低对仔猪死亡率有负面影响。其机制之一是胎盘肾上腺皮质激素、催乳素及孕激素分泌量增多，抗胰岛素作用有所加强（Kasser et al.，1982）。母体组织的葡萄糖使用率降低，同时胎盘对葡萄糖的转运增加，但是母体来源或外源性的胰岛素不能穿透胎盘，导致妊娠中期胎儿胰腺开始自主分泌胰岛素，诱发胎儿糖脂代谢紊乱，引起胎儿高胰岛素血症和高血糖症（Hay，2006；Brand et al.，2000）。值得注意的是，高胰岛素血症可在仔猪出生后 1～1.5h 引起极度低血糖，导致仔猪出生后死亡（Kemp et al.，1996）。同样，Gatlin 等（2002）研究发现，当妊娠后期的母猪被喂以 10%的脂肪时，母猪出现葡萄糖耐受不良，导致死胎数增加。Bikker 等（2007）在研究日粮成分对母猪葡萄糖耐受性和胰岛素抵抗的影响时发现，胰岛素抵抗程度较低的母猪其仔猪的存活率较高。由此可见，妊娠后期母猪的葡萄糖耐受量降低，最终导致胎猪葡萄糖利用率降低，死胎率升高。

五、高糖对胎盘功能的作用

高血糖是母体糖耐受不良的已知特征，高血糖对母体胎盘功能存在负面的影响（Loegl et al.，2017）。已有报道研究高葡萄糖水平对人胎盘绒毛膜癌细胞的影响，发现细胞脂质代谢和 β-脂肪酸氧化异常。过高葡萄糖浓度造成胎盘糖脂代谢异常，母体过多的葡萄糖会被酯化成甘油三酯，通过胎盘转移到胎儿脂肪组织，引起胎儿大头症（Hulme et al.，2019）。孕妇患有妊娠糖尿病时表现为高血糖，直接造成母体胎盘形态发生变化，与正常孕妇的胎盘相比，体积增大、重量增加，主要表现为绒毛不成熟，绒毛和毛细血管表面交换面积的增大以及小毛孔间隙的减少，这可能与胎盘功能受损

有关（Kc et al.，2015；Carrasco-Wong et al.，2020）。

胎盘血管内皮细胞和滋养层细胞都是胎盘组织的主要细胞类型，共同参与从母体进入胎儿的胎盘营养物质运输（Belyakova et al.，2019）。高血糖症会导致内皮细胞功能障碍，严重时引起血管生成受损，诱发糖尿病性血管并发症（Carmeliet et al.，2011；Ruzehaji et al.，2014）。也有研究报道糖耐受严重不良的妊娠期糖尿病妇女胎盘和脐带中的血管内皮细胞及微血管细胞存在功能障碍，伴随着血管生成缺陷的特性（Ruzehaji et al.，2014；Amrithraj et al.，2017）。Xing 等（2017）及 Xu 等（2019）报道高糖处理（33/30mmol/L）人脐静脉内皮细胞（human umbilical vein endothelial cells，HUVEC）后细胞活力减弱，细胞迁移数量减少，成管水平降低，抑制 VEGF 表达。研究报道糖尿病中由高血糖症引起的血管生成受损可能受 VEGF 信号传导的调控（Yu et al.，2016）。一旦被高血糖症损害，血管内皮细胞将失去调节血流、营养物质输送和血管生成的能力。

同样，目前的研究也表明高糖会改变胎盘妊娠前三个月的滋养细胞的增殖、迁移和侵袭（Belkacemi et al.，2005；Groen et al.，2015；Han et al.，2015）。体内研究指出：基质金属蛋白酶是滋养层细胞侵袭母体蜕膜及细胞外基质重塑的关键因子，在高血糖表型下滋养层细胞的基质金属蛋白酶 MMP-2 和 MMP-9 表达增加（Basak et al.，2015；Ding et al.，2018）。有人在体内大鼠糖尿病动物模型试验上同样发现，糖尿病大鼠胎盘的 MMP-2 和 MMP-9 蛋白表达量增加，同时组织金属蛋白酶抑制剂 1（tissue inhibitors of metalloproteinase-1，TIMP-1）和 TIMP-2 活性增加，推测母体糖尿病可能通过改变胚胎器官发生过程中的 MMPs/TIMPs 平衡，诱导胚胎发生畸形（Higa et al.，2011）。而体外研究表明，雷帕霉素靶蛋白（mammalian target of rapamycin，mTOR）信号通路可调节胎盘滋养层细胞（placental trophoblast cells，pTr）生物学事件，主要通过促进有丝分裂，调控 pTr 的增殖。葡萄糖可通过刺激 mTOR 信号传导途径，诱导 pTr 细胞增殖（Bazer et al.，

2018)。而高葡萄糖水平对滋养细胞侵袭的影响仍存在争议，20mmol/L、50mmol/L 葡萄糖浓度下人绒毛膜滋养层细胞（HTR-8/Svneo）的 MMP2 蛋白表达增加，侵袭功能增强（（Rong et al.，2018；Wu et al.，2021），而 Han 等（2015）报道在 5mmol/L、10mmol/L、25mmol/L 和 50mmol/L 葡萄糖浓度下，利用 Transwell 小室检测细胞迁移程度，结果显示 25mmol/L 和 50mmol/L 葡萄糖浓度下细胞迁移显著降低（Han et al.，2015）。综上所述，高糖造成胎盘细胞功能障碍，尤其会损伤胎盘血管内皮细胞的成管能力，引起血管生成受损；由此推测母猪糖耐受不良造成的高血糖可能会诱导胎盘内皮细胞血管生成功能损伤。

六、肥胖母猪胎盘脂质毒性对产仔性能的影响

母猪妊娠期肥胖造成的胎盘脂毒性环境对胎猪生长不利，导致母猪产仔性能下降。在人类医学上的研究发现，妊娠期肥胖会增加胎盘组织的脂质沉积，引发胎盘脂质毒性，导致胎盘活性氧（reactive oxygen species，ROS）水平升高，氧化应激增强（Navarro et al.，2017）。在母猪上的研究发现，肥胖母猪胎盘脂质毒性导致仔猪初生重、窝产仔重和断奶仔猪重降低。Zhou 等（2018）研究探讨了妊娠后期母猪背膘厚度对胎盘环境和母猪繁殖性能的影响，发现随着母猪背膘厚的增加，母猪和脐带血中胆固醇、高密度脂蛋白胆固醇（high density lipoprotein-cholesterol，HDL-C）和 FFA 浓度均显著升高，胎盘脂质浓度也显著增加。此外，该研究还发现，母猪背膘厚和胎盘脂质浓度与体重＜800g 的仔猪数呈正相关，而与仔猪初生重、窝产仔重和断奶仔猪重呈负相关，造成此相关性的原因可能是胎盘异位脂质堆积引起的脂毒性；同时，胎盘中炎症和氧化应激增加的胎盘脂毒性环境可能导致胎盘血管发育和功能受损，胎盘营养转运也会受阻，影响胎儿生长发育。徐涛等（2017）也有类似的发现，背膘适宜组（厚度 19～22mm）的仔猪初生重、初生窝重及胎盘效率显著高于过厚背膘组（厚度≥23mm），在后者胎盘组织中发现脂质过度沉积，加剧了胎盘氧化应激的发生，而

妊娠末期胎盘组织中 ROS 水平越高的母猪，其胎盘效率、总产仔数和仔猪初生窝重越低。还有研究表明，妊娠晚期背膘过厚会导致严重的分娩困难和死胎数增加（Zaleski et al.，1993），并且 IUGR 的比例也会增加，而仔猪断奶窝重会降低，母猪窝产仔数会减少（Kim et al.，2015）。另有研究表明，母猪妊娠晚期和泌乳期背膘的过度丢失可导致其下个繁殖周期的繁殖障碍，如窝产仔数减少和仔猪生长发育受阻（Zhou et al.，2018）。总的来说，母猪妊娠期体况对其繁殖力具有重要影响，肥胖母猪胎盘脂质毒性会导致产仔性能下降。

第二节　功能性日粮纤维调控母猪胰岛素敏感性对泌乳期采食量的影响

一、泌乳期采食量的现状及其对母猪繁殖性能的影响

泌乳期是母猪繁殖周期中最为关键的一个阶段。在这个阶段，母猪不仅要维持自身营养需要，还要分泌大量的乳汁供仔猪生长发育，并储存体组织为下个繁殖周期做准备。泌乳期采食量受胎龄、带仔数和环境温度等因素的影响。胎次增加，泌乳期采食量相应增加，但二胎后逐步达到平缓期［图 9-1（A）］。Mullan 等（1989）通过析因法计算得出产后体重 200kg 母猪带 10 头仔猪（每头仔猪日增重 200g/d）所需能量为 87.0MJ/d 的消化能。如果每千克日粮含有消化能 14.0MJ，则母猪泌乳期采食量也需要 6.2kg/d。以上估算是假定母猪泌乳期体重没有损失的情况下推算出来的。而 Koketsu 等（1996）的统计数据来自 30 个商品规模化猪场共计 25040 头平均胎次为 3.5 胎、泌乳期为 18.8 天的母猪，其平均采食量仅为 5.2kg。经遗传改良后，现代母猪需要提供更多的断奶仔猪数和断奶窝重。当泌乳母猪窝增重为 3kg/d 时，体重 300kg 的母猪需要产 79.6MJ/d 的乳，估算泌乳期采食量为 7.98kg/d

（Vignola，2009）。而 NRC（2012）给泌乳母猪估算的采食量加损耗为 6.28kg/d。以上结果提示：无论是过去还是现在，关于母猪泌乳期采食量不足的现象是普遍存在的。

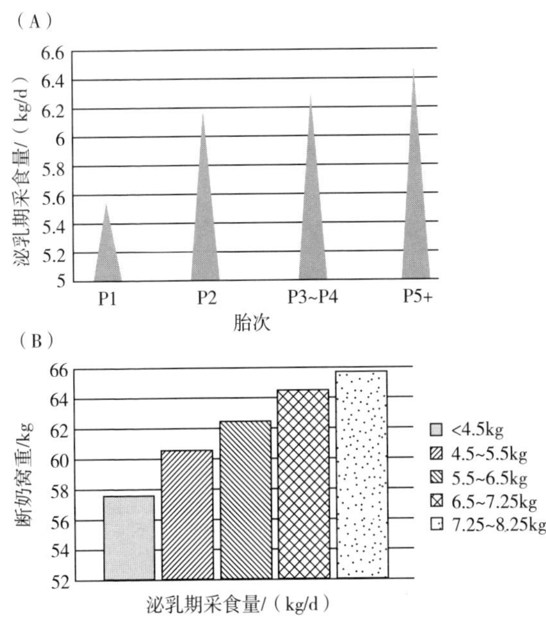

图 9-1 不同胎次母猪泌乳期采食量（A）和泌乳期采食量与断奶窝重的关系（B）

（修自于 Cozannet et al.，2018）

当泌乳母猪采食量受限制，从日粮中获取的营养物质不足以满足泌乳需要时，一方面会降低仔猪的生长速度和断奶育成率；另一方面，为了满足泌乳量的需求，泌乳母猪在采食量低下的情况下，必须动用体组织储存补偿营养物质合成时，将会导致母猪泌乳期失重。哺乳仔猪在断奶前，母乳是最主要的食物来源，断奶窝重与母猪泌乳期采食量呈显著正相关［图 9-1（B）］。初产母猪泌乳期 1～21d 平均采食量从 3.6kg/d 提高到 4.3kg/d，仔猪 1～21d 平均日增重（average daily gain，ADG）从 185.2g/d 提高到 209.7g/d（King et al.，1986）。Kruse 等（2011）总结了能繁母猪 1～26d 泌乳期采食量与仔猪断奶重的关联，发现泌乳 9～16d 及 17～26d 采食量与母猪泌乳期体损失及仔猪断奶重分别呈显著负相关和正相关。据报道，断奶前仔猪有 50%的死亡是因母猪采食量不足引起的（Kertiles et al.，1979）。

采食量不足时，还会导致母猪泌乳期过度失重（图 9-2），并降低母猪分娩率和再繁殖性能，增加淘汰率，缩短母猪种用年限。Schneider 等（2006）从 2003 年 5 月至 2005 年 4 月长期跟踪母猪泌乳期采食量与分娩率的关系发现：当母猪泌乳期采食量低于 5.5kg/d 时，其分娩率在 76%～82%之间；当泌乳期采食量在

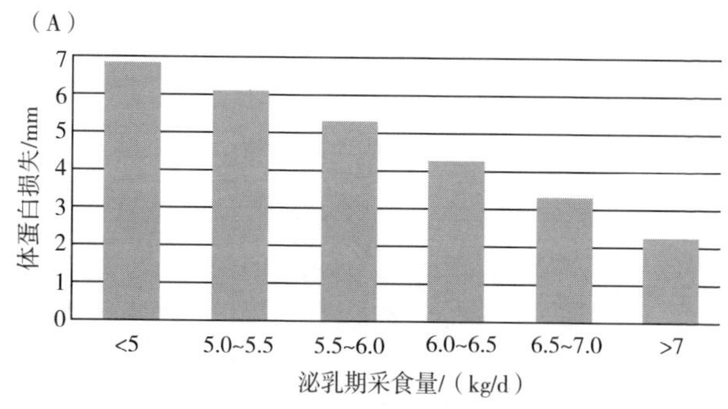

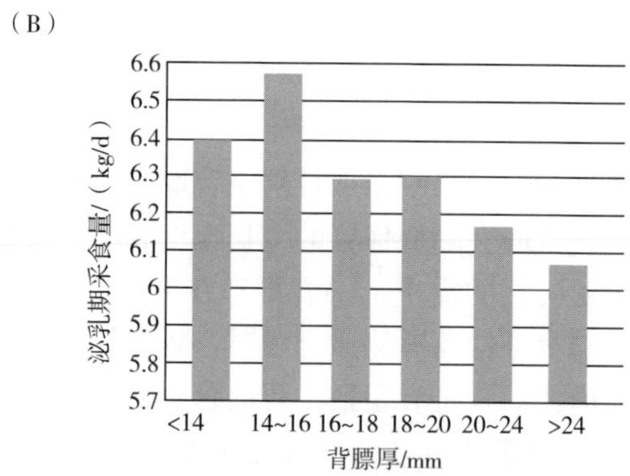

图 9-2　泌乳期采食量与体蛋白损失的关系图（A）和分娩时背膘与泌乳期采食量关系图（B）

（修自于 Cozannet et al.，2018）

5.5～6.5kg/d时，母猪分娩率在83%～88%之间。母猪泌乳期较高的采食量可提高下胎次发情率。母猪泌乳期自由采食的发情率（90%）显著高于采食量为自由采食量75%的母猪（71%）（Sulabo et al.，2010）。当母猪泌乳第三周限饲（自由采食的60%），和对照组（自由采食的90%）相比，限饲组母猪降低了下个妊娠期的胚胎重（Paterson et al.，2011）。Anil等（2006）统计499头母猪性能数据发现，泌乳期高采食量的母猪断奶时背膘增加，进而下胎次淘汰率减少，当母猪泌乳前两周采食量低于3.5kg/d时，母猪淘汰率增加。

二、功能性日粮纤维调控母猪胰岛素敏感性对泌乳期采食量的影响

大量研究表明：妊娠日粮添加纤维可提高泌乳期采食量，进而改善断奶前仔猪窝重（Quesnal et al.，2010；Sun et al.，2014；2015）。如前所述，母猪围产期采食量与胰岛素抵抗之间存在明显的负相关（Mosnier et al.，2010），机制尚不清楚。先前的研究表明肠道菌群结构的变化与母体妊娠后期代谢紊乱综合征（胰岛素抵抗、低水平炎症及氧化应激）有着密切的关联（Koren et al.，2012）。众多因素决定着动物结肠微生物结构组成，其中日粮是一个重要因素，因为大部分微生物在后肠需要降解日粮中复杂营养成分，为生存提供能量。日粮纤维逃离前肠的消化进入后肠，作为底物可充分发挥调节微生物群落结构的作用。肠道微生物利用日粮纤维的能力取决于其基因表达，特别是编码裂解糖苷键类型的碳水化合物激酶以及碳水化合物结合蛋白转运蛋白（Holscher et al.，2015）的表达。如魔芋粉来自魔芋块茎（花魔芋，*Amorphophallus konjac*），其主要含有魔芋葡甘聚糖，是含可溶性纤维含量较高的纤维来源，而魔芋葡甘聚糖的降解酶为β-甘露聚糖酶、β-甘露糖苷酶、β-葡糖苷酶及α-半乳糖苷酶，以及分属于碳水化合物激酶（carbohydrate-active enzymes，CAE）家族的糖苷水解酶1（Glycoside hyrolases，GHs）、GH2、GH4、GH113等（Gidley et al.，

1991)，调控上述降解酶的基因表达是肠道微生物充分利用魔芋纤维的首要决定因素。

Tan 等（2016，2018）研究表明：妊娠期母猪添加魔芋粉可显著提高哺乳期自由采食量，并且改善断奶窝重。魔芋粉具有很强的黏度和吸水膨胀力，可以抵抗小肠的消化，已证实魔芋葡甘聚糖作为功能性日粮纤维可以改变大鼠、成年人和母猪的结肠/粪便的微生物群组成。谭成全（2016）发现妊娠后期添加 2.2%魔芋粉改变了肠道菌群丰度。且在妊娠后期和泌乳早期发现母猪机体氧化应激增加，活性氧的过度产生已被证明是通过诱导胰岛素受体底物磷酸化和改变线粒体活性来影响胰岛素信号级联反应。有趣的是，相对于妊娠早期，在妊娠后期和哺乳早期母猪的胰岛素敏感性降低，这与在相对应的时期里出现的系统氧化应激增加相一致。需要指出的是，在这两个特殊期间，饲喂魔芋粉的母猪的胰岛素敏感性得到改善（图 9-3），这意味着日粮补充魔芋粉可能通过缓解母猪的氧化应激来改善母猪胰岛素敏感性（Tan et al.，2016）。

在妊娠期饲粮添加纤维改善母猪的胰岛素敏感性的机制尚不清楚。日粮纤维的结肠发酵可能通过产生短链脂肪酸（short chain fatty acid，SCFA），尤其是乙酸，从而产生胰岛素增敏效应。SCFA 可能通过减少脂肪酸产生来调节胰岛素敏感性。饲喂可发酵纤维能降低血清游离脂肪酸（free fatty acid，FFA）浓度。母猪饲喂魔芋粉饲粮增加了血浆中乙酸、丁酸和总 SCFA 的浓度，并且减少了 FFA 的浓度（Tan et al.，2018）。类似结果发现：饲喂 24g 菊粉 4h 后，受试者体循环中的乙酸浓度增加，且降低了脂类分解和血浆中 FFA 浓度，并且因此改善了人体胰岛素敏感性（Fernandes et al.，2011）。

妊娠日粮添加魔芋粉显著改变了肠道微生物群组成，在门水平上厚壁菌门和拟杆菌门的比例增加（谭成全，2016）。先前有报道，这些门类（类群）与人类和猪的 2 型糖尿病及胰岛素抵抗水平有关（Larsen et al.，2010）。糖尿病患者的厚壁菌门的丰度相比于非糖尿病患者更低。瘦肉型猪的空腹胰岛素水平相比于肥胖猪降低

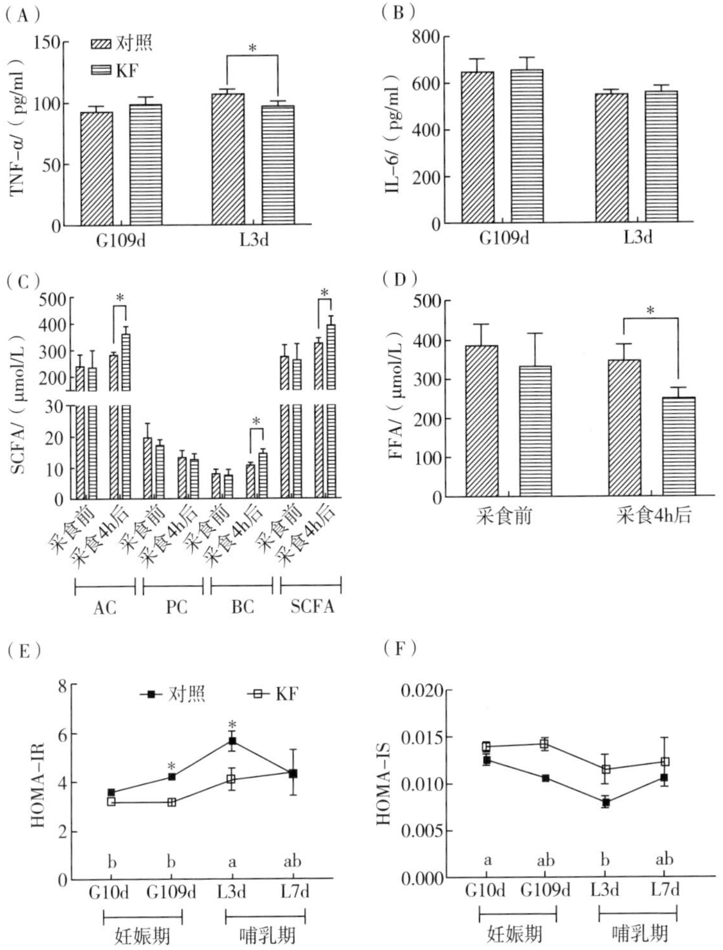

图 9-3 饲喂对照或魔芋粉日粮的母猪血浆 TNF-α（A）、IL-6（B）、SCFA（C）和 FFA（D）浓度以及 HOMA-IR（E）和 HOMA-IS（F）水平

[数据表示为平均值±标准误（$n=5$）。*—饲粮处理有显著影响（$P<0.05$）；（A）和（B）—妊娠天数有显著影响（$P<0.05$；小写字母不同的数值有显著性差异）。G109d—妊娠第 109 天；L3d—哺乳期第 3 天；SCFA—短链脂肪酸；AC—醋酸；PC—丙酸；BC—丁酸；FFA—游离脂肪酸；HOMA-IR—胰岛素抵抗水平的稳态模型评估；HOMA-IS—胰岛素敏感性的稳态模型评估；KF—2.2%魔芋粉日粮]

(15pmol/L 相比于 34.7pmol/L)，且其结肠有更高丰度的拟杆菌门（Pedersen et al.，2013)。在先前的报道中指出：魔芋粉添加可显著影响氧化应激相关的 *Lactobacillus* 和胰岛素抵抗水平相关的 *Akkermansia* 与 *Roseburia* 的丰度（Tan et al.，2016)。值得注意的是，*Roseburia* 是一种降解黏蛋白的革兰氏阴性厌氧菌，存在于肠道黏液层，且与人类和小鼠的肥胖及胰岛素抵抗有关（Everard et al.，2013)。最近的研究证明，人在高脂饮食下，口服 *Roseburia* 能显著提高葡萄糖耐受。Spearman 相关分析显示，*Akkermansia* 与 HOMA-IR 呈负相关，但与 HOMA-IS 呈正相关。这些结果意味着妊娠母猪饲粮添加魔芋粉能改善它们的胰岛素敏感性，这可能是由于 *Akkermansia* 丰度的提高（Tan et al.，2016)。

妊娠日粮添加魔芋粉提高了母猪泌乳期采食量，改善了仔猪生长性能。其可能的机理是：一方面，快速发酵的魔芋粉日粮升高了母猪血液中 SCFAs 的浓度，降低了 FFA 的浓度，从而改善了母猪妊娠后期和泌乳前期的胰岛素敏感性；另一方面，魔芋粉日粮的发酵特性改变了母猪肠道菌群的结构，提高了与胰岛素敏感性相关的菌群的丰度，降低了氧化应激及促炎因子水平，进而改善了母猪胰岛素敏感性（图 9-4，谭成全，2016)。

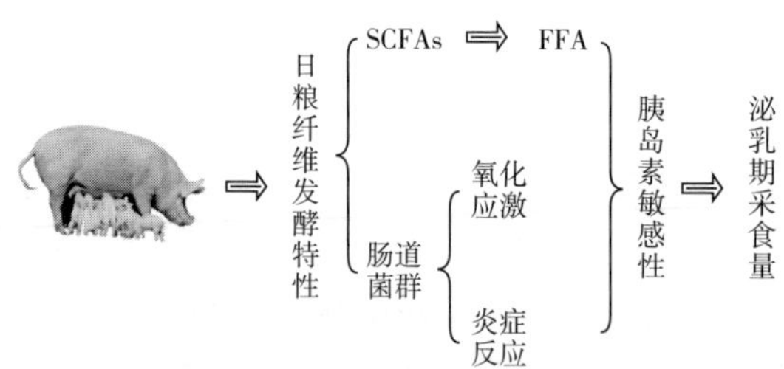

图 9-4 妊娠日粮添加魔芋粉改善母猪泌乳期采食量的可能机理

（谭成全，2016）

第三节 日粮能量来源对母猪糖脂代谢和繁殖性能的影响

一、淀粉

（一）淀粉的吸收及其对猪血糖的调节

淀粉的消化主要在小肠中进行，不同来源的淀粉其消化性能存在差异。淀粉在十二指肠与胰液、肠液、胆汁混合，其中胰腺分泌的胰淀粉酶作用于淀粉 α-1，4 糖苷键，使之降解为 α-极限糊精、麦芽三糖和麦芽糖，再通过小肠黏膜上皮细胞分泌的消化酶的作用，如异麦芽糖酶、麦芽糖酶和葡萄糖淀粉酶的水解作用，转变为葡萄糖。小肠黏膜上皮微绒毛用主动运输的方式吸收葡萄糖进入血液循环系统。剩余难以消化的淀粉进入大肠，在结肠内被微生物发酵，发酵产生脂肪酸和气体。淀粉主要是由两种具有不同结构和特征的葡萄糖聚合物组成，即直链淀粉和支链淀粉。支链淀粉的化学结构决定了淀粉的性质，不同来源淀粉在颗粒大小、直链淀粉与支链淀粉的比例以及支链淀粉的结构方面存在差异，因此其消化性能也有所不同（Englyst et al.，1982）。另外，按淀粉在动物体内的消化速度及消化程度，可划分为快速消化淀粉、慢速消化淀粉和抗性淀粉（resistant starch，RS）（张珍珍，2010）。Zobel 等（1988）研究发现，饲料淀粉中直链淀粉含量越高其消化性能越差；反之，支链淀粉含量越高越易消化。因此，支链淀粉含量高的淀粉又被称为快速消化淀粉。直链淀粉中连接葡萄糖链的氢键较强，其分子较支链淀粉分子小且分子侧链较支链淀粉长，因而直链淀粉难以被消化酶酶解，属于慢速消化淀粉。在机体小肠内几乎不降解、无法消化吸收、消化时间一般大于 120 分钟的淀粉是 RS（张珍珍，2010）。

日粮淀粉对猪血糖调节有显著影响。给母猪饲喂淀粉日粮可引起血糖和胰岛素的浓度变化。有文献报道称，淀粉比油脂更能提高母猪餐后血液的葡萄糖和胰岛素浓度（Kemp et al.，1996）。张珍珍（2010）研究不同来源淀粉日粮发现：含有69.31%支链淀粉的糯米淀粉组断奶仔猪血糖浓度升降变化幅度较大，含16.27%直链淀粉及52.65%支链淀粉的玉米淀粉组和含66.02%直链淀粉的RS组的变化则较平缓。Haralampu等（2000）在生长猪上的试验同样发现：RS组与糯米组（支链淀粉含量高）相比，血糖和胰岛素浓度峰值较低，且下降也相对缓慢，这表明日粮中不同来源淀粉对血糖变化有显著影响，即支链淀粉含量高的淀粉调节血糖浓度变化更明显。

（二）日粮淀粉对母猪繁殖性能的影响

淀粉是日粮中谷物类碳水化合物的主要成分，也是猪生长所需能量的主要来源，占养殖总生产成本的一半以上。表9-1总结了近年来日粮淀粉对母猪繁殖性能的影响。妊娠期或泌乳期日粮中提高日粮淀粉水平对母猪繁殖性能有积极影响。增加妊娠期的淀粉水平，可增加仔猪的出生重和存活率（van der Peet-Schwering et al.，2004；Gerritsen et al.，2010；Almond et al.，2015）；增加泌乳期日粮中的淀粉含量能提高产奶量，有益于仔猪的生长（van der et al.，1987；Jones et al.，2012）。

表9-1　日粮淀粉对母猪繁殖性能的影响

淀粉来源	添加时间	作用效果	参考文献
35.5%淀粉 26%淀粉	G_{60}—L_{21}	高淀粉日粮组其仔猪出生后14d的平均初生重、存活率和母猪产奶量提高	Gerritsen et al.，2010
28.1%木薯淀粉 6.6%棕榈油	G_{70}—G_{110}	油脂组母体葡萄糖耐受不良，仔猪死亡率增加，母猪妊娠期采食量较低	Almond et al.，2015
额外添加360g/d小麦淀粉 额外添加164g/d大豆油	G_{85}—L_1	淀粉组与油脂组相比，死胎数有减少的趋势，且初生重增加；油脂组母猪葡萄糖耐受性较差	van der Peet-Schwering et al.，2004

续表

淀粉来源	添加时间	作用效果	参考文献
3.0%豆油 3.0%鱼油 32%玉米淀粉	G_{85}—L_1	对产仔数、产活仔数、仔猪断奶数均无显著影响，淀粉组仔猪初生重增加，死胎数呈下降趋势	Yang et al., 2019
27.4%小麦淀粉 15.7%大豆油 15.7%中链脂肪酸酯	G_{100}—L_1	淀粉组与其他组相比胰岛素抵抗程度降低	Newcomb et al., 1991
450g/d 淀粉+葡萄糖 750g/d 淀粉+葡萄糖 950g/d 淀粉+葡萄糖	G_1—G_{110}	淀粉摄取量最低时，仔猪出生重和产仔重均最低	Bikker et al., 2007
牛油（脂肪 134.9g/kg） 玉米淀粉（淀粉 380.9g/kg）	L_3—L_{22}	在低能量水平下，相对于高脂肪日粮，高淀粉日粮母猪采食量较高	van der Brand et al., 2000
38%淀粉 14.9%淀粉	G_{60}—L_{21}	高淀粉组泌乳量和乳糖含量高于低淀粉组，但乳脂含量较低	van der Aar et al., 1987
14.8%大豆油 30%玉米淀粉	L_1—L_{28}	相对于高脂肪日粮，高淀粉日粮组胰岛素抵抗程度降低，母猪产奶量较高，仔猪断奶重和断奶仔猪成活率提高	Jones et al., 2012
正常玉米（34.5%RS） 高直链玉米（76.5%RS）	G_{30}—L_{21}	高 RS 日粮在不影响仔猪生产性能的前提下，可诱导泌乳母猪产生脂肪酸动员，提高乳脂率，增加了肠道细菌的丰富度	Yang et al., 2019

注：G 表示妊娠、L 表示泌乳，如“G_{60}—L_{21}”表示添加时间由妊娠第 60 天到泌乳第 21 天。

在母猪妊娠日粮中，淀粉作为能量来源对母猪繁殖性能的作用优于油脂。Gerritsen 等（2010）的研究表明：在妊娠后期提高母猪日粮淀粉水平可以提高仔猪出生后 14d 的平均初生重和存活率。Almond 等（2015）研究表明在整个妊娠期间使用棕榈油替代淀粉日粮导致母体葡萄糖耐受不良、仔猪死亡率增加。而 van der Peet-Schwering 等（2004）在妊娠 85d 到分娩前在非淀粉多糖日粮中每天分别额外添加 360g 淀粉（小麦淀粉）、164g 油脂（大豆油），发现淀粉组与油脂组相比，死胎数有减少的趋势。Yang 等（2019）在妊娠第 85 天开始以 3 种不同日粮饲喂母猪，即豆油组（基础日粮+3.0%豆油）、鱼油组（基础日粮+3.0%鱼油）和玉米淀粉组（基础日粮+32%玉米淀粉），玉米淀粉组显示了仔猪初生窝重增加和死胎率下降。据相关报道（Père et al.，2017），淀粉较油脂而言，改善母猪繁殖性能的原因可能是由于淀粉的生糖能力较油脂强，母猪主要通过消耗淀粉来产生能量，而不是低效的脂肪动员（Yang et al.，2019）。

母猪饲喂高淀粉日粮可能因葡萄糖利用率增加，改善了其泌乳性能。van der Brand（2000）研究表明：在 33MJ NE/d 的低能量水平下，高淀粉日粮组母猪泌乳期采食量高于高脂肪日粮组。van der Aar 等（1987）研究发现：高淀粉组母猪泌乳量和乳糖含量都高于低淀粉组，泌乳量的增加可能是由于高淀粉日粮组中对乳腺的葡萄糖供应增加，继而生产了更多乳糖。Jones 等（2012）研究发现：与饲喂豆油相比，饲喂玉米淀粉的母猪其断奶仔猪数增加，断奶重提高；豆油组母猪餐后血糖和胰岛素浓度升高幅度较低，对葡萄糖的有效利用有限，这可能是豆油组仔猪断奶重比玉米淀粉组较低的原因。

几乎全部为直链淀粉的 RS 对改善母猪的泌乳性能及其肠道菌群结构有一定作用。Yan 等（2017）给妊娠母猪饲喂正常（低 RS 含量）和高直链（高 RS 含量）玉米淀粉日粮，发现高 RS 日粮使泌乳母猪血清甘油三酯（triglyceride，TG）水平、非酯化脂肪酸（nonesterified fatty acid，NEFA）浓度和乳总固体含量增加，并使泌乳母猪乳脂肪含量及粪便中细菌种群多样性增加。这些结果表明：高 RS 日粮在不影响断奶仔猪生产性能的前提下，可使母猪动员脂肪酸，增加母猪肠道细菌的丰富度，增加乳汁的营养浓度。Haenen 等（2013）用含 34% RS 的日粮饲喂 22 月龄母猪后，发现母猪结肠内有益于健康的丁酸柔嫩梭菌数量升高，而变形菌门中埃希氏菌属、假单胞杆菌等致病菌数量减少。RS 的本身特性表明，它在肠道内几乎全部进入大肠发酵，在小肠上的作用很弱，通过发酵的方式产生 SCFA 和气体。SCFA 的增加可以降低肠道内的 pH，从而抑制腐生菌的生长，对肠道及机体健康起到保健作用（Cummings et al.，1987）。日粮淀粉作为一种重要的能量物质，可以直接和间接地影响母猪的繁殖性能。支链淀粉易消化且能更好调节血糖，母猪日粮添加支链淀粉比例较高的玉米淀粉有望改善产仔性能和泌乳性能。直链淀粉可通过肠道发酵产生 SCFA 来改善母猪的泌乳性能和肠道菌群结构。

二、油脂

（一）油脂的吸收及其在饲料中的应用

油脂的消化主要在小肠中进行，最终主要以脂肪酸的形式存在和发挥作用。油脂在十二指肠部分与大量肠液和胆汁混合，由胰酶等水解，形成脂肪酸和甘油。其中，中链脂肪酸（medium chain fatty acid，MCFA）可穿过小肠黏膜上皮细胞和血管上皮细胞，经肝脏门静脉在肝脏吸收。其他脂肪酸和甘油重新合成 TG，然后与胆固醇等结合于载脂蛋白，形成的乳糜微粒胞吐进入淋巴管后参与体内循环，进入血液。小肠上皮细胞还能合成极低密度脂蛋白（very low density lipoprotein，VLDL）、低密度脂蛋白（low density lipoprotein，LDL）和高密度脂蛋白（high density lipoprotein，HDL）。血液中的脂类主要是以脂蛋白的形式转运，这些脂蛋白包括上述乳糜微粒、VLDL、LDL 和 HDL，因含有蛋白质基团而具有水溶性，进入血液后的脂类得以转运，很快到达脂肪组织、肌肉、肝脏和乳腺等，在毛细血管壁的酶作用下分解成 FFA

后被吸收利用（卓清，2016）。

油脂是由甘油和脂肪酸组成的混合物，油和脂通常分别是指在常温下呈液态的植物油和呈固态的动物油（王建平等，2009）。脂肪酸按其碳链长度可分为长链脂肪酸（≥12 个碳原子）、MCFA（6～12 个碳原子）和 SCFA（≤6 个碳原子）。目前，营养学上认为最重要的脂肪酸有 n-3 和 n-6 两类多不饱和脂肪酸（polyunsaturated fatty acid，PUFA），n-3 PUFA 主要包括 α-亚麻酸（α-linolenic acid，ALA，C18：3）、二十碳五烯酸（eicosapentaenoic acid，EPA，C20：5）和二十二碳六烯酸（docosahexaenoic acid，DHA，C22：6），n-6PUFA 包括 γ-亚麻酸（γ-linolenic acid，C18：3）、亚油酸（linoleic acid，LA，C18：2）和花生四烯酸（arachidonic acid，AA，C20：4）。其中主要是必需脂肪酸参与体内物质代谢的调节，包括 ALA、LA 和 AA。

油脂经常被添加到母猪妊娠料及泌乳料中，以增加能量水平，从而增加日粮能量摄入（管武太，2014）。油脂是动物重要的能量和必需脂肪酸来源，其能值和必需脂肪酸组成因油脂来源不同而不同。鱼油富含 n-3 PUFA，尤其是 EPA 和 DHA，也含一定的 n-6 PUFA，如鲱鱼油和鲑鱼油都含高于 2%的 n-6 PUFA。葵花籽油富含 n-6 PUFA，其脂肪酸构成和菜籽油相似，都含有丰富的 LA。棕榈油主要由棕榈酸、油酸和 LA（10%）组成。MCFA 在日粮中以中链甘油三酯（medium chain triglyceride，MCT）的形式主要存在于椰子油和棕榈油等植物油中，己酸至癸酸（C6：0～C10：0）含量在椰子油中约为 15%，棕榈油中的 C6：0～C10：0 含量约 8%（杨金堂等，2009）。SCFA 又称挥发性脂肪酸，是前肠剩余未消化的碳水化合物（RS、非淀粉多糖和寡糖等）及内源性底物在大肠微生物发酵作用下的产物，主要包括乙酸、丙酸和丁酸等（Bugaut et al.，1993）。

在妊娠母猪体内，油脂吸收后的代谢具有以下特点：在妊娠最后 1/3 阶段，母体处于脂肪分解代谢的阶段，脂肪组织脂肪酶活性增强，血浆中 FFA 和甘油进入肝脏的水平增加；TG 的分泌也随

之增加。母体在日粮中获得必需脂肪酸，通常以乳糜-TG 的形式存在于母体血浆，母体 TG 不能直接跨越胎盘屏障，而是通过胎盘脂蛋白脂酶（placental lipoprotein lipase，LPL）和其他脂肪酶水解，将脂肪酸释放给胎儿，使其获得母体中的必需脂肪酸（Herrer et al.，2000）。总之，母猪妊娠后期和泌乳期日粮中添加油脂有利于提高母猪的能量供应和脂肪代谢，这也是增加仔猪体内必需脂肪酸供应的有效途径（Bugaut et al.，1993）。

（二）日粮油脂对母猪繁殖性能的影响

油脂在母猪日粮中的应用十分广泛，表 9-2 总结了近年来日粮添加油脂对母猪繁殖性能的影响。在母猪日粮中添加富含 *n*-3 及 *n*-6 PUFA 的油脂，对繁殖性能的影响仍有一定争议，大部分研究表明：母猪妊娠后期添加富含 *n*-3 及 *n*-6 PUFA 的油脂对母猪产活仔数、总产仔数、仔猪初生窝重和个体重等产仔性能无显著影响。Tanghe 等（2013）在日粮中添加不同比例亚麻油和鱼油后对母猪总产仔数及产活仔数无显著影响。Eastwood 等（2014）在母猪妊娠和泌乳日粮中添加 3 种不同比例的 *n*-6/*n*-3 PUFA（9∶1、5∶1、1∶1），结果表明其对总产仔数和初生重均无显著性影响。Corson 等（2008）在母猪妊娠期添加富含 *n*-6 PUFA 的葵花籽油，结果对产仔性能并无显著影响。然而，Rooke 等（2001）的研究结果表明，在母猪日粮中添加富含 *n*-3 PUFA 的油脂有提高仔猪初生重的趋势。Laws 等（2007）的研究发现，在母猪日粮中添加葵花籽油降低了仔猪初生重。也有研究认为，在母猪妊娠期添加鱼油会降低总产仔数（2009）。Roseroa 等（2016）研究发现添加富含 LA 的混合油对经产母猪下一胎次产仔数有积极影响。

目前产生争议的原因可能是因为添加的剂量不同或饲养环境差异。陈进超（2019）总结部分研究发现：母猪日粮添加 1%～3%富含 *n*-3 PUFA 的油脂比较适合，添加量过高（8%～10%）不仅会提高饲料成本，而且可能会给母猪的繁殖性能带来负面影响。

表 9-2　日粮油脂对母猪繁殖性能的影响

油脂来源	添加时间	作用效果	参考文献
亚麻油 鱼油	G_1—G_{113}	对总产仔数和产活仔数无显著性影响	Tanghe et al.，2013
不同比例的 n-6/n-3 PUFA（9∶1、5∶1、1∶1）	G_{80}—L_{28}	对总产仔数和仔猪初生重均无显著影响	Eastwood et al.，2014
10%葵花籽油 10%棕榈油	G_1—G_{109}	棕榈油组产仔数及产仔窝重增加，葵花油组无显著影响	Corson et al.，2008
0 或 5 或 10 或 20g/kg 鲑鱼油（n-3PUFA）	G_{60}—G_{115}	有提高仔猪初生重的趋势，降低死亡率	Rooke et al.，2001
10%鱼油 10%棕榈油 10%葵花籽油	G_{60}—G_{115}	对死胎数、产仔活数均无显著影响，葵花籽油降低了仔猪初生重，4%鱼油对初生重无显著影响	Laws，2007
鱼油（总脂肪的 21%为 n-3PUFA，约 13%为 EPA，13%为 DHA）	G_1—L_{19}	降低总产仔数，提高母猪乳汁中免疫球蛋白和必需脂肪酸含量	Gabler et al.，2009
4%的油菜籽油、玉米油和亚麻籽油的混合物	L_1—L_{28}	添加亚油酸对下一胎次产仔数有积极影响，亚油酸和亚麻酸对母猪采食量和死胎率无显著影响	Roseroa et al.，2016
1%亚麻油 1%鱼油	G_{73}—L_{21}	两种处理的断奶仔猪个体重无差异	Tanghe et al.，2014
鱼油、棕榈油、大豆油、混合油（妊娠期 3%，泌乳期 4%）	G_{90}—L_{21}	对总产仔数、产活仔数、仔猪初生窝重和初生平均个体重等产仔性能无显著影响，鱼油和大豆油显著提高仔猪断奶成活数、断奶头数和窝增重	晋超，2011

续表

油脂来源	添加时间	作用效果	参考文献
11%玉米淀粉 5%大豆油	G_{35}—L_{21}	对总产仔数、产活仔数、仔猪初生平均个体重和初生窝重、断奶仔猪数无显著差异，但大豆油组仔猪断奶个体重、断奶窝重和断奶成活率显著高于淀粉组	Qninniou et al.，2008
0.5%*n*-3 PUFA	G_1—L_{21}	对死胎数没有显著影响，但显著提高了母体和仔猪体内必需脂肪酸的含量	Smit et al.，2015
10%的中链甘油三酯	G_{91}—L_{21}	提高了体重小于900g的仔猪存活率、仔猪育成率和断奶数	Azain，1993
10%中链甘油三酯 10%动物油脂 （长链甘油三酯）	G_{90}—L_{21}	对仔猪初生重均无显著影响，中链甘油三酯组母猪产后失重减少，所产仔猪的平均日增重和断奶重显著提高	Gatlin et al.，2002
10%大豆油、 椰子油和MCT	G_{83}—L_{28}	出生重、断奶重无显著差异。中链甘油三酯和椰子油组都能提高仔猪出生后存活率，中链甘油三酯组所产仔猪（3日龄内）的存活率最高	Jean et al.，1999

注：G表示妊娠、L表示泌乳，如“G_{80}—L_{28}”表示添加时间由妊娠第80天到泌乳第28天。

在泌乳性能方面，添加*n*-6和*n*-3 PUFA可提高母乳品质。Gabler等（2009）发现妊娠后期和泌乳期日粮中添加*n*-3 PUFA除了可增加母猪的能量摄入量，还能提高母猪乳汁中免疫球蛋白和必需脂肪酸含量。Innis等（2007）也发现，以*n*-6和*n*-3 PUFA添加母猪日粮后，初生仔猪组织中长链PUFA的浓度增加，这些脂肪酸可增强仔猪神经发育，改善仔猪免疫反应和增强仔猪肠道屏障功能。Smit 等（2015）也发现，补充 n-3 PUFA 对母猪繁殖性能无显著影响，但显著提高母体和仔猪体内必需脂肪酸的含量，改善母猪乳品质，这可能为提高泌乳仔猪生长性能提供了条件。

MCFA 对母猪产仔性能有积极作用。能量供给不足是导致新生仔猪死亡和淘汰的关键因素。MCFA 在妊娠期间易被氧化生成酮体，能穿过胎盘，用于胎儿葡萄糖和脂类的合成，从而提高初生仔猪的能量贮存和生存能力（杨金堂，2009）。Azain（1993）从妊娠 91d 到仔猪断奶在母猪日粮中添加 10%的 MCT 后发现，添加 MCT 能提高体重小于 900g 的仔猪的存活率，也能提高仔猪育成率和断奶数。Gatlin 等（2002）的试验表明，相比于对照组，日粮中添加 10%MCT 的母猪所产仔猪的平均日增重和断奶重显著提高。Jean 等（1999）从妊娠 83d 到产后 28d 给妊娠母猪分别饲喂 MCT、大豆油和椰子油，结果发现，MCT 和椰子油都能提高仔猪出生后存活率（特别是初生重小于 1100g 的仔猪），且 MCT 组三日龄内的仔猪存活率最高（98.6%）。总体来说，用富含 MCT 的植物油如椰子油等饲喂妊娠后期母猪，能改善其产仔性能，表现为提高低初生重的仔猪存活率。

SCFA 在一定程度上可提高母猪繁殖性能。例如，母猪日粮中添加丁酸钠能提高母猪采食量和减少产后失重，还能提高乳质及提高仔猪的初生重和断奶重。目前研究认为，添加量在 0.1%～0.3%比较合适（陈进超，2019）。但 SCFA 改善母猪繁殖性能的具体机理目前尚不清楚，有待进一步研究。

三、不同糖耐量下淀粉和豆油日粮对母猪繁殖性能的影响

母猪在妊娠后期，为了将葡萄糖运输至胎儿，母体会形成一种可逆的胰岛素抵抗，以减少葡萄糖被母体外周组织利用，降低胰岛素敏感性（Corson et al.，2008）。妊娠母猪糖耐受不良与其繁殖性能密切相关。有文献提出了母猪糖耐受不良可能是仔猪断奶前高死亡率的潜在原因（10%～13%）（Phillips et al.，1982）。此外，研究还显示，根据葡萄糖耐量测试（glucose tolerance tests，

GTT)，仔猪死亡率与葡萄糖曲线特征如曲线下面积（area under the curve，AUC)、葡萄糖清除动力学等呈正相关（Kemp et al.，1996)。在葡萄糖代谢异常的影响下，母体胎儿体重偏低。迄今为止，鲜有关注母猪的糖耐量状况及其对后代发育的影响。因此，认识晚期妊娠母猪的糖耐受状态并制定相关的饲喂策略以减轻糖耐受不良对改善母猪繁殖性能至关重要。前文已提到妊娠母猪通常饲喂富含淀粉或脂肪日粮以促进胎儿的快速生长，且母猪日粮中淀粉和脂肪浓度与血液中葡萄糖清除时间有关（Kasser et al.，1981；Père and Etienne，2007)。已有文献报道妊娠后期添加淀粉补充能量可改善糖耐受不良，但对死胎猪无影响（van der Peet-Schwering et al.，2004)。也有研究表明，在妊娠期日粮添加脂肪导致母体糖耐受不良，且可能与死胎仔猪数量减少有关（Almond et al.，2015）。由此可见，母体日粮对母猪胰岛素抵抗及仔猪生产性能的调节作用尚无定论。

另外，肠细胞刷状边缘酶活性降低，导致肠细胞长时间对消化性病原体和异源物质开放，这可能增加了仔猪死亡率（Ferenc et al.，2014)。宫内生长受限的新生仔猪小肠中参与葡萄糖和能量代谢的关键酶表达降低，黏膜和肌肉层的厚度减小，从而不断损害肠的发育（Wang et al.，2010)。此外，在妊娠后期及分娩前，子宫内环境（例如营养水平）会对胎儿的肠道形态和功能进行精细调节(Père et al.，2007；Pinheiro et al.，1982)。以上提示：母猪日粮中添加脂肪和淀粉影响仔猪的肠道生长，从而影响后代的生长。日粮脂肪或淀粉已被证明会影响妊娠母猪葡萄糖代谢，但这种影响是否受母体糖耐量状态的影响尚待阐明（Kasser et al.，1981；Père et al.，2007)。同样，尚不清楚母猪糖耐受不良是否会通过肠道的形态和酶活性损害胎儿的肠功能，并导致后代生长不良。基于上述事实，Yang 等（2019）研究了妊娠后期及哺乳期母猪糖耐量状态和日粮不同能量来源（脂肪和淀粉）对母猪及后代的影响。试验选取共 120 头经产母猪（大白×长白二元母猪），在妊娠 75d 时通过餐试验测定母猪的糖耐受。根据 AUC 的大小，从 120 头母猪中选取88头母猪，胎次为3～6（3.19±0.15），将AUC值在平均值减0.5倍标准差的以下水平的母猪划为正常糖耐受母猪（normal glucose tolerance，NGT），将AUC值在平均值加0.5倍标准差的以上水平的母猪划为糖耐受不良母猪（glucose intolerance，GIT），最终88头母猪被纳入为正式试验猪（表9-3）。在妊娠75d时，将88头受试猪随机平均分配到两个日粮处理中：豆油日粮（基础日粮在妊娠后期和哺乳期分别添加3.0%和5.0%的大豆油，$n=22$）和淀粉日粮（基础日粮在妊娠后期和哺乳期分别添加32%和42%的玉米淀粉，$n=22$）。表9-3显示，妊娠75d GIT组餐后0～120min时的葡萄糖AUC值［GIT（537.9）*vs* NGT（506.5），$P<0.01$］显著高于NGT组，同时空腹0min、60min、90min和120min餐后血糖浓度也有相同结果（$P<0.05$），表明GIT组母猪的葡萄糖清除率较低。该结果证明了妊娠母猪的糖耐量不良和正常糖耐量模型的成功构建。

表9-3　母猪妊娠75天血糖及血糖曲线下面积

项目	GIT组[①]	NGT组[①]	*P*值
样本数	44	44	
血糖/（mmol/L）			
空腹血糖	3.66	4.01	<0.01
餐后30min血糖	4.50	4.28	0.07
餐后60min血糖	5.07	4.41	<0.01
餐后90min血糖	4.35	4.13	<0.01
餐后120min血糖	4.36	4.13	0.01
AUC/［mmol/（L·min）］			
0～60min AUC[②]	265.94	254.66	0.02
0～12min AUC[②]	537.89	506.49	<0.01

① NGT组为正常糖耐受组，GIT组为糖耐受不良组。

② AUC为血糖曲线下面积。

母猪日粮添加大豆油和淀粉对NGT组母猪和GIT组母猪的糖耐量的影响见图9-5。妊娠第109天，与NGT组相比，GIT组母猪餐后0～120min葡萄糖AUC较高（$P<0.05$），这与妊娠75d结果一致。妊娠母猪已被证实在分娩时具有严重的糖耐量不良（Père et al.，2007）。与NGT组相比，GIT组在妊娠109d母猪血浆胰岛素增加，这可能与糖耐量降低有关。据报道，胰岛素抵抗是由于胎盘激素产物对胰岛素的脱敏作用所致，通常与胰腺β细胞分泌的胰岛素增加有关，以补偿妊娠的胰岛素抵抗（Phillips et al.，1982）。该试验结果表明，与豆油组相比，日粮添加淀粉在妊娠第109d显著增加HOMA-IS值、降低HOMA-IR值，且与母体糖耐量状态无关，这与van der Peet-Schwering et al.，（2004）、Almond et al.，（2015）及Brunzell et al.，（1971）的结果一致。造成这种结果的一种解释可能是妊娠109d淀粉组的血糖降低；而以前的研究表明高淀粉日粮会降低血浆葡萄糖，空腹血浆胰岛素水平同时下降，组织胰岛素敏感性增加，提示着对葡萄糖水平的反调节（Verdonk et al.，1981；Bonora et al.，2000），推断出通过糖苷键的水解产生葡萄糖的淀粉在血糖清除方面比脂肪更有效。

母猪日粮添加高淀粉对母猪和仔猪的生产性能有很大影响，且影响的生产指标随母体糖耐量状态的不同而不同。母猪日粮添加高淀粉增加了仔猪初生重和断奶重，并降低死胎率，且与母猪的糖耐量状况无关（图9-6），这与以前的研究一致（Jones et al.，2012；Drozdowski et al.，2010）。仔猪体重的差异可归因于胎儿肠道生长和发育的差异。由于仔猪的小肠中吸收的养分最多，因此肠道通常会在分娩前的最后几周迅速发育，这对于实现促进完整的肠道生长和消化活性的成熟至关重要（Funston et al.，2010；Lalles，2013）。胎猪体重的减少证明了母体养分对胎儿肠道成熟的影响（Wright et al.，2010）。与豆油组相比，淀粉组在LBW或NBW仔猪中回肠或空肠的绒毛高度增加，在NBW仔猪中回肠的绒毛高度/隐窝深度值增加（表9-4），表明淀粉增加了肠道表面积，提高了吸收养分的能力，有助于仔猪断奶。

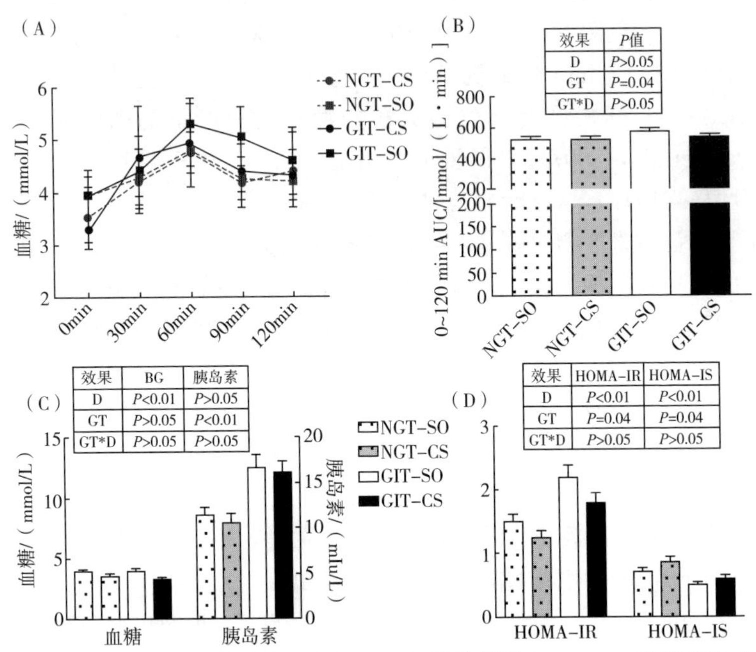

图 9-5 日粮能量来源及糖耐受对妊娠 109d 母猪餐后 0～120min 的餐实验(A)、AUC(B)、血糖和胰岛素(C)以及 HOMA-IR、HOMA-IS(D)的影响

NGT-CS—正常糖耐受淀粉组；NGT-SO—正常糖耐受豆油组；

GIT-CS—糖耐受不良淀粉组；GIT-SO—糖耐受不良豆油组

此外，仔猪肠道上皮细胞的消化酶活性也得到了充分的发展，以供产后营养物质的利用。碳水化合物是最重要的能量来源，例如乳糖可提供母乳中 25%的能量，这对新生仔猪的发育极为重要(Corring et al.，1978；Pluske et al.，1996；Church et al.，1978；Kluess et al.，2010)。在猪小肠刷状缘细胞发现了多种二糖酶，例如乳糖酶、麦芽糖酶和蔗糖酶。在该研究中，饲喂高淀粉母猪的仔猪小肠的乳糖酶、蔗糖酶和麦芽糖酶的活性得到了改善，这表明补充淀粉可以提高对营养物质(特别是碳水化合物)的消化能力，进一步增加仔猪断奶重(Theil et al.，2014)。有趣的是，糖耐受不

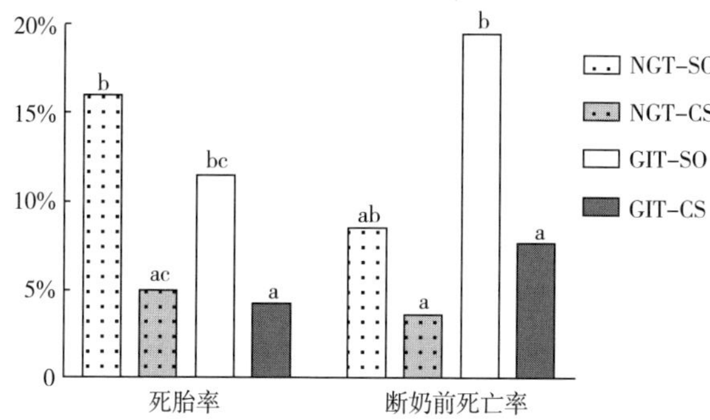

图 9-6 能量来源和糖耐量对仔猪死胎率和断奶前死亡率的影响

NGT-CS—正常糖耐受淀粉组；NGT-SO—正常糖耐受豆油组；
GIT-CS—糖耐受不良淀粉组；GIT-SO—糖耐受不良豆油组

良降低了 LBW 仔猪空肠和 NBW 仔猪回肠的蔗糖酶活性，而通过饲喂淀粉日粮，蔗糖酶活性恢复至正常糖耐受水平，这是淀粉改善由糖耐受不良引起的肠道消化能力下降的重要证据（表 9-4）。

表 9-4 日粮能量来源及糖耐受对仔猪小肠形态及酶活的影响

项目	NGT①		GIT①		P 值②		
	NGT-SO	NGT-CS	GIT-SO	GIT-CS	GT	D	GT×D
仔猪样品数	6	6	6				
LBW							
空肠							
空肠绒毛高度/μm	512.92	660.79	626.36	717.24	0.11	0.03	0.58
空肠隐窝深度/μm	57.43	60.94	61.67	64.93	0.45	0.53	0.98
空肠绒毛高/隐窝深	9.54	11.09	10.49	11.74	0.23	0.04	0.81
乳糖酶/（U/mg 蛋白）	64.31	85.19	83.47	77.24	0.56	0.44	0.16
蔗糖酶/（U/mg 蛋白）	1.52	1.58	0.62	1.51	<0.01	<0.01	<0.01

续表

项目	NGT①		GIT①		P 值②		
	NGT-SO	NGT-CS	GIT-SO	GIT-CS	GT	D	GT×D
麦芽糖酶/（U/mg 蛋白）	5.42	6.16	4.36	6.11	0.41	0.07	0.44
回肠							
回肠绒毛高度/μm	475.89	547.56	477.10	618.70	0.27	<0.01	0.28
回肠隐窝深度/μm	50.97	54.32	59.58	58.62	0.15	0.78	0.62
回肠绒毛高/隐窝深	9.98	10.42	9.37	10.98	0.97	0.14	0.39
乳糖酶/（U/mg 蛋白）	22.76	26.01	19.72	21.83	<0.01	0.02	0.58
蔗糖酶/（U/mg 蛋白）	1.24	1.59	0.95	1.56	0.17	<0.01	0.28
麦芽糖酶/（U/mg 蛋白）	6.22	7.34	6.45	6.93	0.41	0.07	0.44
NBW							
空肠							
空肠绒毛高度/μm	593.84	772.87	641.08	752.37	0.74	<0.01	0.41
空肠隐窝深度/μm	53.23	65.09	76.70	68.12	0.01	0.73	0.04
空肠绒毛高/隐窝深	11.62	12.59	8.92	11.36	<0.01	0.02	0.27
乳糖酶/（U/mg 蛋白）	78.75	98.73	59.93	83.17	0.04	0.01	0.84
蔗糖酶/（U/mg 蛋白）	1.80	2.53	1.56	2.20	0.09	<0.01	0.78
麦芽糖酶/（U/mg 蛋白）	6.91	9.91	7.26	8.33	0.50	0.03	0.30
回肠							
回肠绒毛高度/μm	501.20	550.12	538.24	624.36	0.14	0.08	0.61
回肠隐窝深度/μm	51.26	52.31	56.02	52.71	0.41	0.72	0.49
回肠绒毛高/隐窝深	10.36	10.94	9.79	12.10	0.55	<0.01	0.10
乳糖酶/（U/mg 蛋白）	26.20	37.61	23.51	31.06	<0.01	<0.01	0.18
蔗糖酶/（U/mg 蛋白）	2.42	2.18	1.45	2.52	0.02	<0.01	<0.01

续表

项目	NGT①		GIT①		P 值②		
	NGT-SO	NGT-CS	GIT-SO	GIT-CS	GT	D	GT×D
麦芽糖酶/（U/mg 蛋白）	7.37	8.51	7.85	7.30	0.50	0.03	0.30

① NGT-CS—正常糖耐受淀粉组，NGT-SO—正常糖耐受豆油组，GIT-CS—糖耐受不良淀粉组，GIT-SO—糖耐受不良豆油组。

② GT—母猪糖耐量效应，D—母猪日粮效应，GT×D—母猪糖耐量与日粮效应互作。

先前的研究表明妊娠母猪的糖耐受不良是影响仔猪出生后存活的危险因素（Kemp et al.，1996；Muns et al.，2016）。在该研究中，仅在母体糖耐受不良下，淀粉降低断奶前死亡率（图 9-6），这表明可能由于淀粉具有改善胰岛素抵抗的能力，在糖耐受不良状态下有助于改善仔猪的死亡率。这种差异的另一种解释是仔猪在寄养后出生体重的范围不同［GIT（1.5）*vs* NGT（1.6），尽管无统计学差异］。许多证据表明，出生体重是决定仔猪存活率的最重要因素，直接影响体温调节能力和生长发育（Chris et al.，2012；Herpin et al.，2002；Panzardi et al.，2013）。Chris 等（2012）将低体重仔猪定义为体重在 0.8～1kg，高体重仔猪（high-birth-weight，HBW）定义为体重在 1.8kg 以上。低出生体重仔猪竞争力差、经常在断奶前死亡（Quiniou et al.，2002）。多项研究表明，HBW 仔猪（个体出生体重为 1.8kg）的存活率超过 90%（Chris et al.，2012）。在该研究中，仅在糖耐受不良状态下，与豆油组相比，淀粉组妊娠母猪显著降低了体重在 0.8～1kg 范围内的仔猪比例，并增加了体重大于 1.8kg 范围内的仔猪比例（图 9-7）。这些结果可能有助于解释通过日粮添加淀粉提高断奶前死亡率的原因。然而，尚不清楚淀粉是直接影响仔猪的存活还是通过改善母体糖耐受状态间接影响，还需要进一步阐明淀粉对新生儿初生体重范围的影响机制。

综上，该研究指出无论母猪糖耐受状态如何，母猪日粮以淀粉

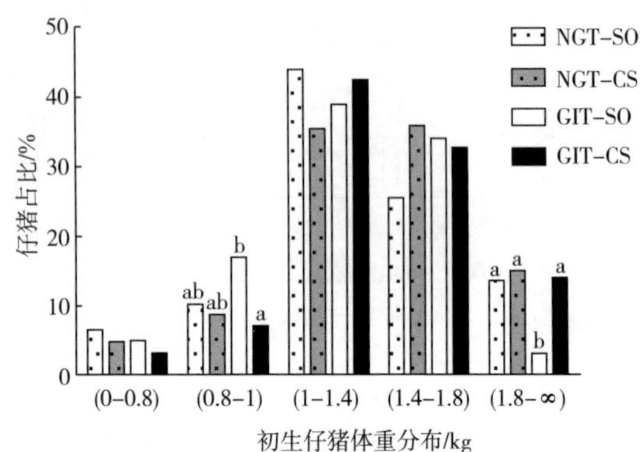

图 9-7 能量来源和糖耐量对新生仔猪出生体重范围的影响

NGT-CS—正常糖耐受淀粉组；NGT-SO—正常糖耐受豆油组；
GIT-CS—糖耐受不良淀粉组；GIT-SO—糖耐受不良豆油组

作为能量来源都可改善母猪妊娠后期胰岛素抵抗，通过肠道发育提高仔猪初生重、断奶重，改善死胎率。母猪糖耐受状况会影响淀粉对繁殖性能的改善作用。只有糖耐受不良下，日粮淀粉才提高断奶前死亡率、增加高出生体重仔猪的数量、减少低出生体重仔猪的数量。这些发现揭示了母猪的糖耐量对后代发育的影响，同时对研究以改善糖耐受而提高母猪繁殖性能的营养调控策略具有重要的指导意义（Yang et al.，2019）。

主要参考文献

[1] 陈进超．妊娠后期和哺乳期饲粮添加不同链长脂肪酸对母猪繁殖性能和哺乳仔猪生长性能的影响．西南大学，2019.

[2] 陈敏霞，杨芸瑜，谭成全．淀粉与油脂对妊娠母猪糖脂代谢及其繁殖性能影响的研究进展．中国畜牧兽医，2020，47：3953-3964.

[3] 谭成全．妊娠日粮中可溶性纤维对母猪妊娠期饱感和泌乳期采食量的影响及其作用机理研究．华中农业大学，2016.

[4] 张珍珍．不同直链、支链组成的淀粉对断奶仔猪脂肪代谢影响的研究．南昌大学，2010.

[5] 卓清．不同油脂对经产母猪繁殖性能、乳成分和血液指标的影响．广西大学，2016.

[6] Almond K L，Fainberg H P，Lomax M A，et al. Substitution of starch for palm oil during gestation：Impact on offspring survival and hepatic gene expression in the pig. Reprod Fertil Dev，2015，27：1057-1064.

[7] Bikker P，Fledderus J，Kluess，J，et al. Glucose tolerance in pregnant sows and liver glycogen in neonatal piglets is influenced by diet composition in gestation. PUBLICATION-EUROPEAN ASSOCIATION FOR ANIMAL PRODUCTION，2007，124：203.

[8] Brand H，Dieleman S J，Soede N M，et al. Dietary energy source at two feeding levels during lactation of primiparous sows：I. Effects on glucose，insulin，and luteinizing hormone and on follicle development，weaning-to-estrus interval，and ovulation rate. Journal of Animal Science，2000，78：396-404.

[9] Chris T，Saskia B，Egbert F，et al. The economic benefit of heavier piglets：relations between birth weight and piglet survival and finisher performance. Proceeding of the 22nd International Pig Veterinary Society Congress，2012，159.

[10] Cani P D，Lecourt E，Dewulf E M，et al. Gut microbiota fermentation of prebiotics increases satietogenic and incretin gut peptide production with consequences for appetite sensation and glucose response after a meal. American Journal of Clinical Nutrition，2009，90：1236-1243.

[11] Cani P D，Neyrinck A M，Fava F，et al. Selective increases of bifidobacteria in gut microflora improve high-fat-diet-induced diabetes in mice through a mechanism associated with endotoxaemia. Diabetologia，2007，50：2374-2383.

[12] Carrasco-Wong I，Moller A，Giachini F R，et al. Placental structure in gestational diabetes mellitus. Biochim Biophys Acta Mol Basis Dis，2020，1866：165535.

[13] Collado M C，Isolauri E，Laitinen K，et al. Effect of mother′s weight on infant′s microbiota acquisition，composition，and activity during early infancy：A prospective follow-up study initiated in early pregnancy. Am J

Clin Nutr，2010，92：1023-1030.

[14] Corson A M，Laws J，Litten J C，et al. Effect of dietary supplementation of different oils during the first or second half of pregnancy on the glucose tolerance of the sow. Animal，2008，2：1045-1054.

[15] Cozannet P，Lawlor P G，Leterme P，et al. Reducing body weight loss during lactation in sows：A meta-analysis on the use of a non-starch polysaccharide-hydrolysing enzyme supplement. Journal of Animal Science，2018，96：2777-2788.

[16] Eastwood L，Leterme P，Beaulieu A D. Changing the omega-6 to omega-3 fatty acid ratio in sow diets alters serum，colostrum，and milk fatty acid profiles，but has minimal impact on reproductive performance. Journal of Animal Science，2014，92：5567-5582.

[17] Englyst H，Wiggins H S，Cummings J H. Determination of the non-starch polysaccharides in plant foods by gas-liquid chromatography of constituent sugars as alditol acetates. Analyst，1982；107：307-318.

[18] Ferenc K，Pietrzak P，Godlewski MM，et al. Intrauterine growth retarded piglet as a model for humans-studies on the perinatal development of the gut structure and function. Reproductive Biology，2014，14：51-60.

[19] Flachowsky G J. Dynamics in animal nutrition 2010 wageningen academic publishers the netherlands 204 pp，paperback，price：44.00euro；isbn：978-90-8686-149-1；e-isbn：978-90-8686-706-6. Animal Feed Science & Technology，2011，165：288-289.

[20] Havalampu S G，Resistant starch—a review of the physical properties and biological impact of rs3. Carbohydrate Polymers，2000，41：285-292.

[21] Hu C J，Yang Y Y，Li J Y，et al. Maternal diet-induced obesity compromises oxidative stress status and angiogenesis in the porcine placenta by upregulating nox2 expression. Oxidative Medicine and Cellular Longevity，2019，2481592.

[22] Huang S，Wei J，Yu H，et al. Effects of dietary fiber sources during gestation on stress status，abnormal behaviors and reproductive performance of sows. Animals (Basel)，2020，10.

[23] Hulme C H，Nicolaou A，Murphy S A，et al. The effect of high glucose on lipid metabolism in the human placenta. Scientific Report，2019，

9：14114.

[24] Jones R M, Mercante J W, Neish A S. Reactive oxygen production induced by the gut microbiota: Pharmacotherapeutic implications. Current Medicinal Chemistry, 2012, 19: 1519-1529.

[25] Kemp B, Soede N M, Vesseur P C, et al. Glucose tolerance of pregnant sows is related to postnatal pig mortality. Journal of Animal Science, 1996, 74: 879-885.

[26] Koketsu Y, Dial G D, Pettigrew J E, et al. Characterization of feed intake patterns during lactation in commercial swine herds. Journal of Anim Science, 1996, 74: 1202-1210.

[27] Koren O, Goodrich J K, Cullender T C, et al. Host remodeling of the gut microbiome and metabolic changes during pregnancy. Cell, 2012, 150: 470-480.

[28] Kruse S, Traulsen I, Krieter J. Analysis of water, feed intake and performance of lactating sows. Livestock Science, 2011, 135: 177-183.

[29] Mosnier E, Etienne M, Ramaekers R, et al. The metabolic status during the peri partum period affects the voluntary feed intake and the metabolism of the lactating multiparous sow. Livestock Science, 2010, 127: 127-136.

[30] Mosnier E, Floc' H N, Etienne M, et al. Reduced feed intake of lactating primiparous sows is associated with increased insulin resistance during the peripartum period and is not modified through supplementation with dietary tryptophan. Journal of Animal Science, 2010, 88: 612.

[31] Neyrinck A M, Possemiers S, Verstraete W, et al. Dietary modulation of clostridial cluster xiva gut bacteria (roseburia spp.) by chitin-glucan fiber improves host metabolic alterations induced by high-fat diet in mice. Journal of Nutritional Biochemistry, 2012, 23: 51-59.

[32] P B. The lean patient with type 2 diabetes: Characteristics and therapy challenge. Int J Clin Pract Suppl, 2007, 153: 3-9.

[33] Père M C, Etienne M. Insulin sensitivity during pregnancy, lactation, and postweaning in primiparous gilts. Journal of Animal Science, 2007, 85: 101-110.

[34] Phillips R W, Panepinto L M, Spangler R, et al. Yucatan miniature swine as a model for the study of human diabetes mellitus. Diabetes, 1982,

31：30.

[35] Père M，Etienne M. Nutrient uptake of the uterus during the last third of pregnancy in sows：Effects of litter size，gestation stage and maternal glycemia. Animal Reproduction Science，2018，188：101-113.

[36] Qiao Y，Sun J，Ding Y Y，et al. Alterations of the gut microbiota in high-fat diet mice is strongly linked to oxidative stress. Applied Microbiology and Biotechnology，2013，97：1689-1697.

[37] Quiniou N，Dagorn J，Gaudre D. Variation of piglets' birth weight and consequences on subsequent performance. Livestock Production Science，2002，78：63-70.

[38] Rooke J A，Sinclair A G，Ewen M. Changes in piglet tissue composition at birth in response to increasing maternal intake of long-chain n-3 polyunsaturated fatty acids are non-linear. British Journal of Nutrition，2001，86：461-470.

[39] Schneider J D，Tokach M D，Dritz S S，et al. Effects of feeding schedule on body condition，aggressiveness，and reproductive failure in group housed sows. Journal of Animal Science，2007，85：3462-3469.

[40] Scott K P，Antoine J M，Midtvedt T，et al. Manipulating the gut microbiota to maintain health and treat disease. Microbial Ecology in Health and Disease，2015，26.

[41] Shin N R，Lee J C，Lee H Y，et al. An increase in the akkermansia spp. Population induced by metformin treatment improves glucose homeostasis in diet-induced obese mice. Gut，2014，63：727-735.

[42] Stanislawski M A，Dabelea D，Wagner B D，et al. Pre-pregnancy weight，gestational weight gain，and the gut microbiota of mothers and their infants. Microbiome，2017，5.

[43] Sulabo R C，Jacela J Y，Tokach M D，et al. Effects of lactation feed intake and creep feeding on sow and piglet performance. Journal of Animal Science，2010，88：3145-3153.

[44] Sun H Q，Tan C Q，Wei H K，et al. Effects of different amounts of konjac flour inclusion in gestation diets on physio-chemical properties of diets，postprandial satiety in pregnant sows，lactation feed intake of sows and piglet performance. Animal Reproduction Science，2015，152：55-64.

[45] Sun H Q，Zhou Y F，Tan C Q，et al. Effects of konjac flour inclusion in gestation diets on the nutrient digestibility，lactation feed intake and reproductive performance of sows. Animal，2014，8：1089-1094.

[46] Tan C Q，Sun H Q，Wei H K，et al. Effects of soluble fiber inclusion in gestation diets with varying fermentation characteristics on lactational feed intake of sows over two successive parities. Animal，2018，12：1388-1395.

[47] Tan C Q，Wei H K，Sun H Q，et al. Effects of supplementing sow diets during two gestations with konjac flour and saccharomyces boulardii on constipation in peripartal period，lactation feed intake and piglet performance. Animal Feed Science & Technology，2015，210：254-262.

[48] Tan C Q，Wei H K，Ao J T，et al. Inclusion of konjac flour in the gestation diet changes the gut microbiota，alleviates oxidative stress，and improves insulin sensitivity in sows. Applied and Environmental Microbiology，2016，82：5899-5909.

[49] Tanghe S，Cox E，Melkebeek V，et al. Effect of fatty acid composition of the sow diet on the innate and adaptive immunity of the piglets after weaning. Veterinary Journal，2014，200：287-293.

[50] Tanghe S，Smet S D. Does sow reproduction and piglet performance benefit from the addition of n-3 polyunsaturated fatty acids to the maternal diet? The Veterinary Journal，2013，197：560-569.

[51] van der Peet-Schwering C M，Kemp B，Binnendijk G P，et al. Effects of additional starch or fat in late-gestating high nonstarch polysaccharide diets on litter performance and glucose tolerance in sows. J Anim Sci，2004，82：2964-2971.

[52] van Nimwegen F A，Penders J，Stobberingh E E，et al. Mode and place of delivery，gastrointestinal microbiota，and their influence on asthma and atopy. Journal of Allergy and Clinical Immunology，2011，128：948-U371.

[53] Vignola M. Sow feeding management during lactation. London Swine Conference 2009.

[54] Wu Z，Mao W，Yang Z，et al. Knockdown of cyp1b1 suppresses the behavior of the extravillous trophoblast cell line htr-8/svneo under hyperglyce-

mic condition. J Matern Fetal Neonatal Med，2021，34：500-511.

[55] Xing Y，Lai J B，Liu X Y，et al. Netrin-1 restores cell injury and impaired angiogenesis in vascular endothelial cells upon high glucose by pi3k/akt-enos. Journal of Molecular Endocrinology，2017，58：167-177.

[56] Xu J，Liu M，Yu M Q，et al. Rasgrpl is a target for vegf to induce angiogenesis and involved in the endothelial-protective effects of metformin under high glucose in huvecs. Iubmb Life，2019，71：1391-1400.

[57] Xu J X，Xu C C，Chen X L，et al. Regulation of an antioxidant blend on intestinal redox status and major microbiota in early weaned piglets. Nutrition，2014，30：584-589.

[58] Xue J L，Koketsu Y，Dial G D，et al. Glucose tolerance，luteinizing hormone release，and reproductive performance of first-litter sows fed two levels of energy during gestation. Journal of Animal Science，1997，75.

[59] Yang Y Y，Deng M，Chen J Z，et al. Starch supplementation improves the reproductive performance of sows in different glucose tolerance status. Animal Nutrition，2021，7：1231-1241.

[60] Yang Y，Hu C J，Zhao X，et al. Dietary energy sources during late gestation and lactation of sows：Effects on performance，glucolipid metabolism，oxidative status of sows，and their offspring1. Journal of Animal Science，2019，97：4608-4618.

母猪的营养需要及饲养管理

按照繁殖周期将繁殖母猪划分为后备母猪、妊娠母猪和泌乳母猪。在不同阶段，母猪营养需求不尽相同，其相应的饲养管理亦有所调整。后备母猪的存留率是维持猪场稳定生产的先决条件，其培育期的生长速率、首次配种时背膘厚度及发情监测管理对其生产潜能的发挥、终生生产性能的表现都起着至关重要的作用，更决定着养殖场的经济效益。妊娠母猪在全繁殖周期的时间上占据80%的比例，该阶段的营养管理对泌乳性能及下胎次繁殖性能的影响至关重要。泌乳母猪的饲养直接关系到后代生猪的生长发育及再次发情。本章首先关注了后备母猪的生长速度和首配时背膘厚度对后备母猪繁殖性能的影响，简述了饲养管理对母猪发情监控的重要性；随后，重点阐述了营养水平、微量矿物元素及饮水质量对妊娠母猪繁殖性能的影响；最后，综述了高产泌乳母猪对能量、蛋白质/氨基酸和钙磷的需求，同时强调了哺乳仔猪护理和母猪泌乳期采食量监控等饲养管理措施的重要性。

第一节　后备母猪

后备母猪的选留、分娩第一胎和第一次哺乳期间的营养和管理通常是决定母猪发挥其生产潜能的关键。后备母猪的发育是一个长期的过程，包括四个阶段：早期开始控制生长速度和预防肢蹄病并适应环境；情期启动的诱导；适宜背膘首次配种；妊娠期体重增长

管理。

一、骨骼生长及生长速度

后备母猪适当的发育是延长种用年限的首要因素，包括身体结构的完整性，合适的体重指数和完善的免疫能力。头胎母猪的骨头较老母猪更弱，更容易骨折（Geissemann et al.，1998）。后备母猪在哺乳期骨重和骨强度的变化更大（母猪骨重和骨强度，胎次1＞胎次2＞胎次5）。优化后备母猪骨骼完整性的营养应以生产前两胎时骨重最大为目标。

关于影响后备猪发育、体况、繁殖力和种用年限的因素研究中，大部分学者主要聚焦在体重上。同时，也有研究者侧重于生长速度或体组织增加的速度。后备猪培育期生长速度太快导致首配体重过重使其终生繁殖性能降低；相反，生长速度太慢，不利于1～5胎的窝产仔数和断奶至发情间隔（Tummaruk et al.，2001；Johnston et al.，2007）。需要指出的是，首次配种的体重经常与饲养期间的生长速度混淆，分开考虑体重和生长速度对后备母猪的繁殖性能的影响是困难的。这是因为在培育期后备母猪不受限制饲养且拥有适宜的饲养空间（约1.5m^2），难以控制首次配种时的生长速度（Foxcroft et al.，2005）。生长速度较快的母猪可在150～170日龄成功诱导青春期发情（Amaral et al.，2010），而在185～210日龄配种的母猪并不影响繁殖性能。

Amaral等（2010）选取了群体大样本后备母猪（1421头），研究了生长速率对初产母猪繁殖性能的影响。将入试母猪按照出生至首次配种期间生长速率分为三组，分别为：生长速度Ⅰ——600～700g/d，n＝345；生长速度Ⅱ——701～770g/d，n＝710；生长速度Ⅲ——771～870g/d，n＝366。主要试验结果如表10-1：生长速度对初产母猪返情率、分娩率、活仔数及出生活仔猪体重均无显著影响（P＞0.05）。尽管生长速率在771～870g/d时可提高总产仔数，但死胎率增加（P＜0.05）。考虑到饲料成本及该试验中观察到的仔猪初生体重均匀度，后备母猪从出生至首次配种期间

生长速度为701～770g/d最合适。

表10-1 出生至首次配种期间生长速率对PIC初产母猪繁殖性能的影响（Amaral et al.，2010）

项目	生长速率/（g/d）		
	600～700	701～770	771～870
母猪样本数（n）	345	710	366
返情率/%	6.4（22/345）	6.2（44/710）	6.0（22/366）
分娩率/%	91.3（315/345）	91.7（651/710）	92.6（339/366）
校正分娩率/%	92.6（315/340）	92.7（651/702）	93.6（339/362）
总产仔数（n）	12.0 ± 0.16^{a}	12.5 ± 0.11^{b}	12.9 ± 0.16^{b}
活仔数（n）	10.9 ± 0.17	11.3 ± 0.12	11.3 ± 0.16
总死胎率/%	5.5 ± 0.61^{a}	6.1 ± 0.44^{a}	8.7 ± 0.83^{b}
产内死胎/%	4.7 ± 0.59^{a}	5.1 ± 0.41^{a}	7.2 ± 0.74^{b}
母猪分娩体重/kg	196.0 ± 0.77^{a}	206.7 ± 0.55^{b}	217.0 ± 0.76^{c}
分娩时背膘厚度/mm	16.6 ± 0.17^{a}	17.0 ± 0.12^{ab}	17.3 ± 0.16^{b}
窝重/kg	16.6 ± 0.22	17.0 ± 0.16	17.1 ± 0.21
出生活仔猪体重/kg	1.46 ± 0.01	1.45 ± 0.01	1.42 ± 0.01
出生活仔猪体重的变异系数/%	15.3 ± 0.38^{a}	16.5 ± 0.27^{b}	17.4 ± 0.37^{b}
体重＜1200g的仔猪	2.5 ± 0.18^{a}	2.8 ± 0.12^{ab}	3.1 ± 0.17^{b}
体重变异系数＞20%的窝数	$66\ (24.2)^{a}$	$156\ (28.9)^{a}$	$102\ (36.2)^{b}$

注：同一行字母不同表示统计差异（$P<0.05$）。

二、首次配种背膘厚度

后备母猪首次配种背膘厚度是否直接或间接影响母猪繁殖性能

目前尚无定论。Sorensen（2006）报道的丹麦农场数据显示：对于100～140kg后备猪而言，改变日粮结构（降低15%氨基酸，增加20%能量）导致背膘厚度增加并不影响母猪的繁殖性能或者种用年限。Gill（2007）同样发现，后备母猪首次配种时背膘和繁殖年限之间并没有相关关系。因此，背膘厚度本身可能并不是判断后备母猪繁殖性能的一个可靠预警器。然而，并不是所有研究者支持后备母猪背膘厚度不重要的观点。Bussieres（2013）报道了首配母猪背膘厚度与终生总产仔数呈线性关系，并推荐15～16mm为首配时的目标值。对于高产母猪而言，20～26mm可能更为适宜，当然，这些数据的得出还需要得到进一步验证。

Amaral等（2010）选取了群体大样本后备母猪研究了首配背膘厚度对初产母猪繁殖性能的影响。按照首配背膘厚度分为三组，分别为：背膘厚Ⅰ——10～15mm，$n=405$；背膘厚Ⅱ——16～17mm，$n=649$；背膘厚Ⅲ——18～23，$n=367$。试验结论为：首次配种背膘厚度为16～17mm时可提高PIC初产母猪总产仔数和活产仔数（表10-2）。

表10-2　首次配种背膘厚度对PIC初产母猪繁殖性能的影响

（Amaral et al.，2010）

项目	背膘厚度/mm		
	10～15	16～17	18～23
母猪样本数（n）	405	649	367
返情率/%	6.9（28/405）	5.6（36/649）	6.5（24/367）
分娩率/%	90.4（366/405）	92.6（601/649）	92.1（338/367）
校正分娩率/%	92.0（366/398）	93.8（601/641）	92.6（338/365）
总产仔数（n）	12.2 ± 0.15^{a}	12.7 ± 0.12^{b}	12.4 ± 0.16^{ab}
活仔数（n）	10.8 ± 0.16^{a}	11.4 ± 0.12^{b}	11.2 ± 0.16^{ab}
死胎率/%	7.4±0.76	6.2±0.45	6.5±0.66

续表

项目	背膘厚度/mm		
	10～15	16～17	18～23
产内死胎/%	6.3±0.70	5.2±0.41	5.4±0.61
母猪分娩体重/kg	203.5±0.85[a]	206.3±0.64[b]	210.7±0.86[c]
分娩时的背膘厚度/mm	16.1±0.16[a]	16.8±0.12[b]	18.2±0.16[c]
窝重/kg	16.8±0.21	17.1±0.16	16.8±0.21
出生活仔猪体重/kg	1.45±0.01	1.45±0.01	1.44±0.01
出生活仔猪体重的变异系数/%	15.9±0.37	16.5±0.28	16.9±0.37
体重<1200g 的仔猪	2.7±0.17	2.8±0.13	2.8±0.17
体重变异系数>20%的产仔数（n）/%	86（29.6）	148（28.7）	90（31.4）

注：同一行字母不同表示统计差异（$P<0.05$）。

三、发情启动及监测

繁殖障碍是猪场母猪淘汰的主要因素，每年淘汰率可达25%～40%。繁殖障碍包括发情迟缓或不发情、反复流产和窝产仔数少。其中，发情迟缓导致的繁殖障碍可高达25%。发情期的缺失可以是全部缺失，也可以是部分缺失。由于造成发情期缺失的原因可能不同，所以养猪人员必须能够区分它们。值得注意的是，未检测到任何发情症状但已经排卵的母猪是很少的（2%～3%），而在实践中可能有轻微发情症状而没有静止反射的母猪的比例可能更高（10%～15%）。因此，对发情检测进行适当的管理，以及对相关人员进行培训是至关重要的。

影响母猪发情的主要因素之一是母猪在生殖发育（未分娩）、整个哺乳期和断奶到发情结束期间的营养状况。卵巢的主要能量来源是葡萄糖，而不是脂质。营养病因学上，引起发情迟缓的主要原因是不适宜的身体状况，如哺乳期体重超标（超过 20%～25%）和过度肥胖。在哺乳期和断奶后碳水化合物和氨基酸摄入不足会降低胰岛素和胰岛素样生长因子-1（insulin-like growth factor 1，IGF-1）的水平，从而增加皮质醇的水平，进而降低卵泡刺激素（follicle-stimulating hormone，FSH）和黄体生成素（luteinizing hormone，LH）的水平。微量营养（如钼、核黄素和生物素）对母猪繁殖周期性的影响是众所周知的。营养或其他因素引起激素分泌的变化对母猪发情的影响是明确的。Kraeling 和 Webel（2015）描绘了将辅助生殖技术融入未来生猪生产中的设想：针对经产母猪而言，首先在其断奶后第 4 天，利用促性腺激素释放激素（gonadotropin-releasing hormone，GnRH）诱导母猪同步排卵；其次在其断奶后第 5 天，进行单一定时的人工授精；最后在妊娠第 113 或 114 天用前列腺素类似物（Prostaglandin F2α，$PGF_{2\alpha}$）诱导母猪同步分娩，并在分娩第 1 天进行护理（确保仔猪在出生后立即摄入足够的初乳）。其中 GnRH 的主要作用是促进垂体合成、分泌 LH 和 FSH、诱发动物排卵。$PGF_{2\alpha}$ 具有溶黄体和促进生殖道平滑肌收缩的作用，在畜牧业生产中应用于调节发情（如同期发情），控制分娩（如诱发母猪白天分娩），治疗持久黄体、卵巢囊肿、子宫积脓等繁殖疾病，增加射精量和提高人工授精效果。针对初产母猪而言，首先给性成熟母猪口服烯丙孕素（Altrenogest）14～18d，促使母猪同期发情；其次在母猪服用活性孕酮后 5d，利用 GnRH 诱导母猪同步排卵；并再服用烯丙孕素后 6d，进行单一定时人工授精；最后在妊娠第 113 或 114 天用 $PGF_{2\alpha}$ 诱导母猪同步分娩，最后在分娩第 1 天进行护理（确保仔猪在出生后立即摄入足够的初乳）。烯丙孕素可抑制 GnRH 释放 FSH 和 LH 生成，从而抑制卵泡发育，阻止母猪发情和排卵。然而使用一段时间后停用可解除其对 GnRH 的抑制作用，进一步刺激卵泡生长并最终排卵，诱导母猪发情，以实现母猪群体同期发情的目的，例如，每天饲喂 15～20mg 烯丙孕素，持续 14～18d，约 85%的母猪在停喂后 5～7d 同步发情。通过以上方法，最终达到预产期为同一天的目标，从而降

低精液成本，便于母猪和仔猪的监护，降低死产和仔猪死亡率（Kraeling et al.，2015）（图 10-1）。

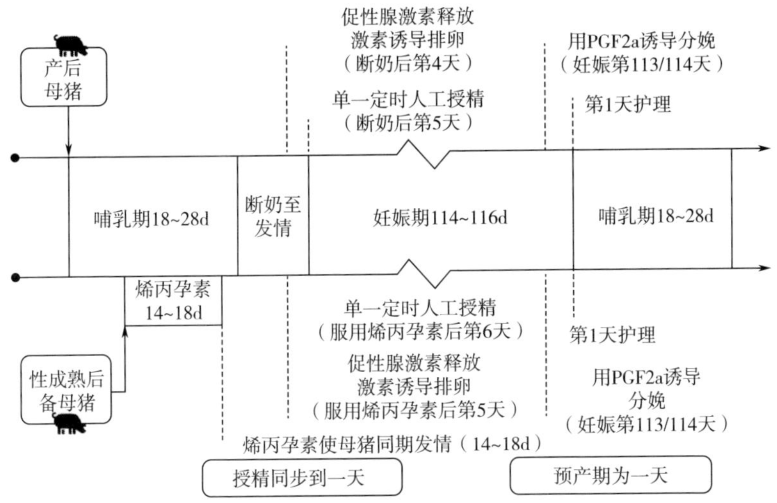

图 10-1 激素处理致母猪同步发情及分娩的时间轴

（修自于 Kraeling et al.，2015）

猪场为避免发情延缓或不发情的主要措施如下：①为后备母猪提供充足的空间和环境条件。②为后备母猪提供特定的日粮，而不是一般的育肥猪饲粮。③正确的发情检测程序（已培训的员工）。④适当使用公猪的频率（每天两次），每次 20～30min，使用不同的成年公猪，并与配种者一起控制发情。⑤避免在繁殖发育的任何阶段和妊娠期间过度喂养母猪（肥胖母猪综合征）。⑥在哺乳期最大限度地消耗水分和营养，避免体重减轻过多。⑦夏季产房的环境控制-降温。⑧房间的环境控制-夏季断奶后区域-降温。⑨根据具体情况，应用最合适的激素治疗。

第二节 妊娠母猪

母猪妊娠期在全繁殖周期的时间上占 80%，该阶段的营养管理对泌乳性能及下胎次繁殖性能的影响至关重要。妊娠期的饲喂模式对母胎营养分配（第三章第三节）、膘情管理对泌乳性能及随后胎次繁殖性能（第九章第二节）的影响已在前面对应章节详细阐述。本节主要阐述营养水平、微量矿物元素和饮水对高产妊娠母猪繁殖性能的影响。

一、营养水平对高产母猪繁殖性能的影响

前文已述营养水平或饲养模式对妊娠母猪胚胎存活率的影响。然而，对妊娠后期是否需要增加饲喂量，俗称“攻胎”还存在争议，且妊娠期营养水平对随后胎次高产母猪的繁殖性能和淘汰率的影响鲜有报道。Ferreira 等（2021）研究了妊娠期不同营养水平对 135 头经产高产母猪连续两个胎次（P3 和 P4）的繁殖性能和淘汰率的影响。具体营养饲喂水平如下。处理 1：配种-妊娠 21d 饲喂量为 2.3kg/d，妊娠 22～75d 饲喂量为 1.8kg/d，妊娠 76d—分娩饲喂量为 2.3kg/d。处理 2：配种—妊娠 21d 饲喂量为 2.3kg/d，妊娠 22～75d 饲喂量为 1.8kg/d，妊娠 76d—分娩饲喂量为 2.3kg/d，妊娠 91d～分娩饲喂量为 3.0kg/d。处理 3：配种当天至分娩全程饲喂 1.8kg/d 的维持需要量。三种处理日粮营养浓度相同（2.50Mcal NE/kg；0.67% SID Lysine；15.17% CP）（图 10-2）。结果显示：各处理组对第三胎母猪繁殖性能均无显著影响。在第四胎，处理 2 组（妊娠后期增加饲喂量）提高了总产仔数和产活仔数且降低了断奶仔猪淘汰率（表 10-3）。尽管各处理组对 P3 和 P4 母猪存留率没有显著影响，但是处理 2 组的 P5 母猪存留率（80%）最高且显著高于处理三组（56%）（表 10-4）。需要指出的是，处理 2 组 P4 的母猪血清中钙磷水平较高，且血磷水平显著高于其他

两个组，这暗示着高产妊娠母猪血清中常量元素（钙、磷）需要维持较高水平。

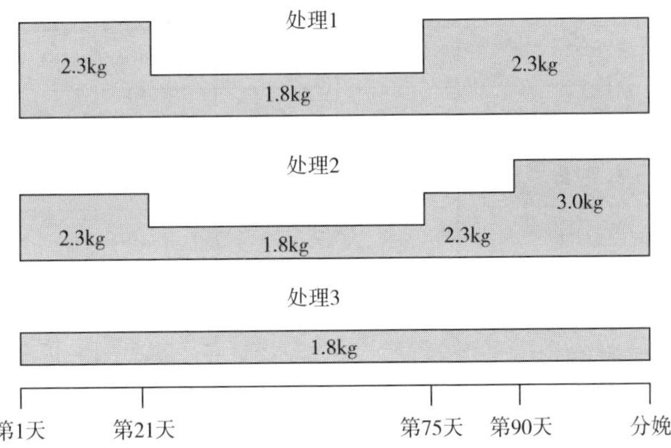

图 10-2 妊娠期不同营养水平的饲喂模式（Ferreira et al.，2021）

妊娠母猪日粮的营养浓度为：2.50 Mcal NE/kg、0.67%SID 赖氨酸和 15.17%CP。

表 10-3 妊娠期营养水平对随后胎次（第四胎）母猪繁殖性能的影响（Ferreira et al.，2021）

项目	营养水平			标准误	*P* 值
	处理 1	处理 2	处理 3		
母猪样本数（*n*）	*n*=36	*n*=38	*n*=35		
分娩持续时间/min	344.1	343.1	332.2	9.3	0.84
出生间隔/min	18.9	18.5	19.1	0.5	0.89
总产仔数（*n*）	18.5[b]	19.7[a]	18.3[b]	0.6	<0.01
产活仔数（*n*）	16.4[b]	17.3[a]	16.5[b]	0.2	0.01
死胎/%	6.9	6.1	6.1	0.4	0.30
木乃伊/%	3.7[b]	5.9[a]	4.3[ab]	2.9	0.04

续表

项目	营养水平			标准误	P 值
	处理 1	处理 2	处理 3		
初生重/kg	1.25	1.25	1.26	0.1	0.95
仔猪（<1000g）/%	73.6	75.3	77.7	3.2	0.24
初生窝重/kg	20.9	20.6	20.7	1.0	0.86
胎盘重/kg	4.5	4.3	4.4	0.1	0.66
胎盘效率	4.8	5.0	5.0	0.1	0.17
带仔数（n）	12.7	12.7	12.7	0.1	0.56
断奶数（n）	11.6	11.8	11.6	0.1	0.60
断奶重/kg	6.7	6.9	6.9	0.1	0.50
断奶前死亡率/%	4.4	4.9	4.3	0.6	0.30
断奶淘汰率/%	3.6^{b}	2.4^{b}	5.2^{a}	0.4	0.03

注：同一行字母不同表示统计差异（$P<0.05$）。

表 10-4　妊娠期营养水平对母猪存留率和随后胎次母猪血液指标的影响

（Ferreira et al.，2021）

项目	营养水平			标准误	P 值
	处理 1	处理 2	处理 3		
母猪样本数（n）	n=45	n=45	n=45		
存留率/%					
P3	95.3	98.7	95.3	1.3	0.96
P4	80	83.8	79.1	3.1	0.53
P5	74.0^{a}	80.0^{a}	56.0^{b}	3.7	0.02

续表

项目	营养水平			标准误	P 值
	处理 1	处理 2	处理 3		
母猪样本数（n）	$n=36$	$n=38$	$n=35$		
钙/（mg/dL）	13.9	14.2	13.7	0.1	0.33
磷/（mg/dL）	6.9[b]	7.4[a]	6.6[b]	0.1	<0.01
甘油三酯/（mg/dL）	66.9[b]	92.1[a]	65.7[b]	4.5	0.03
胰岛素抵抗	2.6	2.2	2.2	0.1	0.39

注：同一行字母不同表示统计差异（$P<0.05$）。

二、高产母猪对微量矿物质的需要

（一）矿物元素的需求增加

随着现代母猪生产力的提高，必须提高母猪对营养物质的需求，以满足胎儿发育、产奶和母猪维持的需要。在所有的营养素中，微量元素在猪营养中的作用常被忽视。尽管微量矿物质含量在日粮中含量很少，但它们对于维持正常的机体功能、优化生长和繁殖、确保骨骼的正常发育和刺激免疫反应都是必不可少的。

如果母猪在繁殖周期内不能从日粮中获得足够的微量矿物质，身体储备就会被调动起来以满足繁殖功能的需要。事实上，与同年龄的未初产母猪相比，三胎母猪的常量矿物质和微量矿物质（包括锌、铜和锰）有相当大的脱矿作用，这表明微量矿物质元素的需求被低估了。NRC（2012）对妊娠期和哺乳期母猪的锌、铜和锰的需求量比 NRC（1998）推荐的微量矿物质需求量（表 10-5）高 1.25～4 倍。如果以每天消耗的镁来表示，NRC（2012）对妊娠期和哺乳期母猪的锌、铜和锰的需求量是 NRC（1998）中推荐的微量矿物质的 1.5～4.8 倍。尽管与之前的 NRC（1998）相比，当前的 NRC（2012）对微量矿物元素需求量的建议有所提高，但美国养猪业补充微量矿物质元素的水平还是分别比 NRC（2012）推荐的锌和锰水平分别高出 12.9%和 30%，但铜含量相似。

表 10-5　美国 NRC 和美国养猪业水平中推荐的母猪锌、铜和锰需求量的比较

项目	NRC（1998）		NRC（2012）		美国养猪业[①]	
	妊娠期	哺乳期	妊娠期	哺乳期	妊娠期	哺乳期
采食量/kg	1.85	5.25	2.21	6.28	—	—
需求量/（mg/kg）						
锌	50	50	100	100	112.9	112.9
铜	5	5	10	20	15	15
锰	20	20	25	25	32.5	32.5
需求量/（mg/d）						
锌	92.5	262.5	221	628	—	—
铜	9.3	26.3	22.1	125.6	—	—
锰	37	105	55.3	157	—	—

①资料来源于 Flohr et al.，2016。

（二）不同来源母猪对微量矿物质需求

微量矿物质元素锌、铜和锰是参与胶原蛋白和细胞外基质合成的许多酶的辅因子，这些酶在骨骼形成和骨骼完整性中起着关键作用。研究表明，肌肉和骨骼的相对生长速率在出生 105～120d 之间具有强烈的相互关联性，几乎同时达到峰值，这表明在这一关键时期微量矿物质的供应可能对骨骼完整性产生深远影响。淘汰后备母猪的第二大因素是跛足。可以推测，在目前的母猪繁育计划中，微量矿物质的补充可能低于正常骨骼发育的实际需求，导致骨骼发育不良的母猪进入繁殖群，并在第一胎就被淘汰。考虑到健全的母猪骨骼发育，目前 PIC 推荐的后备母猪的锌、铜和锰的推荐值分别比市场上 60～136 千克的母猪高 4.2%、25%、66.7%（表 10-6）。

从全球范围来看，PIC、Topigs 和 Danbred 是三个主要的育种公司。在 PIC 和 Topigs 育种公司间，后备母猪的营养需求，包括微量矿物质元素，是非常相似的（表 10-7）。然而，与其他两个育种公司相比，丹系后备母猪对微量元素的需求似乎较低。

表 10-6 后备母猪与市场母猪 PIC 矿物质元素需求量的比较①

项目	23～41kg		41～59kg		59～82kg		82～105kg		105～136kg	
	后备母猪	市场母猪	后备母猪	市场母猪	后备母猪	市场母猪	后备母猪	市场母猪	后备母猪	市场母猪
钙/%	0.70	0.71	0.70	0.65	0.70	0.60	0.70	0.55	0.70	0.50
STTD②/%	0.35	0.33	0.35	0.30	0.35	0.28	0.35	0.26	0.35	0.24
锌/（mg/kg）	120	120	120	120	125	120	125	100	125	100
铜/（mg/kg）	12	12	12	12	15	12	15	10	15	10
锰/（mg/kg）	30	30	30	30	50	30	50	25	50	25
硒/（mg/kg）	0.3	0.3	0.3	0.3	0.3	0.3	0.3	0.25	0.3	0.25

① 资料来源于 PIC 公司（2016）。

② 标准全肠道可消化磷。

表 10-7 不同育种公司 60～110kg 母猪的营养需求推荐

项目	PIC①	Topigs②	Danbred③
	60～105kg	56～100kg	65～110kg
净能/（kcal/kg）	2475	2223	2294
总钙/%	0.70	0.75	0.75
STTD 磷/%	0.35	0.27	0.25
SID/%			
赖氨酸/%	0.83	0.79	0.54

续表

项目	PIC①	Topigs②	Danbred③
	60～105kg	56～100kg	65～110kg
总硫氨基酸/%	0.48	0.51	0.34
苏氨酸/%	0.53	0.57	0.35
色氨酸/%	0.15	0.16	0.11
缬氨酸/%	0.56	0.59	0.41
锌/（mg/kg)	125	100	107
钙/（mg/kg)	15	15	6
锰/（mg/kg)	50	40	43
铁/（mg/kg)	100	100	86

① 资料来源于 PIC（2016）。

② 资料来源于 Topig（2016）。

③ 资料来源于 Danbred（2017）。

三、饮水

水和能源是确定猪场选址的主要因素。作为猪营养的一个基本原则，即养分需求随着年龄的增长而减少，但对摄入最多的水而言却不是绝对正确的。在温差条件下种用母猪的需水量可以按表 10-8 所示平均值估算，根据遗传和营养水平则略有不同。

表 10-8　温差条件下后备母猪、经产母猪和公猪需水量　单位：L/d

后备母猪	妊娠母猪	哺乳母猪	公猪
10～15	15～20	30～35	15～20

在提供流体饲料的情况下对它们进行适当的调整，以确保种猪摄取所有营养。

种用母猪耗水量低的主要后果可分为两部分：

1. 生产问题

① 减少饲料摄入量；

② 在哺乳期（脂肪和肌肉）失重更多；

③ 延长断奶至发情的间隔时间；

④ 断奶间隔延长至发情期；

⑤ 非生产天数增加；

⑥ 分娩间隔的增加；

⑦ 繁殖力下降；

⑧ 减少下个繁殖周期产仔数；

⑨ 增加母猪死亡率。

2. 健康问题

① 便秘；

② 乳腺炎综合征、子宫炎和无乳发病率增加；

③ 无乳综合征的发生频率增加；

④ 增加分泌物病症；

⑤ 尿路感染增加。

目前欧盟法规指出了饮用水水质标准（表 10-9）。

表 10-9 欧盟规定的饮用水水质标准

项目	物质	含量
化学-物理	pH	6.5～7.5
	传导性	2.500Us/cm^{-1}（20℃）
	硝酸盐	50mg/L
	亚硝酸盐	0.5mg/L
	硫酸盐	250mg/L
	铁	200μg/L
	锰	50μg/L

续表

项目	物质	含量
微生物学	大肠杆菌	0
	肠球菌属	0
	产气荚膜梭菌	0

第三节　哺乳期母猪

虽然哺乳期只占母猪生产周期的15%～20%，但不可否认，该阶段是繁殖周期内新陈代谢最旺盛的阶段。母猪在泌乳过程中的首要任务是分泌足够乳汁供哺乳仔猪快速生长，但这往往不能完全通过自由采食来实现。尽管尚不清楚身体动员对现代母猪来说是否是一个强制性的过程，但身体脂肪和蛋白质储备的动员似乎对高产母猪的产奶至关重要（Pedersen et al.，2019）。哺乳过程中严重的分解代谢对母猪后续繁殖性能的典型负面影响已被证实（Koketsu et al.，1996），但现代母猪似乎更能适应哺乳过程中分解代谢的影响（Patterson et al.，2011）。因此，哺乳期母猪营养计划的主要目标应该是在不过度动员体重储备的情况下，最大限度地提高采食量以维持泌乳量。

一、能量需求

随着哺乳仔猪数量的显著增加，现代哺乳期母猪的能量需求亦随之显著增加。泌乳量占哺乳母猪能量需求的65%～80%（图10-3；NRC，2012），这也是在分娩的第一周内，能量需求突然增长3倍的原因。哺乳期间的能量需求对母猪维持正常的代谢过程是一个严峻的挑战（Pedersen et al.，2019），而能量摄入不足，母猪会以牺牲自身的身体储备为代价，优先维持泌乳量（表10-10）。能量摄入通常低于泌乳需求，导致母猪在哺乳期的大部分时间内能量负

平衡（图 10-3）。这表明，哺乳期母猪在生理上无法消耗足够的饲料来满足能量需求，同时也为制定营养策略提供了机会，以刺激母猪用最低限度的身体储备动员来达到最佳的能量消耗水平。

表 10-10 哺乳期母猪的日产奶量和身体储备的动员情况①

项目	每窝仔猪数/头			
	10	12	14	16
仔猪断奶重/kg	7.0	6.8	6.4	5.8
产奶量/（kg/d）	8.7	10.3	11.3	11.7
母猪体重增加/（g/d）	−206	−636	−915	−968
母猪体蛋白沉积/（g/d）	−21	−63	−91	−96
母猪体脂沉积/（g/d）	−103	−316	−455	−482

① 根据 NRC（2012）模型的估计，假设在 21d 的哺乳期，经产母猪的饲喂水平为 6.5kg/d，日粮中每千克含有 13.8MJ 代谢能。

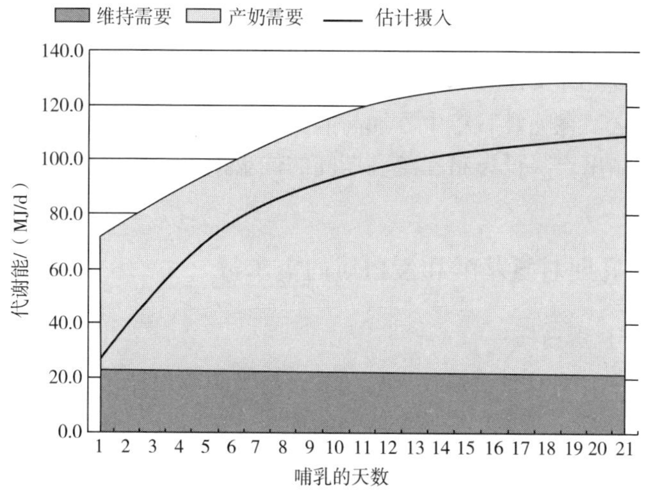

图 10-3 哺乳期母猪维持和产乳所需能量估计数及能量摄入估计数

［根据 NRC（2012）的估算，经产母猪在 21 天的哺乳期中，每窝带仔数为 14 头仔猪，断奶体重 6.4 千克］

泌乳日粮的能量浓度是能量消耗的一个重要决定因素。日粮能量浓度的增加通常意味着在相同饲料摄取量下能量摄取量的增加，直到日粮能量浓度对饲料摄取量产生负面影响为止（Xue et al.，2012）。研究表明，将泌乳期日粮能量浓度从12.8MJ ME/kg提高到13.4MJ ME/kg，可以改善泌乳期能量摄入，从而减少母猪体重损失，提高仔猪生长率（Xue et al.，2012）。然而，13.8～14.2MJ ME/kg高能量浓度的泌乳日粮对采食量产生负面影响（Xue et al.，2012），从而导致能量摄入并不会持续增加。

日粮中增加脂肪或油脂从而提高能量密度是一种营养策略，对于处于热应激条件下的哺乳母猪（Rosero et al.，2012）、多产及高产的哺乳期母猪尤其重要（Strathe et al.，2017）。在一项文献综述中，当泌乳期日粮中添加2%～11%的脂肪和油脂可使母猪每天的能量摄入量平均提高7%（Rosero et al.，2012）。由于母猪优先考虑泌乳需求，额外的能量会优先分配给乳汁，转化为乳脂输出（Rosero et al.，2012）。相反，高含量日粮纤维的泌乳日粮会减少母猪能量摄入（Schoenherr et al.，1989）。纤维性饲粮的能量和容重较低，这从生理上限制了母猪为获得高能量摄入所需的饲料量的能力（Schoenherr et al.，1989）。

总之，在哺乳日粮中添加高能量成分可以增加乳汁的能量摄入和能量输出。降低母猪在泌乳期间的体重损失，促进仔猪生长速率提高。

二、哺乳期对氨基酸和蛋白质的需求量

（一）蛋白质

高产哺乳期母猪对氨基酸的需求量大幅度增加，以满足哺乳仔猪的蛋白质需求。每头母猪所带的仔猪数量以及哺乳期仔猪的增长率决定了哺乳期母猪的氨基酸需求量。用于泌乳的氨基酸需要量代表了哺乳母猪大部分的氨基酸需求量，因为哺乳母猪要利用高达70%的日粮蛋白质来合成乳蛋白（Pedersen et al.，2016）。由于母猪能够动员身体储备。因此，泌乳力几乎不会因日粮变化而改变

(Noblet et al.，1987)。然而，接近需求的日粮氨基酸和粗蛋白的供应可以提高乳蛋白产量（Strathe et al，2017），减少泌乳母猪肌肉蛋白的动员（Gourley et al.，2017；Pedersen et al.，2019）。最近的研究强调，饲粮中平衡好蛋白和必需氨基酸的摄入量的关系对提高泌乳期母猪和仔猪的生产性能非常必要（Pedersen et al.，2019）。

日粮摄入均衡的蛋白质可提供合成必需氨基酸和非必需氨基酸所需要的氮。高产母猪在哺乳期提高均衡的蛋白质摄入可提高带仔数增长率和减少体重损失（Strathe et al.，2017；Pedersen et al.，2019）。研究表明：将日粮中可消化粗蛋白提高到 13.5%（约15.5% 粗蛋白）后，可提高母猪乳蛋白产量进而提高仔猪生长速率（Strathe et al.，2017）。14.3%（约 16.5%粗蛋白）的高水平可消化粗蛋白，可以通过减少肌肉蛋白质的动员以使母猪的体重损失达到最小化，进而完成产奶的目的（Strathe et al.，2017）。因此，泌乳日粮中需要的可消化粗蛋白的最低含量为 13.5%至 14.3%。

（二）赖氨酸

最近，一些研究评估了氨基酸的需求，以确保高产哺乳期母猪的最佳性能。一般来说，氨基酸需求量的估计会因研究中使用的性能标准和统计方法不同而有所不同。赖氨酸需求估计是最常被研究的，因为模型预测产奶量大且能快速增长的母猪赖氨酸需求会大幅增加（表 10-11），即：增加日粮中赖氨酸的摄入量可以减少母猪体重的损失和体组织蛋白质的动员，但日粮中赖氨酸摄入量对仔猪生长率和后续繁殖性能的影响方面存在争议（Xue et al.，2012；Shi et al.，2015；Gourley et al.，2017）。使用 0.50～0.81g 标准回肠可消化赖氨酸（standardized ileal digestible lysine，SID Lys）的研究表明：要使母猪在哺乳期的体重损失降至最小，赖氨酸的需求量估计大约为 0.72～0.79g SID Lys/MJ ME（Xue et al.，2012；Shi et al.，2015；Gourley et al.，2017）。尽管对初产和经产母猪的估计似乎在相同的范围内，但据报道，初产母猪的体重损失要比

经产母猪大得多，分别为12%（Shi et al.，2015）和7%（Xue et al.，2012；Gourley et al.，2017）。推测母猪体重损失的减少是由于降低了肌肉蛋白的动员，这可从哺乳期间眼肌面积损失的减少中得到证明（Shi et al.，2015；Gourley et al.，2017）。赖氨酸摄入量增加导致血浆尿素氮和血浆肌酐浓度降低，有助于降低母猪体蛋白利用率和肌肉分解代谢（Xue et al.，2012）。然而，关于日粮中赖氨酸对体脂储存的影响，目前尚无共识（Shi et al.，2015；Gourley et al.，2017）。有人提出，能量的动员和蛋白质的动员不是完全独立的。因此，氨基酸与能量需求之间的相互作用更为复杂，受到诱发营养不足的多种因素的影响，其中包括能量和蛋白质的摄入、乳中能量和蛋白质的输出、仔猪增长率和哺乳期的长短等（Dourmad et al.，2008）。

表 10-11　哺乳期母猪每日所需赖氨酸量（每日标准回肠可消化赖氨酸）的估计①

仔猪断奶重/kg	每窝仔猪数/头			
	10	12	14	16
5.8	43.0	47.5	52.2	57.0
6.0	43.8	48.3	53.2	58.3
6.4	45.3	50.2	55.4	60.7
6.8	46.8	52.0	57.5	63.2
7.0	47.5	53.0	58.6	64.3

① 根据NRC（2012）模型的估计，假设在21d的哺乳期，饲喂经产母猪的饲粮每千克含13.8MJ代谢能。母猪采食量为6.5kg/d。

产奶量和乳成分可能是刺激和支持仔猪生长速率改善的最重要因素（Strathe et al.，2017）。然而，日粮中赖氨酸摄入量对产奶量和乳成分的影响尚不清楚。在一项关于初产母猪的研究中，乳中蛋白质含量随着日粮中赖氨酸水平在0.55～0.81g SID Lys/MJ ME间增加而增加，但最近没有其他赖氨酸需求的研究评估猪乳中的成分（Xue et al.，2012；Gourley et al.，2017）。相比之下，乳蛋白含量的增加并没有反映在新生仔猪的生长速率的提高上（Shi et al.，2015）。但也有研究发现，日粮中赖氨酸摄入量对新生仔猪的生长速率没有影响（Shi et al.，2015；Gourley et al.，2017）。然而，也有研究报道，当日粮提供0.72～0.79g SID Lys/MJ ME，可提高仔猪生长速率（Xue et al.，2012；Gourley et al.，2017）。估计赖氨酸对仔猪增长率的要求似乎很复杂，同时母猪也有能力通过动员身体储备来维持产奶和仔猪生长（Noblet et al.，1987）。此外，与仔猪生长率有关的赖氨酸需求量的估计需要一种多因素的计算方式，需要考虑胎次（表10-12）、泌乳曲线、赖氨酸日摄入量、仔猪生长率、产奶量和乳成分这些因素，它们均会影响哺乳母猪对赖氨酸的需求和分配。

表10-12　哺乳母猪赖氨酸和能量需求量的估算（Che et al.，2019）

项目	第一胎	第二至第五胎
母猪体重/kg	214	273
窝重增加/（kg/d）	2.25	2.40
母猪日采食量/kg	5.15	5.90
能量需求-代谢能/（Mcal/kg）		
维持	5.875	7.050
生产	15.750	16.800
总计	21.625	23.860
赖氨酸总需求量/（g/d）		
维持	2.0	2.0
生产	58.5	62.4
总计	60.5	64.4

有趣的是，最近有关于赖氨酸需求改善哺乳母猪的仔猪生长率的研究发现，仔猪每千克体重可消化赖氨酸的摄入量保持在24～25g（Xue et al.，2012；Gourley et al.，2017）。Pettigrew（1993）

和 Boyd 等（（2000）的综述确定了赖氨酸需求量增加与仔猪生长率之间的正相关关系。利用 1972—1997 年公布的数据进行的回归分析表明，仔猪窝重每增长 1kg，每天需要 26g 赖氨酸总量或约 22g 可消化赖氨酸摄入量，而母猪预计每天将从体内蛋白质储备中动员 8g 赖氨酸（Boyd et al.，2000）。根据 1998—2017 年发表的初产母猪和经产母猪的相关研究，依据最佳仔猪增长率对赖氨酸的需求，对原始方程进行了更新（图 10-4），表明：每增加 1kg 仔猪窝重所需的可消化赖氨酸摄入量将增加到 27g/d，母猪体内蛋白质储备中动员赖氨酸的预期量也将增加到每天 13g。对赖氨酸需求和储备动员的估计的增加与对现代母猪的预期一致，而现代母猪比过去瘦肉型母猪更瘦，产奶量更高。这提示母猪在哺乳期体重的过度减轻和过度的身体储备动员与延长发情期和随后的繁殖性能低下有关（King，1987；Koketsu et al.，1996）。因此，随着日粮中赖氨酸摄入量的增加，泌乳母猪的分解代谢降低（Xue et al.，2012；Gourley et al.，2017）与后续繁殖性能的改善有直接的联系。

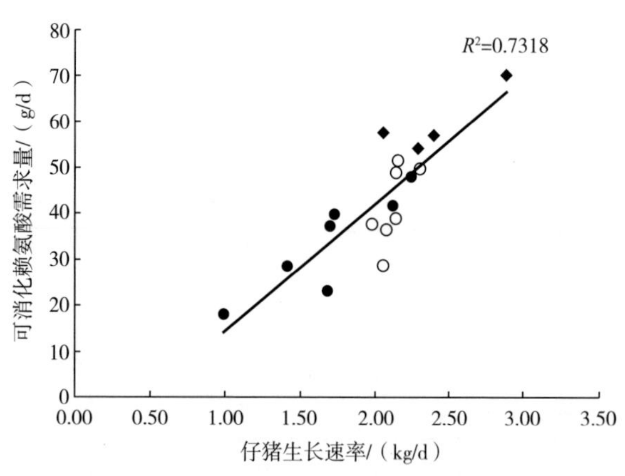

图 10-4　估算可消化赖氨酸需求量以优化仔猪生长速率的回归曲线

三、钙和磷的需求量

哺乳期母猪对钙和磷的需求量主要受产奶量的影响（NRC，2012）。产奶量高和带仔数多的哺乳母猪对磷的需求量显著增加（表 10-13），以满足其产奶需求（表 10-14）。此外，随着母猪泌乳曲线的变化，预计整个哺乳期对钙、磷的需求量都将增加。日粮中钙和磷的摄入对于支持母猪骨骼和肌肉组织的生长发育非常重要（NRC，2012）。此外，钙和磷对初产母猪来说可能更重要，因为它们可能没有办法像经产母猪一样有这些矿物质储备进行动员。

表 10-13　哺乳期母猪日磷需求量的估计（每日标准胃肠道可消化总磷）

仔猪断奶重/kg	每窝仔猪数/头			
	10	12	14	16
5.8	17.5g	20.3g	23.3g	26.3g
6.0	18.1g	20.9g	24.0g	27.2g
6.4	19.2g	22.2g	25.5g	28.9g
6.8	20.2g	23.5g	27.0g	30.7g
7.0	20.7g	24.2g	27.8g	31.5g

注：根据 NRC（2012）模型的估计，假设在 21d 的哺乳期，经产母猪的饲喂水平为 6.5kg/d，日粮中每千克含有 13.8MJ 代谢能。

表 10-14　根据每头母猪的仔猪数和断奶时的体重估算母猪日乳钙磷排泄量①

项目	每窝仔猪数/头			
	10	12	14	16
仔猪断奶重/kg	7.0	6.8	6.4	5.8
乳中钙的总产量/（g/d）	27.4	32.3	35.7	36.9
STTD 的乳产磷量②/（g/d）	13.7	16.2	17.9	18.5

① 估算来自 NRC（2012）。母乳中的磷是通过母乳中氮的输出量与标准肠道可消化总磷和氮的比值 0.196 来预测的。母乳钙是由母乳中总钙和标准消化道可消化总磷之间的比值预测的。

② STTD：标准全消化道消化率（Standardized Total Tract Digestibility）。

四、哺乳仔猪护理

（一）初乳摄入量

初乳是仔猪的第一种饲料。每头母猪的平均初乳产量为3.6L（1.9～5.3L），初产母猪和年龄较大的经产母猪的初乳产量通常较低。仔猪出生时因缺乏通过母猪胎盘传递的免疫球蛋白而没有免疫力，这就使得养殖人员必须要密切关注仔猪在出生后的头几个小时内的身体状况。目前有关多产母猪的问题是：虽然母猪在产仔数较大时会产生更多的初乳，但这种增加的初乳产量不足以保证每头仔猪的平均需要量。这就增加了仔猪间体重的差异，使低体重仔猪活力下降、初乳摄入量减小。一般而言，死胎和木乃伊化仔猪数量最多的母猪产生的初乳量较低，因此有必要在母猪分娩时进行适当的管理。

为了达到仔猪90%以上的成活率，每头仔猪的初乳摄入量应在200g以上，而低于100g的摄入量只能保证40%的成活率。初乳的摄入量在出生后的头几个小时内是最重要的。仔猪在出生后12h内必须摄入80%的初乳，因为初乳成分在分娩后的第一天会发生变化，免疫球蛋白浓度在产后12h开始显著降低。初乳具有免疫、营养和生长因子供给等多种功能。仔猪出生后的前12h是最重要的，因此正确的分娩管理非常必要，以确保仔猪有足够的初乳摄入量。

值得注意的是，在产仔数超过母猪有效乳头的情况下，可实行“分次护理”管理。这种方法是在1～2h内将体重最大的仔猪移走，让较小的仔猪在没有大仔猪竞争的情况下摄入适量的初乳。这个方法可尽可能多地尝试，以优化初乳的生产，并实现每窝仔猪的最佳初乳摄入量。仔猪没有摄取足够量的初乳会使它们的体温下降，从而导致它们变得越来越昏昏欲睡，哺乳次数也越来越少；由于饥饿或消耗过度，很大程度上提高了仔猪死亡率。

（二）出生后24h内的特殊护理

除了初乳的摄入外，出生后24h内的特殊护理是必不可少的。

具体做法如下：①把仔猪放在母猪的乳头旁边。丹麦的研究表明，与其他常用方法相比，采用这种管理方法可以降低仔猪的死亡率。②把同窝中最小的仔猪放在温暖的地方一小时，然后把它们放在母猪的乳头旁边。如果没有快速的初乳摄入，仔猪的体温下降很快。因此，将最小的仔猪放在一个温暖的地方，有利于它们在开始初乳摄入之前的这段时间内维持活力。③将最小的仔猪放在温暖的地方喂20mL初乳（如果可能的话），并在出生后的第一天重复这种做法2～3次。④确保在分娩过程中有一个安静的环境（便于母猪照顾仔猪）。如果母猪在分娩时感到紧张，仔猪死亡率将显著提高，特别是由于挤压引起的死亡。⑤确保母猪在分娩的第一天适当进食和饮水，控制母猪的姿势（站立或躺下），以避免挤压。⑥确定未摄入初乳的仔猪（大小无关），并将其作为最小的仔猪处理，给它们喂食初乳并提供温暖的温度。⑦在出生后的12h内，不要大范围移动仔猪。

（三）寄养

一旦仔猪接受了适当的初乳摄入，饲养员就开始根据数量和大小来安排分配寄养。具体措施如下：①增加初产母猪和低胎次母猪的带仔数。②根据乳汁质量分配仔猪数量。③尽量减少寄养的数量，仔猪出生后的前12h内不移动（在这段时间需保持80%的初乳摄入量）。多产母猪的仔猪的移动不超过出生后24h。在这段时间里，奶头的等级制度建立起来了，延迟时间越长，寄养中被拒绝的可能性就越大。④按数量和质量分配仔猪。体重基本相同的仔猪寄养在同窝，减少不平等的竞争乳头。

五、哺乳期采食量的监控

哺乳期的营养策略是尽量使母猪自由采食，避免体重减轻过多。优化哺乳期采食量时需要考虑的基本点包括以下几个方面。①产房环境条件：母猪的舒适温度范围在18～22℃，每超过2℃，哺乳期采食量降低150g。②供水的数量和质量：每100kg体重需要10L水，饮水器的流量为1.5～2.0L/min。③饲料的形态：适当稀释的液体饲料采食量更大［比例为（3～4）：1］。这种类型的日粮与干饲料相比，每头母猪的干物质消耗量可以增加12%～15%。④料槽的类型和饲料的提供：考虑到母猪成45°角吃食，必须易于取用。⑤饲喂频率：根据饲喂系统的类型、人员、日程安排等的不同，每天供应3～4份，以达到更大的营养摄入量。⑥饲料质量：主要基于氨基酸和能量消化率、高品质矿物质元素、维生素及适口性控制饲料质量，避免霉菌毒素或氧化污染。⑦第一周的采食曲线不要求很严格，特别是在后备母猪中，可根据出生时的体重和体况进行调整。

主要参考文献

［1］Adeola O. Digestible phosphorus perspective in the 2012 NRC nutrient requirements of swine. In：中国猪业科技大会暨中国畜牧兽医学会2015年学术年会论文集. 2015.

［2］Allee G L，Srichana P. New concepts in amino acid nutrition of gestating and lactating sows. Journal of Animal Science，2007，85：68-69.

［3］Amaral W S，Bernardi M L，Wentz I，et al. Reproductive performance of gilts according to growth rate and backfat thickness at mating. Animal Reproduction Science，2010，121：139-144.

［4］Boyd R D，Touchette K J，Castro GC，et al. Recent advances in amino acid and energy nutrition of prolific sows. Asian Australasian Journal of Animal Sciences，2000，13：1638-1652.

［5］Dourmad J Y，Etienne M，Valancogne A，et al. Inraporc：A model and decision support tool for the nutrition of sows. Animal Feed Science and Technology，2008，143：372-386.

［6］Fan Z Y，Yang X J，Kim J，et al. Effects of dietary tryptophan：Lysine ratio on the reproductive performance of primiparous and multiparous lactating sows. Animal Reproduction Science，2016，170：128-134.

［7］Ferreira S V，Rodrigues L A，Ferreira M A，et al. Plane of nutrition during gestation affects reproductive performance and retention rate of hyper-

prolific sows under commercial conditions. Animal，2021，15：100153.

[8] Filha W，Bernardi M L，Wentz I，et al. Reproductive performance of gilts according to growth rate and backfat thickness at mating. Animal Reproduction Science，2010，121：139-144.

[9] Flohr J R，Tokach M D，DeRouchey J M，et al. Evaluating the removal of pigs from a group and subsequent floor space allowance on the growth performance of heavy-weight finishing pigs. Journal of Animal Science ，2016，94：4388-4400.

[10] Flohr J R，DeRouchey J M，Woodworth J C，et al. A survey of current feeding regimens for vitamins and trace minerals in the us swine industry. Journal of Swine Health and Production，2016，24：290-303.

[11] Gourley K M，Nichols G E，Sonderman J A，et al. Determining the impact of increasing standardized ileal digestible lysine for primiparous and multiparous sows during lactation. Transl Anim Sci，2017，1：426-436.

[12] Greiner L，Srichana P，Usry J L，et al. The use of feed-grade amino acids in lactating sow diets. Journal of Animal Science and Biotechnology，2018，9.

[13] Kim S W，Baker D H，Easter R A. Dynamic ideal protein and limiting amino acids for lactating sows：The impact of amino acid mobilization. Journal of Animal Science，2001，79：2356-2366.

[14] Kim S W，Hurley W L，Wu G，et al. Ideal amino acid balance for sows during gestation and lactation. Journal of Animal Science，2009，87：E123-E132.

[15] Kraeling R R，Webel S K. Current strategies for reproductive management of gilts and sows in north america. Journal of Animal ence & Biotechnology，2015，6：3.

[16] Noblet J，Etienne M. Metabolic utilization of energy and maintenance requirements in lactating sows. J Anim Sci，1987，64：774-781.

[17] Pedersen T F，Bruun T S，Feyera T，et al. A two-diet feeding regime for lactating sows reduced nutrient deficiency in early lactation and improved milk yield. Livestock Science，2016，191：165-173.

[18] Pedersen T F，Chang C Y，Trottier N L，et al. Effect of dietary protein intake on energy utilization and feed efficiency of lactating sows. Journal of Animal Science，2019，97：779-793.

[19] Rosero D S, van Heugten E, Odle J, et al. Response of the modern lactating sow and progeny to source and level of supplemental dietary fat during high ambient temperatures. Journal of Animal Science, 2012, 90: 2609-2619.

[20] Ren. Trace mineral nutrition in gilts and sows for optimum performance, 2019.

[21] Shi M, Zang J J, Li Z C, et al. Estimation of the optimal standardized ileal digestible lysine requirement for primiparous lactating sows fed diets supplemented with crystalline amino acids. Animal Science Journal, 2015, 86: 891-896.

[22] Strathe A V, Bruun T S, Hansen C F. Sows with high milk production had both a high feed intake and high body mobilization. Animal, 2017, 11: 1913-1921.

[23] Strathe A V, Bruun T S, Zerrahn J E, et al. The effect of increasing the dietary valine-to-lysine ratio on sow metabolism, milk production, and litter growth. Journal of Animal Science, 2016, 94: 155-164.

[24] SEGES Pig Research Centre. Denmark. Nutrient requirement standards for Danbreds. 2017. 26th ed. Danbreds.

[25] Tokach M, Menegat M B, Gourley K M, et al. Review: Nutrient requirements of the modern high-producing lactating sow, with an emphasis on amino acid requirements. Animal, 2019, 13: 1-11.

[26] Topigs Norsvin manual. 2016. Topigs 20 for rearing gilts and sows.

[27] Xu Y T, Zeng Z K, Xu X, et al. Effects of the standardized ileal digestible valine: Lysine ratio on performance, milk composition and plasma indices of lactating sows. Animal Science Journal, 2017, 88: 1082-1092.

[28] Xue L F, Piao X S, Li D F, et al. The effect of the ratio of standardized ileal digestible lysine to metabolizable energy on growth performance, blood metabolites and hormones of lactating sows. Journal of Animal Science and Biotechnology, 2012, 3.

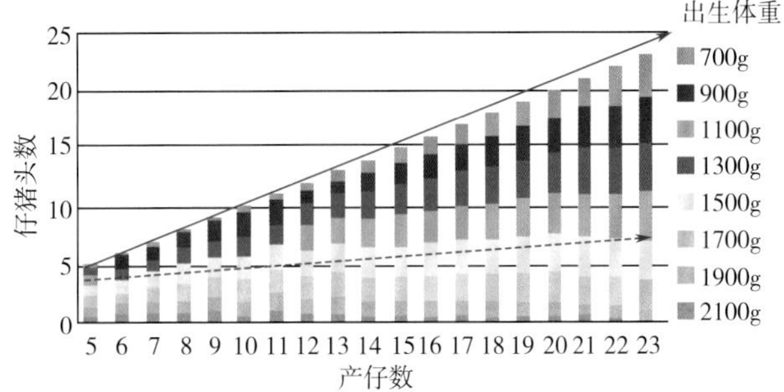

图 4-4　窝产仔数对窝内出生体重分布的影响

（2011—2015 年 3113 窝未发表数据）

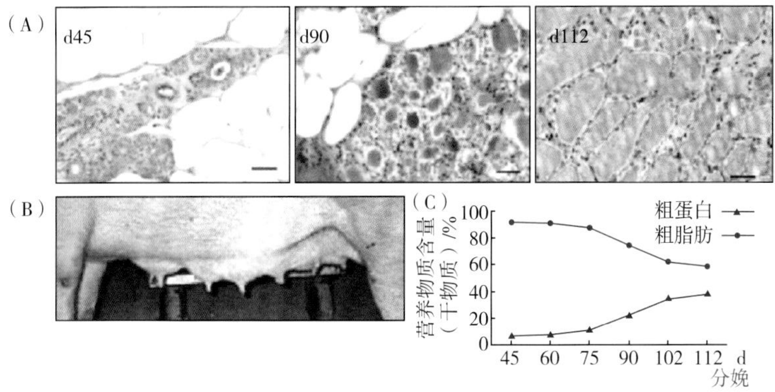

图 5-3　母猪妊娠阶段乳腺发育（Ji et al.，2006）

（A）—乳腺细胞。随着妊娠进程，乳腺细胞逐渐增多（红色），脂肪细胞逐渐减少（白色）；（B）—母猪乳房；（C）—乳腺粗蛋白和粗脂肪含量变化

（从妊娠 75 天开始，乳腺组织在组织雪上变化非常显著，乳腺中的脂肪组织和基质组织开始逐渐被乳泡小叶所取代，乳腺组织的脂肪含量降低，蛋白含量快速增加）